U0054019

Human Resources Programming
人力資源
規劃
丁志達◎著

序

好子不用多，多子餓死爸。

——台灣諺語

自20世紀70年代起，由於經營環境的變化所帶來的衝擊，任何組織的發展都離不開優秀的人力資源和人力資源的有效配置。企業之所以需要人力資源規劃，乃因人是企業最重要的資產，填補職位空缺之需求和獲取合適人員填補職位空缺之間，存在著極為重要的前置作業時間。所以，人力資源管理實踐的成功執行，都依賴於細緻的人力資源規劃。

人力資源規劃是根據企業的發展願景，透過企業未來的人力資源供需狀況預測與分析，將人力資源規劃與企業未來的策略發展緊密結合，才能有效地調節企業的人力供需，避免產生人才不足或冗員過多的問題。

人力資源規劃的終極目標，是要使組織和個人都得到長期的利益（企業獲利與個人成就感），而人力資源部門的重要工作之一，就是不斷的調整人力資源結構，使企業的人力資源始終處於供需平衡狀態。只有這樣，才能有效的提高人力資源利用率，降低企業人力資源成本。但企業在進行人力資源規劃時，乃應遵循現行法令規章，同時也要兼顧企業與員工的立場，保障員工權益，以維勞資和諧。

本書在內容編排上，涵蓋了十二項重要議題，循序漸進，逐章來闡述人力資源規劃做法，先從宏觀面的人力資源管理（第一章）打個底，進而鋪展出組織設計與管理（第二章）、人力資源規劃概論（第三章）、人力供需預測（第四章）、人力資源盤點（第五章）、合理化員額規劃（第六章）、人事成本分析（第七章）、人力資本與人才評鑑（第八章）、企業再造與組織變革（第九章）、企業文化與留才策略（第十章）、問題員工輔導（第十一章）外，為求實務與理論相輝映，以標竿企

業的人力資源規劃（第十二章）作為總結。

本書的亮點是著者在西元2000年起，加入了精策管理顧問公司的顧問群，參與了台灣電力公司、台灣大學醫學院附屬醫院、台灣人壽保險公司、台灣航勤公司、中國石油公司、交通銀行、安徽省煙草專賣局等大型企業委託的人力資源合理化的規劃專案。從這些向顧客身上「取經」的人力資源規劃的實戰經驗中，提煉出這本《人力資源規劃》的完整體系，書中並附有約二百張的圖表及個案的實例理念與技巧，是與顧客接觸訪談時所得到的靈感，用來佐證書中所提到的各項論點，以提供讀者可現學現用的實用性工具。

在本書付梓之際，謹向揚智文化事業公司葉總經理忠賢先生、閻總編輯富萍小姐暨全體工作同仁敬致衷心的謝忱。本書參酌了兩岸以人力資源規劃見長的知名學者的論著見解，以求完善周延，然因限於學識與經驗的侷限，疏漏之處在所難免，懇請方家不吝賜教是幸。

丁志達　謹識

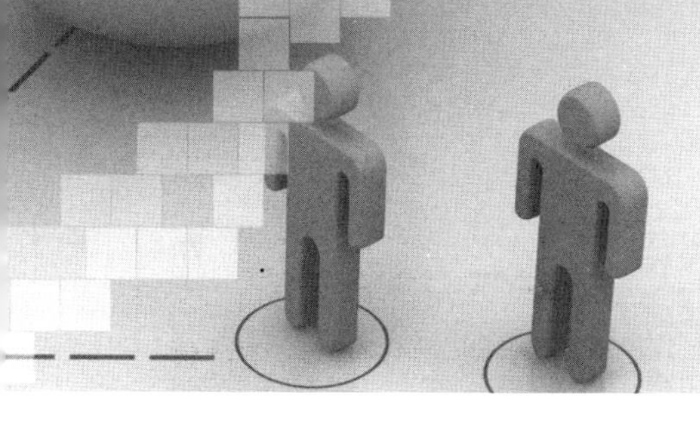

目 錄

Chapter 11 問題員工輔導 317

Chapter 12 標竿企業的人力資源規劃 345

參考書目 373

圖目錄

表目錄

個案目錄

Chapter 1 人力資源管理

在資訊時代，文盲並非不識字的人，而是不能再學習的人。

——《第三波》作者艾文·托佛勒（Alvin Toffler）

在企業管理的領域中，人力資源管理（human resources management）是企業管理最基本的六大功能（生產、行銷、研發、財務、人力資源、資訊）之一。

企業組織中所有的活動，小至簡單工作的完成，大至整個企業的運籌帷幄，均需「人」來執行或管理。人力資源（human resources）不但是企業組織的一項資本，具有生產力，而且生產活動是個人自我表現和自我實現的重要方法。因此，如何善用人力資源，並促其獲得良好的發展，不只是項經濟活動，更具有深厚的人文意義（張火燦，1994/08：2）（**圖1-1**）。

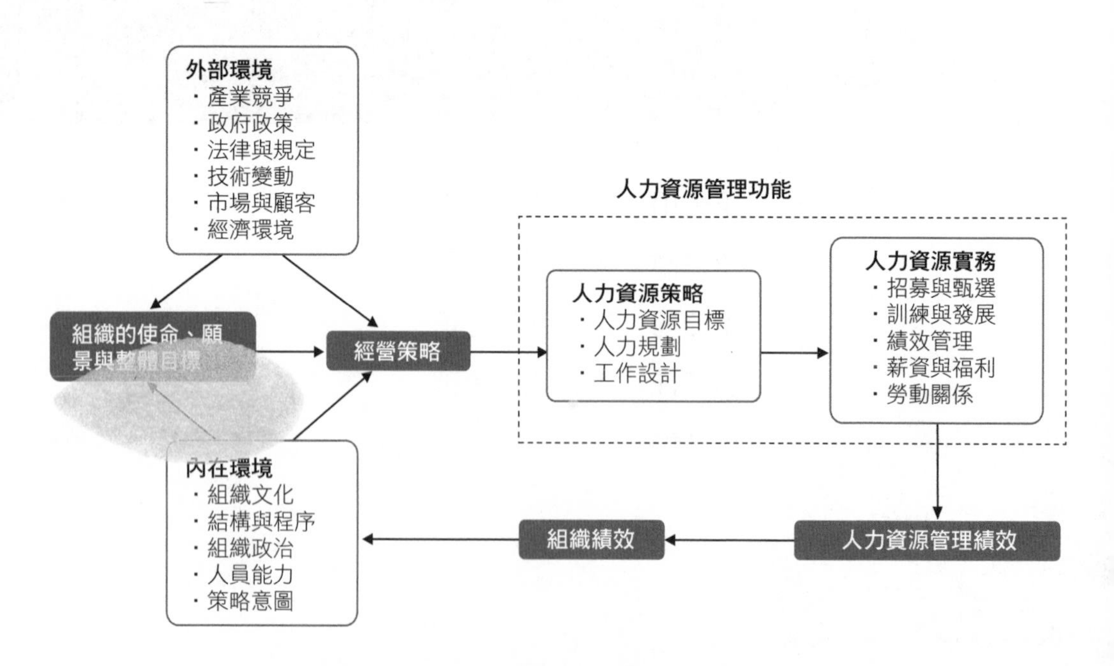

圖1-1　經營策略與人力資源功能的運作

資料來源：丁志達（2012）。「人力規劃」講義。重慶共好顧問公司編印。

人力資源在20世紀90年代出現轉變，從人事行政發展成為人力資源管理，超出原先單純的報表、紀錄，跨入艱深學問的領域，包含了人力規劃（manpower planning）、招募與甄選（recruiting & selection）、教育訓練（training）、員工發展（employee development）、績效管理（performance management）及薪資與福利（compensation & benefit）等項，其中需要運用管理科學、心理分析、諮詢技巧等，以有效協助人力資源管理落實。企業善用人力資源管理，「人」對於企業的價值與貢獻才能長遠持久（李瑞華，2006/07：64）（**圖1-2**）。

第一節　人力確保管理

人力確保管理（acquisition management），是為了達成組織目標去網羅合適人力的有效過程。在這個管理體系中，主要涉及的有組織設計、工作分析、工作設計、人力資源規劃、人力盤點、招募與甄選等項目。

一、組織設計

自有人類以來即有組織，雖然人創造了組織，在組織中工作，卻也經常受制於組織，並受到組織結構與工作環境的種種影響，產生各種不同的行為結果。

組織的完善與否，會直接影響到營運與績效。組織結構極少出自有條不紊的系統化規劃，而是逐漸發展而成的。從事組織的設計工作必須考慮到工作專業化、部門化、層級指揮系統、權威／責任／義務、集權與分權、業務及幕僚角色、管理控制幅度等幾項重要的內容。

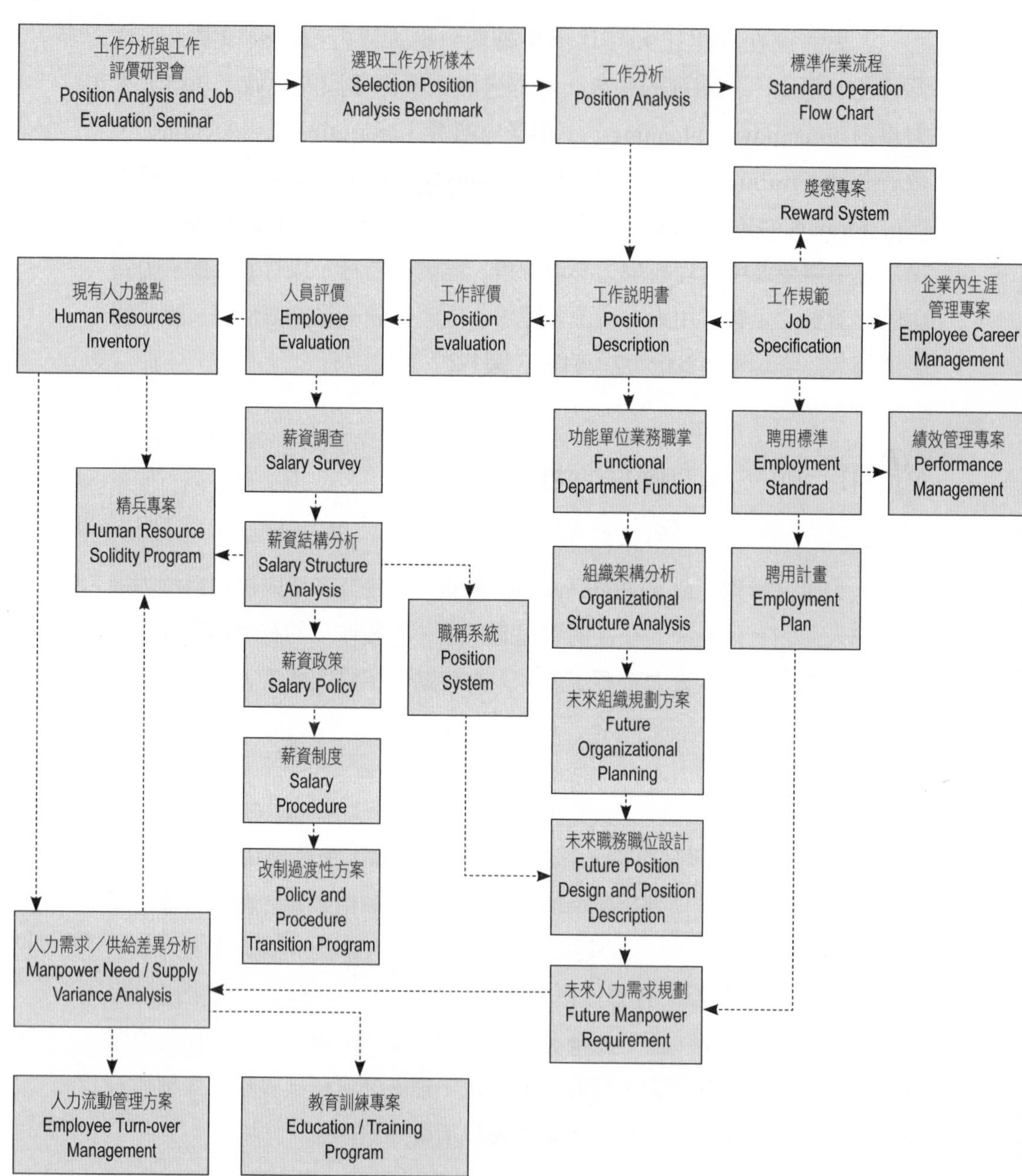

圖1-2　人事制度建立流程

資料來源：精策管理顧問股份有限公司簡介，頁6。

二、工作分析

工作分析（job analysis，又稱職務分析）是人力資源管理所有活動的基石和導向，只有做好了工作分析與工作設計，才能為人力資源獲取、整合、保持與激勵、控制與調整、開發等職能提供依據。

工作分析，包含對技能、知識、經驗、職權責任、社會交往、複雜性、工作條件的分析。根據這些資訊可以進一步撰寫工作說明書（job description）與工作規範書（job specification）。

企業要充分發揮人力資源管理與開發的核心作用，必須以工作分析為起點帶動人力資源其他各項管理（**表1-1**）。

三、工作設計

工作分析與工作設計（job design）之間有著密切而直接的關係。工作分析的目的是明確所要完成的任務，以及完成這些任務所需要的人的特點。工作設計的目的是明確工作的內容和方法，明確能夠滿足技術上和組織上所要求的工作與員工的社會和個人方面所要求的工作之間的關係。因此，工作設計需要說明工作應該如何做，才能既最大限度地提高組織的效

表1-1　工作分析對企業的價值

工作分析對企業的價值
1.建立工作價值的層級。
2.存檔工作方式和程序，以便進行工作培訓。
3.提供績效評估的標準。
4.區分職位種類並作為職業發展路徑的基礎。
5.在招聘過程中提供刊登廣告，選拔人才的標準。
6.提供一個可以作為遵守法律法規而不違法的依據。
7.作為判斷某一個工作是否應繼續存在的依據。
8.作為組織結構設計的要素。

資料來源：丁志達（2015）。「工作分析、職位評價與薪資行政管理」講義。中華民國人事主管協會編印。

率和勞動生產率，同時又能夠最大限度地滿足員工個人成長和增加個人的薪酬的要求。因而，工作設計的前提是對工作要求、人員要求和個人能力的瞭解（**表1-2**）。

根據工作特性模式，企業的工作設計要能掌握並符合可以滿足員工心理和人性需求的核心工作特質。這樣的工作設計能創造良好的工作體驗，更能讓工作者獲得心理激勵，相對的能更投入在工作中。

工作內容設計必須能讓人才澈底發揮，為公司的成功做出直接貢獻。工作內容的重點不在於盡可能發揮效能，而應著眼於如何為企業的整體策略成果做出貢獻（**表1-3**）。

表1-2　工作設計方法

方法	說明
工作擴大化 （job enlargement）	它是指工作範圍的擴大或工作多樣性，從而給員工增加了工作種類和工作強度。但工作擴大化只是一種工作內容的水平方面上的擴展，不需要員工具備新的技能，所以，並沒有改變員工工作的枯燥和單調。
工作豐富化 （job enrichment）	它是指在工作中賦予員工更多的責任、自主權和控制權。工作豐富化與工作擴大化、工作輪調都不同，它不是水平地增加員工工作的內容，而是垂直地增加工作內容。這樣員工會承擔更多重的任務、更大的責任，員工有更大的自主權和更高程度的自我管理，還有對工作績效的反饋，能培養跳脫本位主義的問題解決（problem-solving）能力。
工作輪調 （job rotation）	它以水平調換方式調遷員工做橫向的工作活動，使工作者的活動有變化，消除工作煩厭。它和工作擴大化、工作豐富化有相似之處。工作上的輪調，對公司長期可能有利，但對公司主管則會增加負擔。因為當員工工作重新調配時，員工就成了新手。主管除了要負責指導外，且有發生錯誤的壓力，所以各單位主管並不熱中輪調。但是輪調對員工來說則是一項重要的投資，切莫忽視。

資料來源：張一弛編著（1999）。《人力資源管理教程》，頁52-56。北京大學出版社。

表1-3　傳統工作方法與惠普（HP）工作設計方法的比較

類別		傳統方法	優秀業績工作體系
職位	值班經理	監督運行、組織資源	確定長遠目標、確保資源
	操作者	獨立作業、強調單一技能的操作	是小組的一部分完成大量工作包括操作、技術支持、公益改進和管理
	技術專家	獨立工作、執行技術工作、支持運行	充當小組的顧問、教師和教練
工作設計要素	人	把緊湊的一組工作分配給個人	與他人協調、利用小組完成相互聯繫的活動
	決策	透過命令與控制的層級制度管理生產過程	授權小組制定關於加速周轉和改進工藝的決策
	訊息	只給員工需要知道的訊息	即時向小組全體成員發布所有訊息供決策參考

資料來源：M. J. Wallace Jr. and N. F. Crandall (1992-93). Winning in the age of execution: The central role of workforce effectiveness. *ACA Journal, 1,* No. 2, Winter 1992-93, pp. 30-47.引自張一弛編著（1999）。《人力資源管理教程》，頁60。北京大學出版社。

四、人力資源規劃

人事管理通常強調係依據用人單位的人力需求而做人才徵聘，但其缺乏對企業之長期經營策略與目標訂定的參與，因此，無法確切瞭解企業中、長期人力資源的需求，而難以進行前瞻性人力資源規劃。

人力資源的規劃通常是因應公司的策略，如果公司的營運策略有所調整，公司的人力也要因應策略的變動而做配合。人力資源管理則能在整體經營參與和決策過程中，對企業未來人力資源之需求做積極與主動性規劃，進而在企業內進行人力盤點、內部晉升辦法的擬定、接班人之規劃、員工培育體系之建立等措施，以及人力需求之評估，使企業內人力資源能充分發揮其調節功能，將企業內人力資源極大化，達成企業經營的目標。

五、人力盤點

人力盤點（workforce inventory）是人力資源政策擬定的依據，無論是人才招募計畫、教育訓練計畫、輪調升遷制度、薪酬制度的制定，透過人力資源盤點以瞭解目前企業內的情形；另一方面，外在環境不斷改變，使企業偶有面臨轉型的必要，然而企業轉型須從策略開始，因此人力資源規劃也必須配合企業的營運策略，而人力盤點是人力資源規劃的其中一環，因此要以人力盤點為基礎，做好人力規劃，才能符合企業轉型的需求與目的。

人力盤點，包括人力和技能盤點。這兩項應該合併來做，並按照這樣的思路來考慮：公司營運上，現在及未來需要哪些技能？現有人力是否具備這些技能？若目前人力沒有足夠的技能，或現有人力的技能未來不再需要，該怎麼辦？這些問題釐清了，公司整體人力規劃政策也就出來了。

六、招募和甄選

當人力資源規劃完畢，對人力的需求和條件已經清楚之後，就要開始招募（recruiting）和甄選（selection）。人員招聘計畫是組織人力資源規劃的重要組成部分，其主要的功能是透過定期的或不定期的招聘、錄用組織所需要的各類人才，為組織人力資源系統充實新生力量，實現企業內部人力資源的合理配置，為企業擴大生產規模和調整生產結構提供人力資源上的可靠保證，同時彌補人力資源上的不足，更為人員的招聘工作提供了客觀依據、科學的規範和使用的辦法，能夠避免甄選、錄用過程中的盲目性和隨意性（王麗娟編著，2006：19）。

在人才的招聘選拔中，總離不開面試這一環節，一次設計完善、準備充分的深度面試是確保人才甄選高品質與高效率的關鍵。而在實際的操作過程中，面試最大的難題就是怎麼問對問題，來科學、準確地考察出應聘者的真實能力水準。所以，要想在面試過程中提高人才甄選成功率，問對問題就成為關鍵（曾雙喜，2013/09：51）。

企業會想對外挖角的原因，最重要是公司內部沒有適合的人選，考慮因素包括：學經歷背景、在公司內的地位、執行力、專業性，以及從事變革推動等。尤其當企業面臨競爭壓力、企業轉型、突破現狀等，往往外來的人選比較沒有人事包袱，又有公司內部人員所沒有的專長，「挖角」並不是不好的方式，只不過，企業該如何找到合適人選、怎麼做好問題的處理、讓組織重整發揮功能，才是最重要的工作（李瑞華，2006/07：65）。

《從A到A^{+}》（*Good to Great*）的作者吉姆・柯林斯（Jim Collins）就指出，能夠成就頂尖地位的企業，最大關鍵就是「找到對的人上車」，而這就得靠招募和甄選來達成（**表1-4**）。

表1-4　延攬人才的建議

- 不要什麼人都用。要瞭解那些人是不是你公司需要的類型。聘請的人要能融入你們的文化。寧可等一等，也要找正確的人。
- 聘請來的人要有熱情、有活力、有精神、能分享，要聰明、有個性，要能情投意合，還要有遠見。
- 要有合作精神；願意投入團隊工作；有服務精神；不強辯。
- 試著找天生有上述這些個性的人。
- 徵人的時候要問例如這項的問題：「你喜歡和什麼樣的人共事？你喜歡什麼樣的人為你做事？」。
- 讓整個小組參與徵人工作。
- 用人要長遠，敢冒一點險，未雨綢繆。
- 將徵人面談當成像是推銷的過程，而不是在考試。
- 新加入公司的人都會有個「大哥、大姊或師傅」，帶著新人見過每一個人，瞭解每件事的運作方式。
- 辦個新進人員午餐會，讓同事間彼此相互認識。
- 用人的時候，對於公司所能提供的一切，誠實以告。

資料來源：大衛・麥斯特（David H. Maister）著，江麗美譯（2003）。《企業文化獲利報告：什麼樣的企業文化最有競爭力》，頁247-248。經濟新潮社。

第二節　人力開發管理

卓越的員工才是企業組織成長與發展的原動力，因此，近年來人力資源管理的趨勢已逐漸走向經營員工個人的成長，進而帶動企業組織發展。企業實施輪調制度，有益人才有效培育，確保公司不斷發展，永續經營。升遷是將員工安置於組織架構中較高的職位，對一般員工而言是極其重要的，它不僅影響其職涯發展外，在成就導向的社會中更代表個人的成長與功成名就。對員工的績效考核，是企業人力資源管理中的一項重要內容。現代企業注重人本管理，考核的目的是使員工融入公司、融入團隊之中，從而創造更大的效益。

人力開發管理（development management），則是為了將確保的人力做最大的發揮，以提高組織效率的過程，主要的工作內容包括：培訓管理、建立訓練品質系統、能力素質模型、員工職涯前程發展、學習型組織、職務輪調、晉升制度、接班人計畫、績效管理等項。

一、培訓管理

在重視人才資本的現代經營環境中，企業的競爭優勢是由「人」創造出來的。而人的潛能及才幹除了少數歸諸於先天遺傳外，大多來自企業的培訓。因此，企業培訓體系的完備程度，也決定企業是否能夠永續經營，甚至達到終極的基業長青（Build to Last）。

人力資源管理的目的，係在使企業內各項資源極大化，以發揮員工的潛能。建立企業訓練體系，使員工個人所具備的條件與其工作應具備之條件一致；為員工實施職涯規劃與管理，使員工之個人成長目標與企業成長目標相結合；使各級主管均能體認培育員工是主管的責任，不可完全依賴公司或人力資源部門（**表1-5**）。

表1-5　教育、訓練、發展的界定

類別	界定
教育	學習或獲得系統性的知識與概念，以處理新的資訊或情境。提供系統性的知識、觀念與技術為主，以因應未來新情境的變化及挑戰。
訓練	引導個人行為改變的歷程，通常是以獲取有限且與特定工作有關的技術為主。主要目的是為提供特定性的知識與技能，以有效的執行某一特定工作或任務。
發展	它是個人及組織活動的擴充，並使活動持續化的歷程。以確保組織有可運用的人才，達成企業或組織的目標。

資料來源：石銳（2008）。〈以「學習」為中心的職涯發展〉。《震旦月刊》，第445期（2008/08），頁13。

二、建立訓練品質系統

勞動部勞動力發展署（勞委會改制）自2003年起參酌「ISO 10015」、英國「IIP」制度及我國訓練產業發展情形，就訓練之計畫（plan）、設計（design）、執行（do）、查核（review）、成果（outcome）等階段建立訓練品質評核系統（Taiwan TrainQuali System, TTQS），作為評估事業單位、訓練機構與工會團體辦理各項訓練計畫品質管理評量指標。

訓練品質系統之建立，除了可提升事業單位與訓練機構辦訓能力與績效外，亦被廣泛運用於評鑑職前訓練及在職訓練計畫之訓練單位。同時，事業單位及訓練機構可藉由TTQS之導入與實施，連接其經營策略，並依PDDRO評量流程循環，建立一套完整且系統化的策略性訓練體系，循序推動訓練品質持續改善機制，提升訓練體系之運作效能，以達厚植人力資本，強化國際競爭力之目的（〈訓練品質系統實施計畫〉）（圖1-3）。

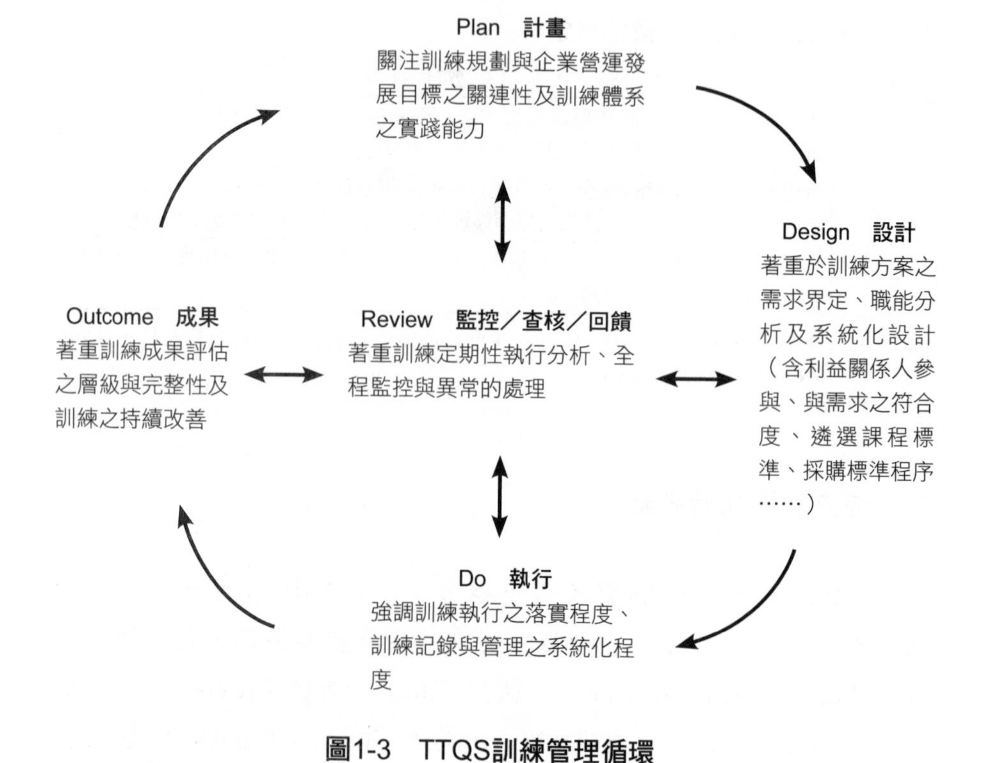

圖1-3 TTQS訓練管理循環

資料來源：《TTQS訓練品質系統指引手冊》，行政院勞工委員會職業訓練局2012年12月編印。

三、能力素質模型

企業會對一般管理人員與高層管理人員分別有不同的能力素質要求，然後再根據不同的目標來安排培訓、指導和其他開發項目來發展這些關鍵員工和經理的能力素質。有些公司使用評估中心對這些關鍵的能力素質進行評估，也有公司使用全方位360度評估等。

3Q，指的是智力商數（Intelligence Quotient, IQ）、情緒商數（Emotional Quotient, EQ）與逆境商數（Adversity Quotient, AQ）。智力商數，指的是做事、解決問題的能力，位階越高，代表做人能力的情緒商數也就越形重要；面對逆境時，逆境商數越高，才越能以正面積極的心態、魄力與耐力去面對。具有3Q能力的人，才是企業積極爭取的人才（**圖1-4**）。

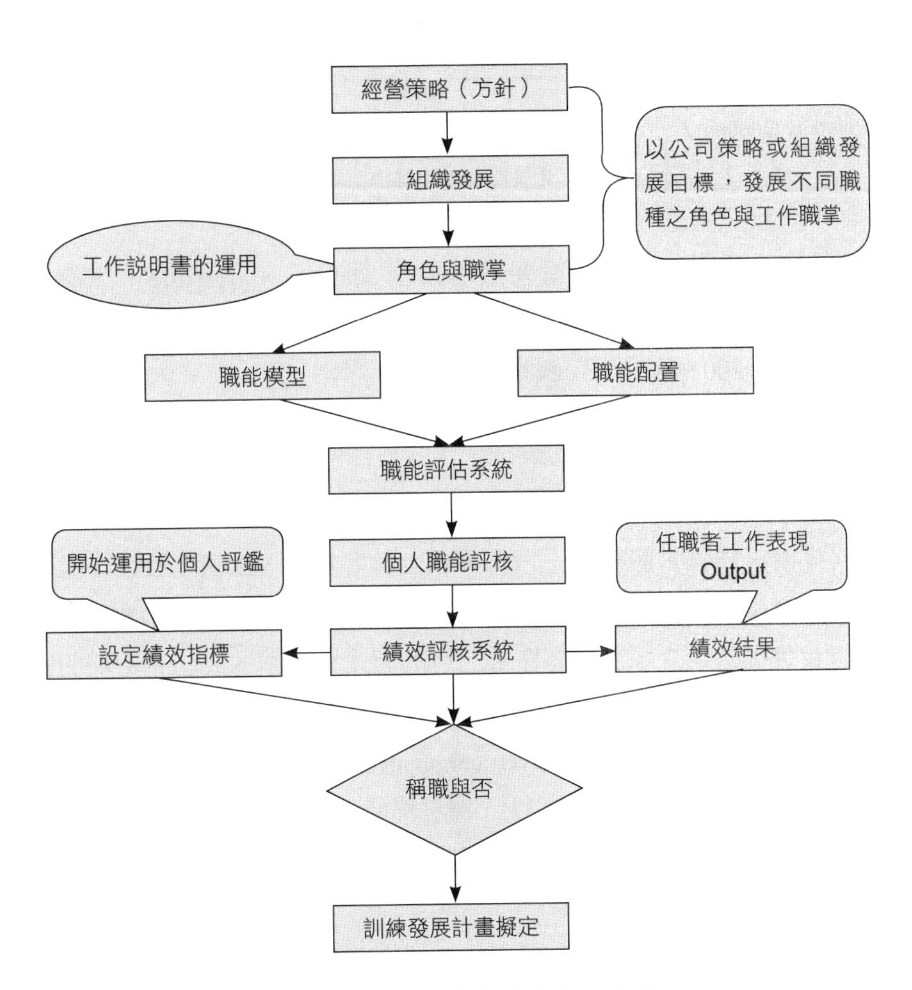

圖1-4　以職能為基礎所擬定之發展計畫

資料來源：精策管理顧問公司設計。

表1-6　搶手人才的條件

條件	內容
IQ（智商） （Intelligence Quotient）	‧專業能力　‧學習能力 ‧解決問題能力　‧外語能力
EQ（情境智商） （Emotional Quotient）	‧工作熱情　‧同理心 ‧團隊合作　‧敏感度
AQ（逆境智商） （Adversity Quotient）	‧毅力　‧魄力 ‧耐力

資料來源：丁志達（2014）。「人才策略與人才傳承」講義。新店就業中心編印。

除了3Q，企業用人還需要考慮3A，即有心（attitude）、有力（ability）和有志（aspiration）。所謂有志，是指和組織其他成員志同道合（陳彥蘭，2007/08/10）（**表1-6**）。

四、員工職涯前程發展

《尚書‧周官》記載：「六卿分職，各率其屬，以倡九牧。」意指六卿各率領其官屬，分治其所分之職。職業是每個人生活的重心和自我肯定、自我實現的媒介，涵蓋有多重的目的與未來職業的成功有密切的關係。

員工職涯前程發展（employee career development），就員工而言，增加工作滿意度，提升個人的能力，激發潛能，及增進自我成長與自我實現；對組織而言，能吸引優秀人才，留住人才，提高生產力，增進工作及生活品質，提升組織的形象等。

「十年樹木，百年樹人。」人才的培育與訓練是組織的職責與最好的投資，透過員工職涯發展的訓練，重視其發展性、階段性、前瞻性、個別性，不但能增進企業的蓬勃發展與永續經營，更能使組織的績效卓著，且可使員工潛能獲得發揮，使人盡其才，才盡其用，達成勞資雙贏的發展目標（張添洲，2000：43）（**圖1-5**）。

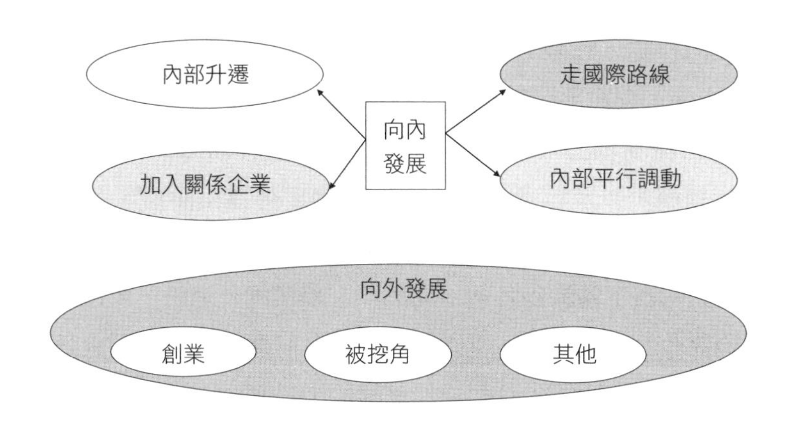

圖1-5　管理人員的職涯發展

資料來源：丁志達（2015）。「人才策略與人才傳承」講義。慈濟人文基金會編印。

五、學習型組織

學習型組織（learning organization）在人力資源管理上的地位越來越重要。學習是訓練、教育與發展的源頭，員工只要想學習，不僅能夠學到知識技能，更能夠因為有了足夠的培訓而具備了發展的機會。對企業經營者而言，企業能否積極的為員工提供學習的環境，也足以證明是否有永續經營的決心。

「竭澤而漁」、「殺雞取卵」的寓言故事，畢竟難以迎接21世紀多變性經營管理的挑戰，因為無論員工學習任何技能、接受任何課程的培訓，或者是參加學校的長期教育，唯有提高、創造、激勵員工對教育訓練的興趣、意願及需求，才能有益於員工個人的成長發展，進而促進企業的成長與發展，並為企業奠定競爭優勢的基石（石銳，2008/08：12-15）。

六、職務輪調

職務輪調（job rotation），係指在一段期間內，個人在工作任務之間有計畫性的移動，它包含了兩種輪調之型態，即部門內輪調（within-function rotation）與跨部門輪調（cross-functional rotation）。

部門內的職務輪調，意指在相同或相似職責層級的工作中，且在相同的功能領域，以及經營領域裡進行輪調之行為；而跨部門的職務輪調，意指在一段期間內，員工在組織中不同部門之間工作的移動情形。

讓有潛力的員工輪調到各個不同部門、事業體及地區，可以磨練他們的能力，培養他們未來擔當主管的重任。企業發展一套良好的人員職務調動策略，要回答三個問題：公司要什麼樣的人員調動？哪些人要調動？該有多高比例的調動率？答案端視各公司的不同情況及總體目標而定。一段時日後，公司會發現人員職務調動對員工留任率、人事升遷制度、公司營運效率等，都有很深的影響（哈佛商業評論編輯部，2009/3：13）。

在職涯管理的文獻中，職務輪調除了可增加員工在工作上的成就感、滿足感、自信心及激勵效果，促使工作富有變化性、技能多樣性、增加多元學習機會，提升他們應付不確定性的能力、對自我優劣勢的洞察能力、生涯參與感與滿足感，以及組織承諾之外，職務輪調亦可增加員工對企業策略的整體瞭解、拓展員工接觸的人際網絡、達成企業文化移轉的效果，以及引發更創新的工作觀點等效益，其對於員工而言，亦為職涯促進（career boosts）的重要工具（詹雅雯，2007）。

就人才培育及職務調整的角度觀之，主管任期確有存在必要。實施主管任期制的目的，在提供各級主管有更多的發展空間，並幫助員工進行職涯規劃。由於任期的關係，可促使各級主管能詳細規劃，積極推動計畫，期望於任期內達成工作目標。

七、晉升制度

晉升（promotion），即達到擁有較高薪資和較多職責的一種職務變動，獎賞那些致力於工作和傑出表現的員工。晉升制度，在人力資源管

個案1-1 主管任期制度實施準則

為使院內同仁適才適所，促進組織生趣蓬勃的效率，院方公布實施「主管任期制度實施準則」。倘確切落實，將有助於正面激勵同仁士氣，提高全院工作績效。

第一條（目的）

為促進組織效能，增強人力資源之培養與發展，建立主管人員任期制，本院主管人員在任期內應就其管理能力、未來志趣、擔任主管適應性及本院之需求作週期性檢討。

第二條（主管任期）

1.主管人員以三年為一任，有意願續任且適任者經檢討後得連任。
2.主管任期內，如因業務需要或組織調整，得予調動。
3.計畫主持人任期與計畫期間相同。任期內如因計畫需要，得予調動。

第三條（主管評估）

1.人力部門於主管任期屆滿前四個月，通知其進行自我評估及其上級主管安排晤談。
2.上述評估及晤談表格，各單位得視需要自行設計。

第四條（續任與否之處理）

1.主管在任期內應有計畫培植續任人選。
2.對有意願續任且適任之主管，經單位主管核定續任後，任期得重新計算。
3.對不連任之主管，單位應安排其他適當工作，俾將於任期屆滿時實施。

第五條（附則）

本準則經院長核定後實施。

資料來源：新聞集錦（1994）。〈主管任期制度實施準則〉。《工研人月刊》，第61期（1994/02），頁19。

理的功能中扮演著相當重要的角色，它不但能發掘、維持與激發組織內員工的潛能，而且能使組織最有效地去利用這些人力資源。其實，晉升制度與人力資源管理的其他活動（諸如甄選、績效評估與教育訓練等）均息息相關、相互為用，並交互影響到組織的平時作業（如員工態度、勞資糾紛等），進而對組織的最終績效（如投資報酬率、企業形象）的達成有著密切的關聯（**表1-7**）。

表1-7　內升制與外補制的比較

類別	內升制	外補制
優點	·方便，不用花費太多力氣找人 ·可以提升員工的士氣 ·對組織熟悉，適應期短 ·可提升組織對現有人員的投資報酬率	·可以找到最頂尖的人才 ·和市場狀況接近 ·可以為組織帶來新觀念 ·比較沒有包袱
缺點	·「近親繁殖」，容易讓組織變得封閉 ·容易造成內部衝突或鬥爭 ·員工可能會被提升至無法勝任的位置	·磨合期會變長 ·團隊合作的效果比較弱 ·組織士氣會降低 ·難以形成企業文化

資料來源：鄭君仲（2005）。〈王秉鈞主講——人力資源管理〉。《經理人月刊》，第10期（2005/09），頁148。

雙梯職涯規劃（dual ladder career plan）策略，係為解決專業技術人員的職業發展困境提供一個有效的方法。它指的是為經理人員和專業技術人員設計一個平行的晉升體系。經理人員使用經理人員的晉升路徑，專業技術人員使用專業技術人員自己的晉升路線。在經理人員的晉升路徑上的提升，意味著員工有更多的制定決策的權力，同時要承擔更多的責任；在專業技術人員的晉升路徑上的提升，意味著員工具有更強的獨立性，同時擁有更多的從事專業活動的資源（**表1-8**）。

八、接班人計畫

接班人計畫（succession planning），是指企業為了填補企業最重要管理職務空缺的計畫。接班人計畫必須確保目前與未來的企業工作策略有適當的接班人選，使個體的職業生涯事先做規劃，讓組織需求與個人志向達到最佳的地步。

不過，如果只是進行接班人計畫，卻忽略績效評估與員工訓練，顯然是白費力氣。因此，必須將接班管理與人才管理相結合，而資訊統整在此發揮效用（**圖1-6**）。

表1-8　晉升與補充規劃的建議

1.要根據公司的發展戰略要求來制定人員發展戰略。
2.根據制定好的人員發展戰略，確定企業需要哪些人才。
3.評估企業的人才現狀，對比市場的人才行情，企業內外供需狀況，確定獲得企業所需人才的主要途徑。
4.由於內部提拔牽扯到晉升的問題，為了確保晉升的工作能夠做好，需要為企業每一個員工規劃好他們的職業發展路徑。
5.完成相應崗位的崗位描述，明確該崗位的人員需求。
6.根據公司的人員發展規劃，制定培訓計畫，使員工在規定時間內達到相應崗位的要求。
7.制定人員儲備評估方案，以評估企業未來人員的儲備人選。如果企業內部沒有合適的儲備人才，就要考慮到建立外部人才的儲備。事先做好這些人的儲備，等到公司需要人才時，就儘快啟動招聘計畫，使合適的人儘快到這個崗位上來。

資料來源：岳鵬（2003）。〈以人力資源規劃為「綱」〉。《企業研究》，總第220期（2003年5月下半月刊），頁30。

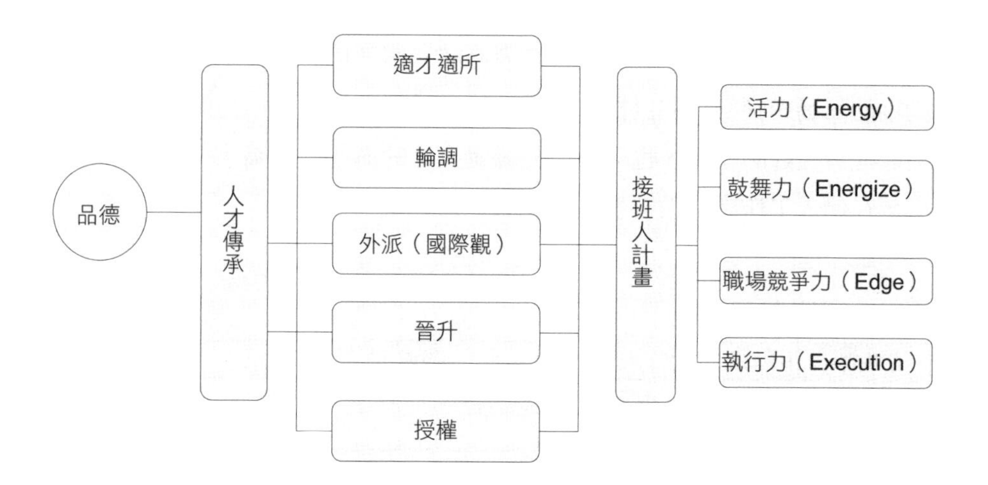

圖1-6　人才傳承做法

資料來源：丁志達（2015）。「人才策略與人才傳承」講義。慈濟人文基金會編印。

九、績效管理

員工被組織任用一段期間之後，就必須開始進行績效評估（performance appraisal）。績效管理（performance management），旨在尋求最有效的經營管理方法，期使企業能適應這多元變化的內外在環境之壓力，並突破經營上之困境而達到企業永續經營及發展之目的。

績效管理本身就是如何執行策略目標，展開工作計畫之過程。以企業組織之目標為依歸，按策略方向擬訂部門之目標，再而推展至個人目標。換言之，組織目標、部門目標及個人目標均必須相互有關聯性及一致性（**表1-9**）。

由於一般企業的績效考核多在年底實施，因此許多人以為考核是為了調薪、升遷與獎金。但實際上，考核真正的用意是在讓員工瞭解自己的工作表現，達到激勵改善的目的，並同時完成公司的目標。因此，考核公開化是非常必要的，不但被考核者應該知道考核的內容，主管也應該主動協助部屬達到考核的目標，最直接的方法，就是每年年初便告訴部屬如何才能有更好的績效，也只有事先經過充分的溝通，部屬才有主動求好的心，在個人工作崗位上善盡職守（**表1-10**）。

表1-9　績效管理目標

類別	說明
策略性目標	有效執行公司策略，將員工的行動與組織的目標充分結合，達成組織的長、中、短期目標。
管理性目標	作為調薪、升遷、留任、資遣、表揚的依據。最終實現組織整體工作方法和工作績效的提升。
發展性目標	協助表現良好的員工繼續發展（開發潛能）；協助表現不理想的員工改善績效。

資料來源：丁志達（2014）。「目標與績效管理講座」講義。國立交通大學編印。

表1-10　強迫排名輔助績效評比

強迫排名的爭論，始於奇異公司2000年股東年報。當時的執行長威爾許解釋並讚揚這套該公司行之有年的制度。他在報告中寫道：「我們將公司員工分成三類，前20%、中間70%的高績效表現員工，以及最末端的10%。」他接著說明公司必須從心靈與薪資兩大層面，留住並培訓前20%的員工，同時解僱最後10%的員工，才能建立真正的菁英團隊。 這個流程的評量方式，是比較員工之間的績效，而非員工對於預定標準與目標的達成度。威爾許的公開背書與讚揚引發了全國性的爭論，大家都在問，這個方法對績效管理有何好處。對於強迫排名的反應幾乎是一面倒地看壞，批評者說每年找出並解僱組織內殿後的10%員工，不僅不切實際，而且不甚道德，因為這群人一直被告知自己的表現還可以接受。

資料來源：迪克‧葛羅特（Dick Grote）著，曾沁音譯（2006）。《強迫排名：讓績效管理奏效，找出未來領導人》。臉譜出版／《經濟日報》（2007/01/02），生活大師，B4版。

第三節　人力報償管理

人力報償管理（compensation management），乃根據人力資源對組織的貢獻度，公正而合理的提供激勵的過程。它主要的工作內容包括：職位評價、薪酬制度、激勵措施、福利制度與員工協助方案等。

薪資是企業員工的基本收入來源，企業根據自身的生產經營特點和激勵目標，確定採用何種薪資管理方法。制定合適的薪資管理制度，有利於企業加強人員管理，有效激勵員工，控制營運成本。有效的激勵機制，是公司高效運作的基礎。適當的激勵會促使員工自覺地努力、負責地工作，提高工作效率，從而最終促使整個公司快速穩健地發展。因而，現代的公司對員工激勵工作越來越重視，並不斷完善相應的管理機制（**圖1-7**）。

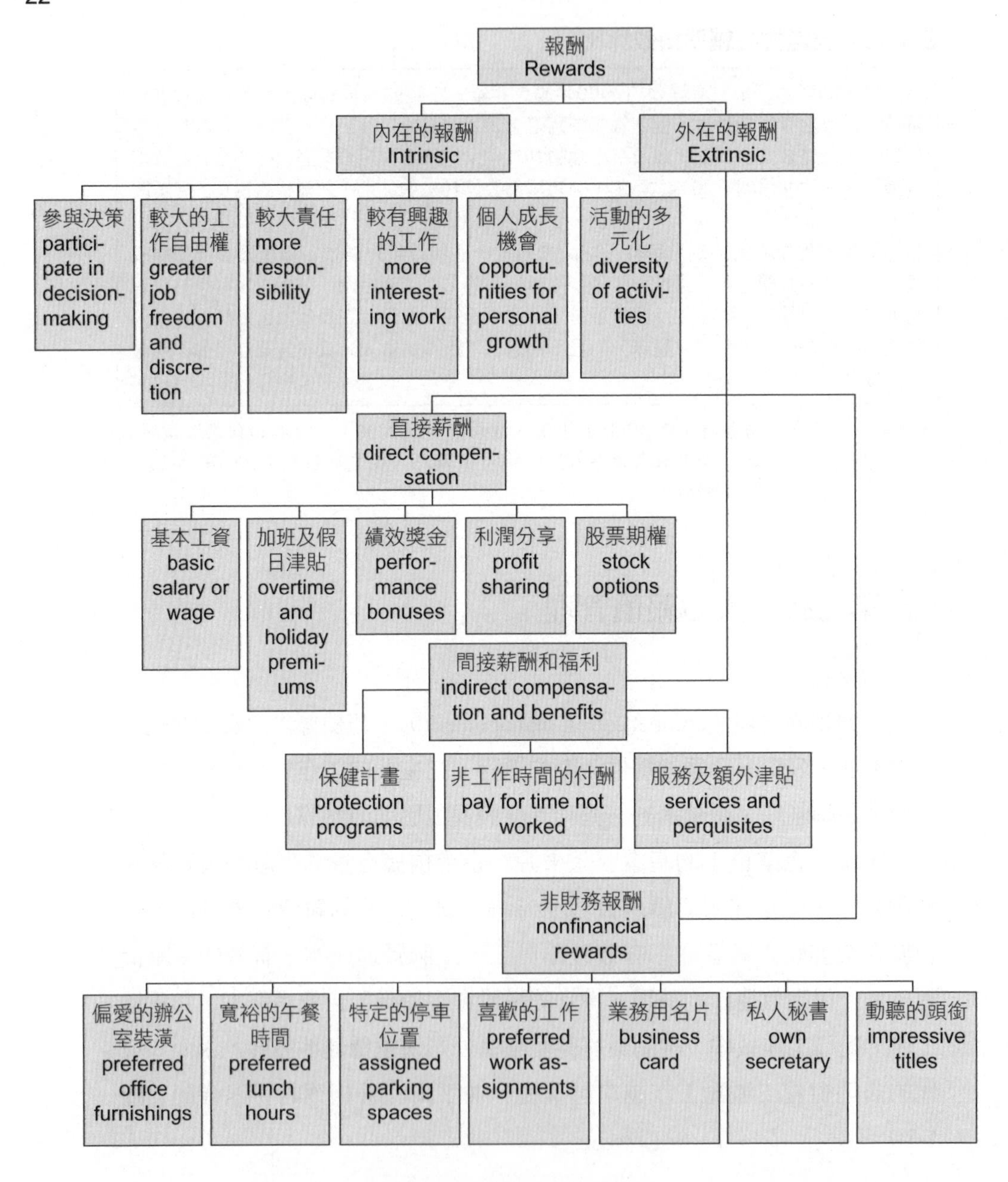

圖1-7　整體報酬的結構

資料來源：張德主編（2001）。《人力資源開發與管理》，頁217。清華大學出版社。

一、職位評價

職位評價（job evaluation），是指根據各種工作中所包括的技能要求、努力程度要求、工作職責和工作環境等因素來決定各種工作之間的相對價值。所以，職位評價就是評定工作的價值，制定工作的等級，以確定工資收入的計算標準。因此，職位評價是工作分析的邏輯結果，其目的是提供工資結構調整的標準程序，從而使企業薪資制度符合內部一致性的要求。

評價的對象應該是這個「職位」（如行銷、財務人員），而不是「任職的人」，因此，這個職位不會因為一個博士來做，職等就比較高；或是一個高中畢業生來做，職等就比較低。職位評價的好處，是能夠建立一個內部公平、同時在市場上具有競爭性的薪資管理制度。

二、薪酬制度

在人力資源管理制度中，薪酬系統是非常重要的一環，因為它直接影響企業與員工之間的工作關係，且薪酬能夠有效激勵員工的原動力，使員工更具有挑戰性的心態，來達成公司的人力資源計畫與事業策略目標。

依據韜睿惠悅（Towers Watson）諮詢公司的一項全球性調查研究，分析企業吸引人才的困難的原因，其中最重要的前三項都和薪酬有關：不具競爭性的本薪與固定獎金、不具吸引力的福利及不具競爭性的變動獎金。因此，企業在吸引優秀人才時，如何設計具競爭力的薪酬制度，是企業可以努力的方向之一。由於企業吸引人才時，人才的著重點乃是外部機會的比較（亦即較著重視外部公平），因此人才的競爭市場薪酬應符合差異化的薪酬管理原則，好的人才、好的績效就會得到較好的報酬（**表1-11**）。

表1-11　檢視能力主義薪資管理項目

□薪資制度是否具有足夠彈性以因應組織內外環境的變動？
□薪資制度是否重視個別員工能力的差異？
□薪資高低是否能充分反應個人的工作績效？
□薪資是否以實際績效爭取更高的待遇？
□薪資的高低是否配合所擔任工作的重要性及困難度？
□薪資增加幅度是否超過勞動生產力上升的幅度？
□加薪是否有合理的標準或僅憑主管的判斷？
□獎金的發放是否以工作績效為依歸？
□現行薪資制度，多數的優秀員工是否認為公平？
□不同的工作性質應有不同的薪資制度，如：生產獎金、銷售獎金等？
□薪資制度是否與職位、考績、升遷、訓練等制度相結合？
□薪資結構是否定期檢討，機動調整？
□薪資是否達成「同功同酬」的要求？
□薪資水準與同地區或同性質公司相比較是否相當？

資料來源：陳竹勝（1991）。〈能力主義薪資管理強化人力資源的運用〉。《精策人力資源月刊》（1991/08/10，第二版）。

企業所設計的薪酬制度能夠促進策略目標的達成，其特別重要的三項目標是：吸引與留住人才，以維繫組織長期競爭優勢；激勵員工努力工作，以實現組織特定競爭策略；控制成本。以現在和過去相比，薪酬制度現在被認為是有效管理人力資源，使員工需求與組織需求配合一致的關鍵（陳春蓮，2009：16）。

三、激勵措施

1968年，美國的行為科學家赫茲伯格（Frederick Herzberg）在《哈佛商業評論》（*Harvard Business Review*）上，寫了一篇〈再一次：如何激勵員工〉的文章。文章中指出，激勵員工的因素可以分為保健因子（hygiene factors）與激勵因子（motivation factors）兩種。做好保健因子只能降低員工不滿，不會提高員工的滿意度；只有激勵因子被滿足時，才

會提升員工的滿意度。

激勵員工的要素可分為兩類，一類與工作本身有關，稱為激勵因子，譬如工作完成後的成就感、上級對成就的讚許、技能上的增進、個人能力的成長、獲得更多的職責等，均屬於激勵因子；另一類與工作的環境有關，稱為保健因子，例如薪資、工作條件、上級的督導方式、公司的政策、身分、工作保障，以及與上司、同事、部屬之關係等，均屬於保健因子。

激勵因子能使工作者內心產生激勵作用，激勵效果較長久，工作者能獲得真正的滿足感；保健因子只能使工作者避免工作環境上的痛苦，當環境改善了，員工並不會因此覺得很滿意，是消極的激勵，激勵效果短暫。例如許多人都有加薪的經驗，加薪並不能使工作者產生長期的工作熱忱，可是，如果工作者能對工作產生興趣，必能令他長久熱衷工作。因此，有人將激勵因子的激勵作用，稱為內滋激勵（intrinsic motivations），保健因子的激勵作用，稱為外附激勵（extrinsic motivations）。但如果組織中的保健因子不善，譬如薪資偏低、工作條件惡劣等，此時，即使有激勵因子，仍發生不了作用。所以，任何一家企業切不可在保健因子不善的情況下，從事內滋激勵方案（金樹屏，1976/5/24）（**表1-12**）。

四、福利制度

員工福利（employee benefits）又稱為邊緣福利（fringe benefits），是指在薪資（工資）以外對員工的報酬，它不同於工資（薪資）及獎勵，福利通常與員工的績效無關，它是一種提升員工福祉（wellbeing）、促進企業發展的管理策略。企業提供完善的福利措施，不但可以減少經營成本、降低流動率、維持勞動關係和諧，更能提升企業形象，進而能提升在勞動市場上的競爭能力，在穩定人力資源的投資上會有相當大的助

表1-12　激勵—保健理論

激勵因子（滿意的因素）	保健因子（不滿意的因素）
1.成就感	1.公司政策與行政措施
2.肯定讚賞	2.監督
3.工作本身	3.與上司的關係
4.責任	4.工作環境
5.晉升	5.薪水
6.成長	6.與同事的關係
	7.個人生活
	8.與下屬的關係
	9.地位
	10.工作保障

資料來源：赫茲伯格，〈再探激勵員工之道〉／引自齊立文、鄭君仲、謝明彧、文及元（2007）。〈激勵理論大補帖〉。《經理人月刊》，第32期（2007/07），頁84。

益。

員工福祉，是指員工生理面、心理面以及社交面的健康。而企業主若要打造健康的內部工作環境，可從工作環境、硬體設備、獎酬與績效、高階主管領導效能、個人成長渴望、職能和掌控環境的能力及良性的工作關係著手。

五、員工協助方案

員工協助方案（Employee Assistance Programs, EAPs），是美國1970年代在企業發展出來的新方案，協助員工解決其可能影響工作表現的個人問題，一般包括生涯管理、生活理財、健康、法律及稅務諮詢等。

就目前國內員工協助方案的施行狀況而言，大都以健康檢查為主，其次是提供醫療人員及健身設備，有關個入工作壓力、心理困擾、婚姻家庭與其他心理健康問題的協助仍有待開發。

個案1-2 谷歌（Google）食堂的營養之道

位於美國加州總部的谷歌（Google）食堂歷史悠久，以提供各式美食而聞名於世，幾乎每個矽谷的工程師都以在谷歌食堂免費享受三餐為樂。

這裡每週7天、每天24小時不間斷免費供應各種食物，而且美味可口，皆採用本地、有機、可持續性食材烹製，很注重健康和環保。廚師還特別對營養食品和非營養食品做了不同顏色的標牌標注，以調節員工的飲食結構。

谷歌公司內有約25個自助餐廳為員工免費提供小吃、飲料和其他食物。這些食物上無一例外都有紅、黃、藍三色的標籤，分別代表不同的涵義——綠色：可以隨便吃；黃色：不要吃太多；紅色：偶爾可以嚐一嚐。食物上不同的標籤並不是隨意的，而是根據這些食物在哈佛大學公共衛生學院飲食金字塔上的位置確定的。綠色標籤的食物在金字塔的底部、黃色標籤的食物在金字塔的中央，而紅色標籤的食物在金字塔的頂端。

谷歌總部裡唯一需要為食物付款的地方是一台自動售貨機。所售食物的價格由食物的營養含量決定，依據也是哈佛的營養金字塔：每克糖1美分；每克脂肪2美分；每克飽和脂肪4美分；每克反式脂肪1美元，其總和就是食物的價格。以期讓員工克制自己遠離某些「垃圾食品」。按這個標準計算，桂格燕麥條售價15美分，名牌阿莫斯餅乾售價55美分，大塊哥羅多利巧克力售價4.25美元。這個價格和食物的重量、含熱量都沒關係。最有趣的是——這台自動售貨機居然不是谷歌經營的。

資料來源：劉曉梅（2012）。〈谷歌食堂的營養之道〉。《人力資源開發與管理》（2012/10），頁89。

小常識

員工協助方案實施原則

1.保密原則。
2.高層主管的支持。
3.員工接受協助出於完全自願。
4.不能危害員工的工作職位或升遷機會。
5.確實的追蹤與評估。
6.主動出擊，重視預防推廣。

資料來源：企劃處。「推動員工協助方案共創健康公務環境」講義。行政院人事行政局編印。

第四節　人力維持管理

人力維持管理（maintenance management），是組織為維持員工之間在工作過程中和諧相處，以維持組織氣氛的過程。在這個體系中，主要的工作內容包括：員工滿意度、紀律管理、離職管理、勞動三權和員工參與等。

一、員工滿意度

員工滿意度（employee satisfaction）是企業的幸福指數，是企業管理的「晴雨表」，是團隊精神的一種參考。工作滿意度（job satisfaction），是指人對於其工作的感覺或對工作中或對工作中各個構面的一些相關態度，這個概念首先由美國學者霍波克（Hoppock）在其著作《工作滿意度》中提出，他認為工作滿意度乃是員工心理和生理上，對工作環境與工作本身的滿意感受，也就是工作者對工作情境的主觀反應。

如果企業能提高員工工作滿意度，將可帶來下列結果（蕭成名，2002）：

1.員工自願合作以達成組織共同目標。
2.表現出良好的紀律。
3.員工對本身的工作會有更高的興趣。
4.能夠自動自發的完成自身的工作。
5.對組織有強烈的認同感及忠誠度。

二、紀律管理

效率來自紀律，紀律來自管理。紀律管理（discipline management），

是指勞動者在勞動中所應遵守的勞動規則和勞動秩序，以保障團體中全體人員的利益，約束個人行為不侵犯他人權益，或違反組織制度而制定的行為規範。紀律管理的內容包括：獎勵、懲處、申訴。

三、離職管理

一項研究調查報告顯示，將近八成人員離職的原因是：得不到公司的褒揚與重視。惠普（Hewlett-Packard, HP）創始人之一休利特（Bill Hewlett）曾說：「我們不可能阻止員工離開公司，因為人才流動是正常的現象。我的願望就是：讓每一個離開惠普的員工說惠普好。」在國內外許多離職管理（leave management）的研究中發現，員工的離職因素最主要的不是在新工作機會的增加，而是在原有組織的內部管理問題上（**表1-13**）。

傳統意義上的離職管理屬於「員工關係管理」或「勞動關係管理」的一部分。一般公司的離職管理僅限於處理好離職手續事務，但完整的離職員工管理是一項大型的系統工程，它需要收集、管理大量資料，需要資

表1-13　員工對工作期望調查表

項目	主管的看法（排列名次）	部屬的看法（排列名次）
薪資福利好	1	5
工作有保障	2	4
有升遷機會	3	7
工作環境佳	4	9
工作有趣味	5	6
主管關懷	6	8
工作受肯定	7	1
工作得到協助	8	3
有參與的機會	9	2

資料來源：林能敬（1991）。〈離職員工三大迷思釋疑：六建議供企業防患未然〉。《精策人力資源月刊》，第8期（1991/09/10，第二版）。

訊技術的支援，但最重要的還是公司和領導者在觀念上的改變。充滿人情味地把離職員工看做是公司的朋友、公司的資源，永久感謝和肯定員工在職期間的工作，離職員工的價值才能體現出來（**表1-14**）。

表1-14　員工要離職十大徵兆

員工要離職十大徵兆
1.經常上人力銀行網站
2.收拾個人用品
3.工作熱情降低
4.準備交辦事情
5.開始查詢其他企業資訊及薪資制度
6.請假次數變多
7.言語中透露出訊息
8.待人處事轉為特別輕鬆愉快
9.經常需要祕密接聽（面試）電話
10.突然不加班而且準時回家

資料來源：陳政偉（2015）。〈10大離職徵兆 難瞞老闆法眼〉。*Upaper*（2015/03/20），焦點12版。

四、勞動三權

勞動三權，係指團結權、集體協商權（或稱團體交涉權）與爭議權。其具體內容為：組織工會或加入工會的「勞工團結權」；與僱用者交涉有關勞動條件訂立勞動協約的「團體交涉權」；勞工爭取主導地位，以罷工、怠工、圍堵等各種團體行動對資方施壓的「團體行動權」。

團結權為勞動三權之基礎，團體交涉權乃勞動三權之核心，而團體行動權則屬鞏固勞動三權之後盾。換言之，沒有勞動結社權就無法行使團體交涉權；無團體交涉權，爭議權則無著力之處；如果只有勞動結社權與交涉權，而不將爭議權合併，工會組織將和一般聯誼性的組織沒有任何差別，如此可知「團體行動權」有其不可或缺的重要性了（隋杜卿，2003/01）。

五、員工參與

員工參與（employee involvement），是指員工有權參與其利益攸關和組織整體有關事務之決策。《勞動基準法》第83條規定：「為協調勞資關係，促進勞資合作，提高工作效率，事業單位應舉辦勞資會議。」這是政府落實員工參與制度的規範法律。

員工參與有下列功能：

1.提高工作效率，增加生產，改進品質，減少浪費。

2.提高工作情緒，降低人員流動率及缺勤率。

3.增進組織上下間和諧關係。

4.幫助員工適應新環境。

5.協助管理者集思廣益做正確的決策。

此外，員工參與尚有提高決策品質、減少組織變革之抗拒力、保護並增進勞動者利益、促進個人滿足、有效運用人力資源等益處（王厚偉，〈勞工參與與產業民主〉，頁1）（**圖1-8**）。

結　語

「人」是企業最重要的資產，有了「人」，企業才有執行力，有了執行力才能找出企業的競爭價值。未來的人力資源管理，不會再像以前一樣在企業當中屈居配角，而將會在企業裡扮演更重要的角色。人力資源管理將作為21世紀管理的主流，多學點人力資源管理知識，就能多點成功的機遇。因此，不分產業、不分企業規模大小，適當地運用人力資源管理，才能使企業邁向永續經營之路。

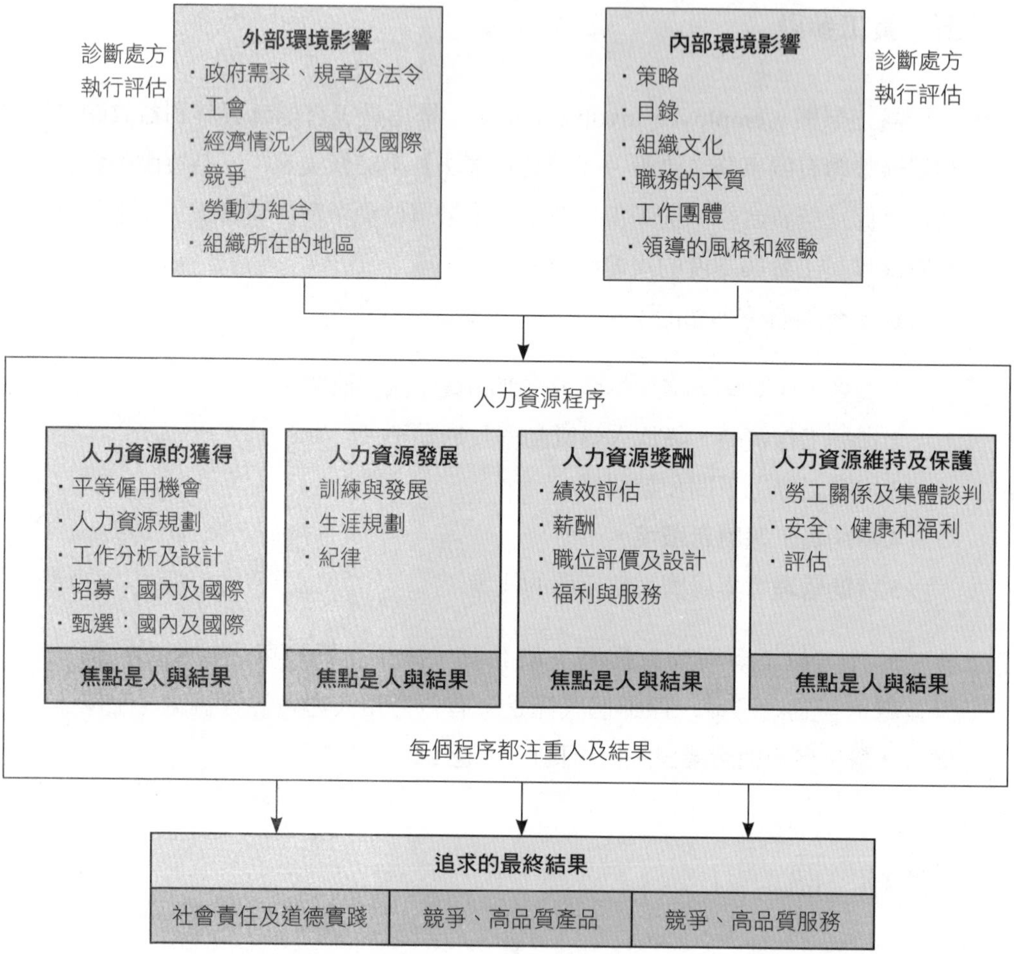

圖1-8　人力資源管理診斷模型

資料來源：John M. Ivancevich著，張善智譯（2003）。《人力資源管理》，頁32。美商麥格羅・希爾出版。

Chapter 2 組織設計與管理

組織精神能喚醒員工內在的奉獻精神，決定了員工究竟會全力以赴還是敷衍了事，組織目的在於讓平凡的人做不平凡的事。

——彼得・杜拉克

管理大師彼得・杜拉克（Peter F. Drucker）說：「影響21世紀企業經營的兩項關鍵議題是『企業策略』與『人力資源策略』。」一位卓越的領導人要能洞察機先（著眼於未來，而不是現在），執行與競爭對手不同的活動，或用不同的方式來執行類似的活動，首要任務是要對企業組織內外環境、組織氣候、企業文化與組織結構等做詳實的評估，然後展開企業短、中、長期經營目標與方針，以確保企業永續經營的不二法門。因而，所有的組織，不管是公營或私營，製造業或服務業，都必須管理好它們的產品或服務的品質，才能成功的面對高度競爭的全球市場（**圖2-1**）。

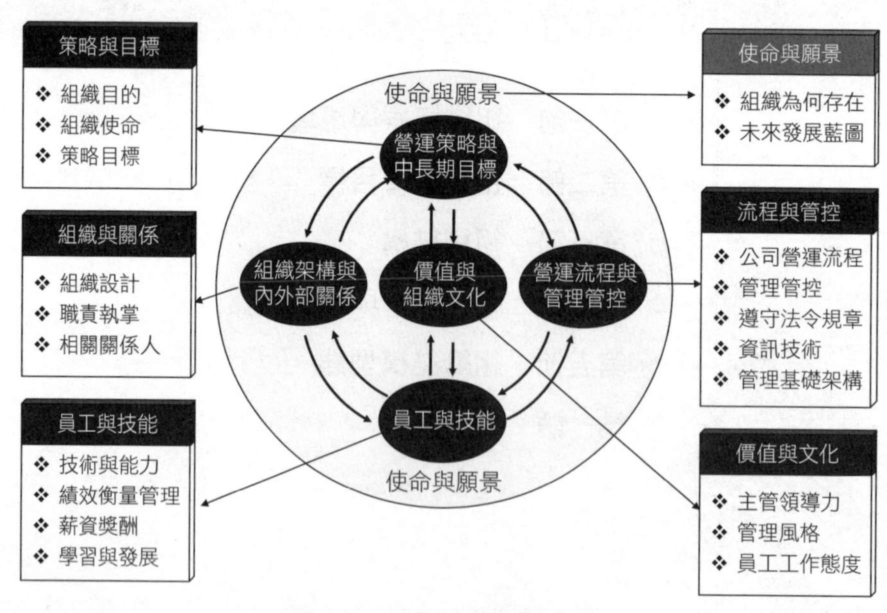

圖2-1　企業整體管理機制

資料來源：趙銘崇。「建構高效能人力資源管理制度提升組織人力資產」講義。

第一節　組織氣候與環境

企業組織和人體一樣，需要「骨架」來提供成長的力量。對於企業組織來說，組織架構就是「骨架」，它是企業組織成員為達到共同企業經營目標而一起工作的群體。彼得・杜拉克說：「一個企業完美的平衡只存在於其組織結構之中。一個活生生的企業總是處在一種平衡狀況之中，這裡增長，而那裡收縮；這件事做得過頭，而那件事又被忽略。」因此，為使組織發揮其功能，則須將「工作」、「人力」、「管理」三項要素做精心設計及有效配合運用，方可奏效。

再者，組織是經營者之最佳管理工具，須配合經營管理策略（例如主動與國際接軌，大力推進現代化管理，以適應更加開放的市場；做大、做強有發展潛力的支柱產品，變成全國性的支柱產品；轉變觀念，深化變革，提升人力資源的素質；追尋新的科技，建立激勵機制，加速研發適合市場產品）與經營管理目標的方向（例如建立現代化企業制度，提升產品市場占有率，進入全國十大品牌；建立完善的績效評估制度，完成全員培訓，建立人力資源管理體系），權衡內外經營環境之變化，常做適時調整，不可一成不變或害怕變革，方可確保企業永續經營與不斷成長。

一、組織氣候的涵義

組織氣候（organization climate），是指一家企業所存在的群體氣氛，包括人員士氣、激勵、人際關係、領導方式、溝通、容忍失敗、不斷學習、團隊合作等。如果一家企業存在著和諧、良好的組織氣候，所屬成員便會激發出積極工作的動機。

組織氣候是企業文化的重要部分，企業的組織氣候的好壞對於員工的組織行為（指有系統地研究組織內部個體、群體和組織本身所表現行為之間的相互關係，用以提高整體組織的績效，一方面期許能達成組織目標，另一方面冀求能滿足個人的需求）具有舉足輕重的作用。一個企業如果支付給員工的薪酬再高，但內部成員勾心鬥角、內耗嚴重，人才不能發揮其作用，甚至根本看不到其能力，那麼人才的流失是不可避免的了；如果一個組織有一種奮發向上、精誠團結的氛圍，能夠使人才自由發揮其能力，那麼即使薪資稍微低一點，人才也不會輕易離去（**表2-1**）。

表2-1　組織診斷問卷調查

各位親愛的同仁您們好：

組織診斷專案，在執行過程中，希望透過問卷調查，使得大家的看法能具體呈現出來。

此次問卷共有五個部分，含封閉式及開放式，採不記名方式進行。您的意見將是極具參考價值的資訊來源。懇請各位提供　您寶貴的觀點，使公司組織狀況能充分表達。

非常謝謝　您的合作！請您填寫完畢後將本問卷交給本公司承辦人。

管理部　敬上
年　月　日

第一部分

說明：此部分共四十四題，請根據您的直覺感受勾選作答，無需作過多考量。

	非常不同意	不同意	不清楚	同意	非常同意
(1)公司制度常因人而異，採取不同的執行方法	□	□	□	□	□
(2)公司同仁很少對管理制度有所抱怨	□	□	□	□	□
(3)整體而言，我覺得公司目前的管理制度很合理	□	□	□	□	□
(4)就我所知，公司的管理制度在業界算是相當先進、合理的	□	□	□	□	□
(5)公司的薪資待遇，確能反應員工對公司的貢獻度	□	□	□	□	□
(6)與同業相比較，我對我的薪資很滿意	□	□	□	□	□
(7)公司的薪資水平，能定期配合物價指數，作合理的調整	□	□	□	□	□
(8)公司目前薪資結構，因員工學歷、年資而有的差異程度不太合理	□	□	□	□	□
(9)目前公司的福利制度，我覺得很滿意	□	□	□	□	□

（續）表2-1　組織診斷問卷調查

	非常不同意	不同意	不清楚	同意	非常同意
(10)公司對退休人員的照顧相當周到	□	□	□	□	□
(11)公司的各種福利措施很周詳	□	□	□	□	□
(12)我對公司目前的「休假制度」很滿意	□	□	□	□	□
(13)在工作上，我享有的權力與我所負的責任相當	□	□	□	□	□
(14)公司各單位的權責劃分相當清楚	□	□	□	□	□
(15)公司內部的權責關係，大多因人的改變而多所變動	□	□	□	□	□
(16)我很滿意主管對權責分配的方式	□	□	□	□	□
(17)在業務處理過程中，我經常可以運用各種管道和主管商討	□	□	□	□	□
(18)我常有機會與同事交換工作或生活上的心得	□	□	□	□	□
(19)開會時，經常有充分的機會讓我表達意見	□	□	□	□	□
(20)我覺得公司的書面報告均能達到溝通效果	□	□	□	□	□
(21)公司沒什麼升遷機會	□	□	□	□	□
(22)公司員工的工作表現越好，獲得升遷機會越多	□	□	□	□	□
(23)公司對員工的前程發展有很完善的規劃	□	□	□	□	□
(24)公司常適時安排訓練課程	□	□	□	□	□
(25)我們對公司的事務都能踴躍發言，並提出建議	□	□	□	□	□
(26)我們對公司制度所提出的改善意見，常會被公司採納	□	□	□	□	□
(27)我們通常能夠參與公司目標的制定	□	□	□	□	□
(28)公司主管很重視員工的意見	□	□	□	□	□
(29)公司很明確地讓員工知道績效考核的實行辦法	□	□	□	□	□
(30)公司所設立的獎勵措施，會吸引我更加努力	□	□	□	□	□
(31)我在表現不錯時，上司會適時給予鼓勵與支持	□	□	□	□	□
(32)我們不太瞭解自己工作績效的好壞	□	□	□	□	□
(33)公司的獎懲標準，我覺得很明確	□	□	□	□	□
(34)公司的獎懲評估過程，十分合理公平	□	□	□	□	□
(35)公司的員工十分在乎獎懲的結果	□	□	□	□	□
(36)當我對獎懲結果不滿意時，我有機會可以申訴	□	□	□	□	□
(37)我常以身為公司的一份子為榮	□	□	□	□	□

（續）表2-1　組織診斷問卷調查

	非常不同意	不同意	不清楚	同意	非常同意
(38)對於工作或同事有任何意見，我們通常可以直言不諱	□	□	□	□	□
(39)我很容易就能得到來自主管或同事的支援					
(40)我很關心公司的未來的發展前途	□	□	□	□	□
(41)我的主管在工作上能以身作則，發揮其影響力	□	□	□	□	□
(42)我的主管很能促使大家互助合作，發揮團隊精神	□	□	□	□	□
(43)在工作上，我的主管會採納我們的意見，縱使沒有也會解釋原因	□	□	□	□	□
(44)主管很關心我們是否有足夠的訓練，是否能勝任目前的工作	□	□	□	□	□

第二部分

說明：請您從日常工作中以您的觀察與感覺回答下列有關描述組織的現況，回答問題以勾選代表不同程度。

	非常不同意	不同意	不清楚	同意	非常同意
(1)我們對公司的政策、工作目標與共同願景非常瞭解	□	□	□	□	□
(2)我們的工作分配與責任劃分很清楚，如有工作困難，同事們不會自動互相幫忙，除非他們之間有特殊私人情誼	□	□	□	□	□
(3)在我們日常談論中談到「老闆」字眼的次數比提到「顧客」或「客戶」的次數多	□	□	□	□	□
(4)公開坦承工作中錯誤的人是被尊重的，也不會給主管打不好考績	□	□	□	□	□
(5)大部分員工會爭取工作輪調機會而並不介意工作困難或升遷	□	□	□	□	□
(6)在討論或會議中如有一位較高職位者參與，比較快速達成結論與共識	□	□	□	□	□
(7)當有人提供意見時，不管認同與否，經理人均會以開放關懷的態度傾聽，也不隨意打斷提供意見者的敘述	□	□	□	□	□
(8)工作方式的改變通常由主管的指示或要求	□	□	□	□	□
(9)員工深信薪水是客戶付的	□	□	□	□	□
(10)在交談或工作時，無論職位高低都彼此尊重與信任	□	□	□	□	□
(11)從主管的決策可以看出他們願意冒被評估過的風險	□	□	□	□	□

（續）表2-1　組織診斷問卷調查

	非常不同意	不同意	不清楚	同意	非常同意
(12)我覺得我的才智並沒有充分發揮在我的工作中	☐	☐	☐	☐	☐
(13)我們常會運用集體的智慧獲得創新的結果	☐	☐	☐	☐	☐
(14)我們可以自由質疑他人的假設和偏見而不會不受歡迎	☐	☐	☐	☐	☐
(15)我們都相信官大學問大	☐	☐	☐	☐	☐
(16)公司有具體方案鼓勵員工的創新及提出新構想	☐	☐	☐	☐	☐
(17)公司對團隊成功的獎賞比個人成功的獎賞更重視	☐	☐	☐	☐	☐
(18)公司各階層都有雄心，以超越競爭對手為目標	☐	☐	☐	☐	☐
(19)我們的主管有能力激發我們的工作熱心與熱情	☐	☐	☐	☐	☐
(20)公司有所變革時各階層主管會充分與員工溝通	☐	☐	☐	☐	☐
(21)員工認為學習的機會以公司計畫的教育訓練為主	☐	☐	☐	☐	☐
(22)我們可以公開分享其他人的失敗經驗並學到教訓	☐	☐	☐	☐	☐
(23)我們的工作流程常因應顧客的需要而改變	☐	☐	☐	☐	☐
(24)我們可以自由的說出我們所知所學，且提出異議時沒有恐懼，也不怕造成對立的後果	☐	☐	☐	☐	☐
(25)我們的新產品時常來不及反映市場需求的變動	☐	☐	☐	☐	☐
(26)當我們見解不同引起衝突時，常會以妥協來解決並保持和諧的氣氛	☐	☐	☐	☐	☐
(27)我們為了避免錯誤不隨便做新的嘗試或實驗	☐	☐	☐	☐	☐
(28)我們經常會全力以赴，排除萬難以達成目標	☐	☐	☐	☐	☐

第三部分

說明：第三部分共有三題，請選出最適合的三個答案，並且按照重要性排列出順序，1為最重要，2、3其次，並請直接在☐填入數字。若無適合之答案，請在各題之最後選項「其他」後面填寫適當之答案，並依重要性予以排序。

1.您認為吸引員工們進入公司的原因是什麼？

☐企業形象　☐國際化企業　☐企業規模　☐薪資
☐工作環境　☐工作時間　☐上班地點　☐福利
☐制服　☐生涯規劃　☐教育訓練　☐升遷
☐獎金　☐產業特性　☐管理風格　☐未來發展遠景
☐其他____________________

（續）表2-1　組織診斷問卷調查

<table>
<tr><td colspan="4">2.請列舉出在公司工作最令您感到滿意的三件事情。</td></tr>
<tr><td>□工作環境</td><td>□工作時間</td><td>□組織氣氛</td><td>□福利</td></tr>
<tr><td>□制服</td><td>□生涯規劃</td><td>□教育訓練</td><td>□升遷</td></tr>
<tr><td>□獎金</td><td>□薪資</td><td>□休假</td><td>□獎助進修</td></tr>
<tr><td>□申訴</td><td>□考核</td><td>□退休制度</td><td>□上下溝通管道</td></tr>
<tr><td>□授權</td><td>□同事間相處</td><td>□輪調</td><td>□工作職掌劃分</td></tr>
<tr><td>□國際化企業環境</td><td>□主管領導風格</td><td></td><td></td></tr>
<tr><td colspan="4">□其他＿＿＿＿＿＿＿＿＿＿＿＿</td></tr>
<tr><td colspan="4">3.請列舉出在公司工作最令您感到不滿意的三件事情。</td></tr>
<tr><td>□工作環境</td><td>□工作時間</td><td>□組織氣氛</td><td>□福利</td></tr>
<tr><td>□制服</td><td>□生涯規劃</td><td>□教育訓練</td><td>□升遷</td></tr>
<tr><td>□獎金</td><td>□薪資</td><td>□休假</td><td>□獎助進修</td></tr>
<tr><td>□申訴</td><td>□考核</td><td>□退休制度</td><td>□上下溝通管道</td></tr>
<tr><td>□授權</td><td>□同事間相處</td><td>□輪調</td><td>□工作職掌劃分</td></tr>
<tr><td>□國際化企業環境</td><td>□主管領導風格</td><td></td><td></td></tr>
<tr><td colspan="4">□其他＿＿＿＿＿＿＿＿＿＿＿＿</td></tr>
<tr><td colspan="4">第四部分</td></tr>
<tr><td colspan="4">說明：此部分共有四題開放式問題，請您依每項問題，陳述您的想法及看法。</td></tr>
<tr><td colspan="4">1.請您列舉三件貴公司歷史或現況中有助於團隊精神及向心力建立的事情。
＿＿＿＿＿＿＿＿＿＿＿＿＿＿＿＿＿＿＿＿
＿＿＿＿＿＿＿＿＿＿＿＿＿＿＿＿＿＿＿＿
＿＿＿＿＿＿＿＿＿＿＿＿＿＿＿＿＿＿＿＿
＿＿＿＿＿＿＿＿＿＿＿＿＿＿＿＿＿＿＿＿</td></tr>
<tr><td colspan="4">2.您認為貴公司最大競爭優勢為何？請您列舉三項。
＿＿＿＿＿＿＿＿＿＿＿＿＿＿＿＿＿＿＿＿
＿＿＿＿＿＿＿＿＿＿＿＿＿＿＿＿＿＿＿＿
＿＿＿＿＿＿＿＿＿＿＿＿＿＿＿＿＿＿＿＿
＿＿＿＿＿＿＿＿＿＿＿＿＿＿＿＿＿＿＿＿</td></tr>
<tr><td colspan="4">3.您認為貴公司最大競爭劣勢為何？請您列舉三項。
＿＿＿＿＿＿＿＿＿＿＿＿＿＿＿＿＿＿＿＿
＿＿＿＿＿＿＿＿＿＿＿＿＿＿＿＿＿＿＿＿
＿＿＿＿＿＿＿＿＿＿＿＿＿＿＿＿＿＿＿＿
＿＿＿＿＿＿＿＿＿＿＿＿＿＿＿＿＿＿＿＿</td></tr>
</table>

(續)表2-1 組織診斷問卷調查

4.請列舉三項您認為貴公司最急需改善或待解決的事情。

____

____

____

____

第五部分

說明:請將您基本資料依您狀況在適當方格中勾選

1.性別	□男 □女	
2.年齡	□20以下 □21-30 □31-35 □36-40 □41-45 □46-50 □50以上	
3.婚姻	□已婚 □未婚	
4.教育程度	□國中以下 □高中 □大專 □大學 □碩士 □博士	
5.您目前在公司的年資	□一年以下 □1-5年 □6-10年 □11-15年 □16-20年 □20年以上	
6.進入公司之前,您在幾家公司工作過?	□無 □1-2 □3-5 □6-8 □9-11 □12家以上	
7.任職部門	□稽核室 □安衛處 □財務處 □高雄機場	□企劃處 □行政處 □台北機場
8.職務	□主管	□非主管
	職稱 □處長 □經理 □主任 □組長 □領班	職稱 □助理 □業務員 □現場地勤人員

請您再一次檢查是否全部題目均填答完畢,以確保您的意見可以充分的表達。謝謝您!並祝您 工作愉快!

資料來源:精策管理顧問公司

二、嚴謹的紀律

組織氣候引導著每一位成員的走向，帶來的影響是全面性地，例如，當組織氣候低迷的時候，所有成員都會籠罩在其中而跟著士氣低落；又如果組織中彌漫著輕浮、散漫的氣氛，則整體員工的積極性、專注程度都會受到影響（杜書伍，〈組織氣候的培養〉）。

當年日本也沒有把握發動侵華戰爭，畢竟中國的版圖比日本大得多，可是基於日本的疆域勢必對外開拓，於是派員到中國考察。考察團到中國海軍艦艇上參觀，看到砲台上曬著水兵的衣物，於是上奏明治天皇：「日本可以打贏支那，雖然砲台上曬著衣物，照樣可以發射砲彈，但這可以證明中國的軍隊沒有紀律，沒有紀律的軍隊是不能打仗的。」於是，日本在1894年7月25日發動了甲午戰爭（日清戰爭／にっしんせんそう），也戰勝了。松下幸之助說：「我只要走進一家公司7秒鐘，就能感受到這家企業的業績如何。」這位日本經營之神用來評估一家企業的工具，既不是財務報表上的數字，也非高掛在牆上的業績成長曲線圖，而是他在瞬間所捕捉到的一種氣氛，一種感受，一種感染人心的力量，它這就是企業的組織氣候（**表2-2**）。

三、組織環境評估

企業組織評估，乃是經由系統化的資料收集與分析，探查企業現存或潛在的問題與缺失，然後提出具體改善方案，使得公司能健全且永續發展之治理行為。

自從麥可・波特（Michael E. Porter）提出競爭優勢（competitive advantage）的理論架構後，在現實狀況中，企業往往會受到許多內外因素的影響，例如法令的改變、競爭者的出現、內部技術研發的突破等等。所以，多數策略管理學者都建議可以利用SWOT分析的方式，來幫助

表2-2　全球化組織能力評估的方向

- 成為一個成功的全球競爭者需要哪些獨特技能與觀點？
- 目前的管理團隊有多少比例的人員具備全球化能力？
- 有多少比例的人能感受全球市場及產品的微妙變化？
- 有多少比例的人能適切地反應全球廣大顧客需求而使公司獲利？
- 有多少比例的人無懼於全球性事務？
- 有多少比例的人能夠自在地和重要的外國客戶進行交談？
- 有多少比例的人瞭解並能解釋全世界主要的文化與信仰差異？以及這些差異如何對公司產品與服務市場造成影響？
- 公司的全球組織如何分享資訊？
- 何種獎勵制度能鼓勵員工調職海外及和海外分公司人員分享構想？
- 如何使員工在沒有調職海外的機會下也能獲取全球化經驗？
- 公司應如何建立兼具全球化思考與地區性回應能力的心智？

資料來源：戴夫・尤瑞奇（Dave Ulrich）著，李芳齡譯（2002）。《人力資源最佳實務》，頁7-8。商周出版。

策略的研擬和選擇，並做好企業組織評估。

擬定競爭策略時，必須分析整個產業的外部機會（opportunities）與威脅（threats），瞭解內在自身組織的優勢（strengths）或弱點（weaknesses）後，再轉化成為企業的競爭策略，也就是將企業內、外部所發現的有利因素和不利因素做一個綜合性的評量，以為建立人力資源管理基礎。

四、外在環境評估

外在環境評估，包括總體環境評估與產業環境評估。由企業的角度來考量，外在環境因素變遷（諸如政治、經濟、市場、社會、顧客、產業、文化、法律、科技、道德等）會直接或間接影響到企業的經營與發展。就人力資源的角度來考量，人口結構發展趨勢、勞動市場供需變動情況和勞動法規的訂定與調整等外在因素，自然而然構成企業人力資源策略規劃的基礎。因此，為求企業的永續發展，就要隨時針對外在環境因素進

行掃瞄，評估近程、中程、長程可能產生的機會與威脅，並將結果作為企業策略規劃的基礎。

五、內在環境評估

美國威斯康辛大學麥迪遜分校（University of Wisconsin-Madison）商學院教授羅傑・佛米沙諾（Roger A. Formisano）認為，內在環境評估可以包含「結構」、「資源」、「文化」這三個部分。

1.結構：策略規劃者必須對組織的結構瞭若指掌，所以，必須要仔細檢視企業的組織形態、活動、流程等等。

2.資源：它是指組織有形或無形的資產、技術或知識，包括有形的設備、財務（現金）、人力、技術以及無形的資訊、品牌與產品的設計。透過對這些資源的評估，可以瞭解企業的優勢所在。

3.文化：它主要是指對營運方式的共識、創業的精神、管理風格、對風險的容忍度。這些因素在從事新事業或進行企業併購等策略時，就會造成影響。（**表2-3**）

第二節　企業經營目標

透過營運策略的釐清來瞭解企業未來的方向，並擬定一份可以作為公司未來三至五年執行準則的策略地圖（strategy map），這種先把預期目標、策略及願景說清楚的結果導向文化，可以讓策略的落實事半功倍，也可以避免員工無所適從。而根據策略地圖，制定落實策略的全方位衡量指標，主要是為了要和員工溝通公司的策略及理念，同時訂定與策略一致的執行計畫，並且在每一個執行的階段中，評量員工績效表現及目標達成狀況，以便及時因應內外在環境的改變，讓目標執行更為精確。

表2-3　企業外內部環境因素評估

外部環境因素評估	內部環境因素評估
‧產業分析：政府產業政策、國外產業狀況等總產值、總產量等。 ‧顧客分析：區隔、動機、未滿足的需求。 ‧競爭者分析：確認、策略群體、績效、形象、目標、策略、文化、成本結構、優勢、劣勢。 ‧市場分析：規模、成長預測、獲利率、進入障礙、成本結構、配銷系統、趨勢、關鍵成功因素。 ‧其他環境分析：科技、政治、經濟、文化、人口、統計變數、目前趨勢、資訊需要區域等。	‧生產管理：計畫、成本、管理、品質等規模、種類、數量、技術、管理等。 ‧行銷管理：品牌、成本、計畫、市場資訊等通路、分級包裝、價格等。 ‧財務管理：會計、管理電腦化等財務報表、財務分析等。 ‧組織管理：技術交流、資源共享等會議、觀摩、培訓等。 ‧研發管理：創意新產品、專利產品等。 ‧績效分析：獲利率、銷售量、股東價值分析、顧客滿意度、品牌關聯性、相對成本、新產品、員工能力與績效、產品組合分析等。 ‧策略選擇的判定：過去和現在的策略、策略的問題、組織的能力和限制、財務資源和限制、優勢和劣勢等。

資料來源：丁志達整理。

小常識

策略地圖

平衡計分卡（balanced scorecard）是用策略地圖（strategy map）來描述企業策略。它係指達成特定價值主張的行動方針路徑圖，包括四個構面（perspective）：財務、顧客、內部流程、學習與成長的策略目標。這些目標間必須有因果關係、環環相扣，以清楚描述策略，例如獲利提升必須源自顧客滿意，達成顧客滿意則需要改善流程，而流程又需要從員工學習扎根。

資料來源：劉揚銘（2010）。〈5分鐘！了解「平衡計分卡」〉。《經理人月刊》，第66期（2010/05）。

一、經營目標

企業經營目標是在一定時期內，企業生產經營活動預期要達到的成果，是企業生產經營活動目的性的反映與體現。具體而言，企業經營目標，是在分析企業外部環境和企業內部條件的基礎上，確定的企業各項經濟活動的發展方向和奮鬥目標，是企業經營思想的具體化。

企業的經營目標決定組織人力的需求，即決定何種專長或技能可幫助達成組織目標。不同的企業其經營目標是不同的，例如，大陸在改革開放前的國有企業的經營目標就是能完成上級主管部門下達的經營任務；承包制下的國有企業只要能完成期內利潤指標即可（不管是怎麼完成的）。又如，惠普（HP）的創始人之一比爾・休利特說，惠普從來沒有把利潤最大化作為我們的經營目標，但也從來沒有把利潤放在所有考慮問

個案2-1 經營策略目標

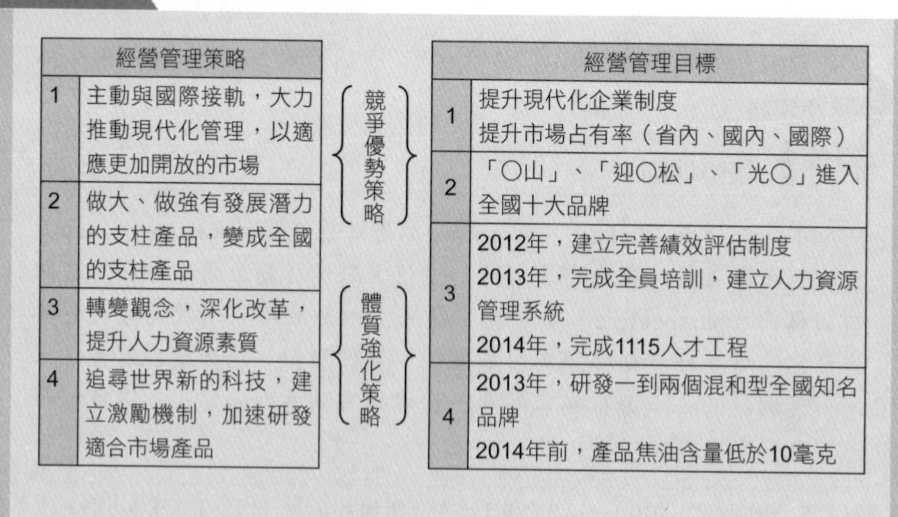

	經營管理策略	
1	主動與國際接軌，大力推動現代化管理，以適應更加開放的市場	競爭優勢策略
2	做大、做強有發展潛力的支柱產品，變成全國的支柱產品	
3	轉變觀念，深化改革，提升人力資源素質	體質強化策略
4	追尋世界新的科技，建立激勵機制，加速研發適合市場產品	

	經營管理目標
1	提升現代化企業制度 提升市場占有率（省內、國內、國際）
2	「○山」、「迎○松」、「光○」進入全國十大品牌
3	2012年，建立完善績效評估制度 2013年，完成全員培訓，建立人力資源管理系統 2014年，完成1115人才工程
4	2013年，研發一到兩個混和型全國知名品牌 2014年前，產品焦油含量低於10毫克

資料參考：安徽省某煙草專賣局人力資源規劃專案報告。

題之外。惠普七大目標是：合理利潤（超過行業平均水準）；培養、發展忠誠的客戶；行業專業領導地位（保持在第一、第二位名次，並形成規模）；持續成長（有動力和潛力）；員工發展；組織領導力提升和社會責任。

個案2-2 惠普（HP）企業目標

目標	內容
利潤（profit）	體認利潤是我們對社會貢獻最佳的單一衡量標準，並且是我們企業力量的根本來源。我們應該與其他目標配合一致，致力追求最大可能之利潤。
顧客（customers）	對提供顧客的產品與服務，鍥而不捨地改進它們的品質、用途和價值。
專業領域（field interest）	集中力量，在能力所及範圍內，持續不斷為成長找尋新契機，並能對該領域有所貢獻。
成長（growth）	強調成長是實力的衡量標準，並為生存需要之要件。
員工（employees）	提供員工各種機會，其中包括分享因員工貢獻而達成的成果。依據工作表現，提供員工工作保障，並由工作成就感，提供員工滿足自我的機會。
組織（organization）	維持助長員工自勵、自發及創意的組織環境，並在達成既定工作目標上，擴大員工自主性。
社會公民（citizenship）	善盡社會優良公民之職責。對執業所在地的民間團體和社會機構有所貢獻，回饋他們塑造的環境。

資料來源：大衛・普克（David Packard）著，黃明明譯（1995）。《惠普風範》（*The HP Way*），頁89-90。智庫文化。

二、經營方針

經營方針則是經營理念的細化，一般會在企業經營的各個方面提出具體的、能夠落實經營理念的指導方針，包括銷售、客戶服務、產品開

發、產品採購、產品製造、品質管制等。例如在日本，平均每位國民擁有超過兩件UNIQLO（優衣庫）出品的服飾。出生服飾世家的柳井正，深諳消費者心態，提供「低價格、高品質」的商品，加入創意流行元素，結合網路行銷帶動UNIQLO品牌深植人心；整合設計、生產、物流、銷售一貫作業，設立「明星店長」制度，鼓勵員工「否定現狀」、「拒絕安定」；在不景氣中逆向操作，積極向海外拓點，以「銷售額1兆日圓起跳」的高目標、高成就作為經營方針。「沒有不可能！」就是UNIQLO的成功祕訣（**表2-4**）。

表2-4　企業競爭力的盤點內容

內容	說明
提案企業力	瞭解企業經營架構，製作企劃案，強化提案說服力。
市場開發力	有效辨識機會市場，進行業績管理，有能力銷售商品，開發利潤。
數位工具管理力	藉由數位工具提升工作效率（個人用／企業用）。
人脈經營力	能與具豐沛資源的人建立良好的互動關係。
魅力公關力	營造良好的組織與個人形象。
團隊驅動力	有能力讓事情被團隊共同完成。
部門整合力	建立溝通無障礙的跨部門關係。
財務結構力	掌握組織財務結構與分配、設定、完成財務預算目標。
策略執行力	有能力掌握、監控並處理計畫執行障礙，讓策略目標有效被完成。
組織權謀力	能掌握並善用組織權力運作，進入並被組織決策權力核心接受。
團隊建構力	有能力籌組功能完整的團隊，並化解團隊成員間的資源分配問題。
經營決策力	能在不同資源條件下，根據所學理論與經驗快速評估效益與風險，以做出有效決策。

資料來源：陳其華（2007）。〈中高階主管卡位CEO　先盤點競爭力〉。《經濟日報》（2007/07/17），D3教育訓練版。

第三節　組織結構

自有人類以來就有組織，從最基本的家庭組織、宗族組織、社區組織到政治組織，都是人類文明創造、維持與延續的基本機制。尤其是企業組織，它使各種不同的基本資源能夠適當的加以組合，創造出更有價值的商品，對人類文明的貢獻更大。美國學者哈樂德・孔茨（Harold Koontz）說：「為了使人們能為實現目標而有效地工作，就必須設計和維持一種職務結構，這就是組織管理職能的目的。」

個案2-3　組織病態

1998年9月4日，網路搜尋龍頭谷歌（Google）還只是一家車庫裡臨時併湊而成的新創公司，如今它卻已是各界公認的矽谷重量級企業（按：2014年員工53,600名，年營收高達600億美元）。該公司官僚體制不斷擴大，部分最優秀的工程師，因為受不了這個官僚體制而開始相繼求去，這些人不是自行創設規模較小卻較靈活的公司，就是轉往這類型公司服務。隨著企業不斷成長，僵化是企業成長壯大後必須面對的問題。

然而在企業以網路的飛快速度成長，同時以不斷創新自豪的矽谷（Silicon Valley），官僚體系僵化與工作步伐變緩慢的問題，就開始突顯出來了「組織病態」。

資料來源：丁志達（2015）。「人力規劃與人力合理化技巧」講義。中華民國職工福利發展協會編印。

一、組織的作用

組織（organization）乙詞，意指為達成企業目標（objectives）及執行企業策略（business strategy）及方案（programs）所需要的人力資源之調配。企業目標、策略及方案都屬於計畫（plans）之範圍，而計畫則是策劃（planning）、規劃（programming）活動之定案成果。所以，組織活動的目的為執行計畫，為各業各級主管的一項重要管理機能（主管的管理機能可分為計畫、組織、用人、領導與控制），換言之，若無合理而健全之工作計畫存在，則組織設計及人力配置即無存在的價值（**圖2-2**）。

任何一個組織結構（organization structure），不論或大或小，正式化或非正式化都應具備有一體三面的精神，即清晰的職位層次順序（hierarchical order）、流暢的意見溝通管道（communication channel）和有效的協調與合作體系（coordination and cooperation network）。俗話說：「一個和尚挑水喝，二個和尚抬水喝，三個和尚沒水喝。」就是指組織缺乏上述三大要素之毛病，足供警惕。

二、組織的意義

1820年，為了避免單線行進的火車相撞，美國鐵路公司推出科層組織結構，包括正式的作業程序、集權式管理，以及為所有意外事故訂定的處理規範。這種科層組織是迄今仍在使用的指揮控制系統的前身，有賴

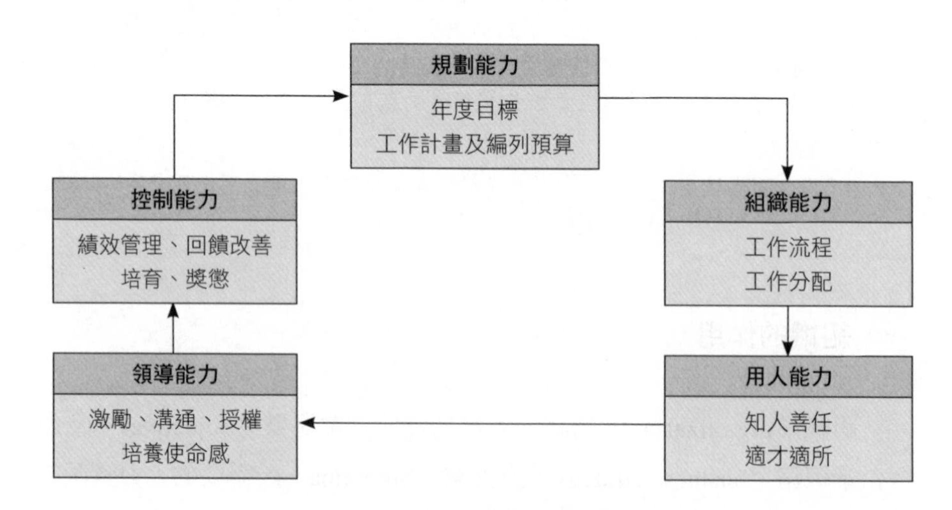

圖2-2　主管的管理職責

資料來源：丁志達（2014）。「績效管理」講義。台灣銀行人壽保險公司編印。

工作者和監督者兩種角色，維繫組織能夠按部就班運轉的模式（Michael Hammer、James Champy著，李田樹譯，2005/07：11）。

組織結構若以書面的圖示來表示，則是所謂的組織圖（organization chart）。一般而言，組織圖所表示的是一種正式組織（formal organization），也就是組織內法制與正式的組織結構。組織圖揭露了組織結構的四項重要資訊：

1.任務：組織圖顯示了組織中各種不同的任務。
2.分工：組織圖顯示了組織的分工。組織圖中的不同方塊，代表不同的工作領域。
3.管理的層級：組織圖顯示了組織從最高階層到最低階層的組織分層。
4.指揮鏈（chain of command）：組織圖中方塊之間的垂直線，顯示了職位之間的指揮關係。（林建煌，2001：222-223）

指揮鏈

在1970年代，指揮鏈的概念是組織設計的礎石。指揮鏈其實是從組織高層延續至最基層的職權脈絡，明確指出誰該向誰報告、負責，也就是員工常問的「我有問題該找誰」或「我該向誰負責？」

資料來源：Stephen P. Robbins著，李茂興譯（2001）。《組織行為》（*Essentials of Organizational Behavior*），頁281。揚智文化。

三、組織結構的探討

一般組織結構的探討，多半集中在部門分劃、直線與幕僚、協調、控制幅度、組織層級、授權等六個項目上。前三個項目（部門分劃、直線

個案2-4 組織執掌圖

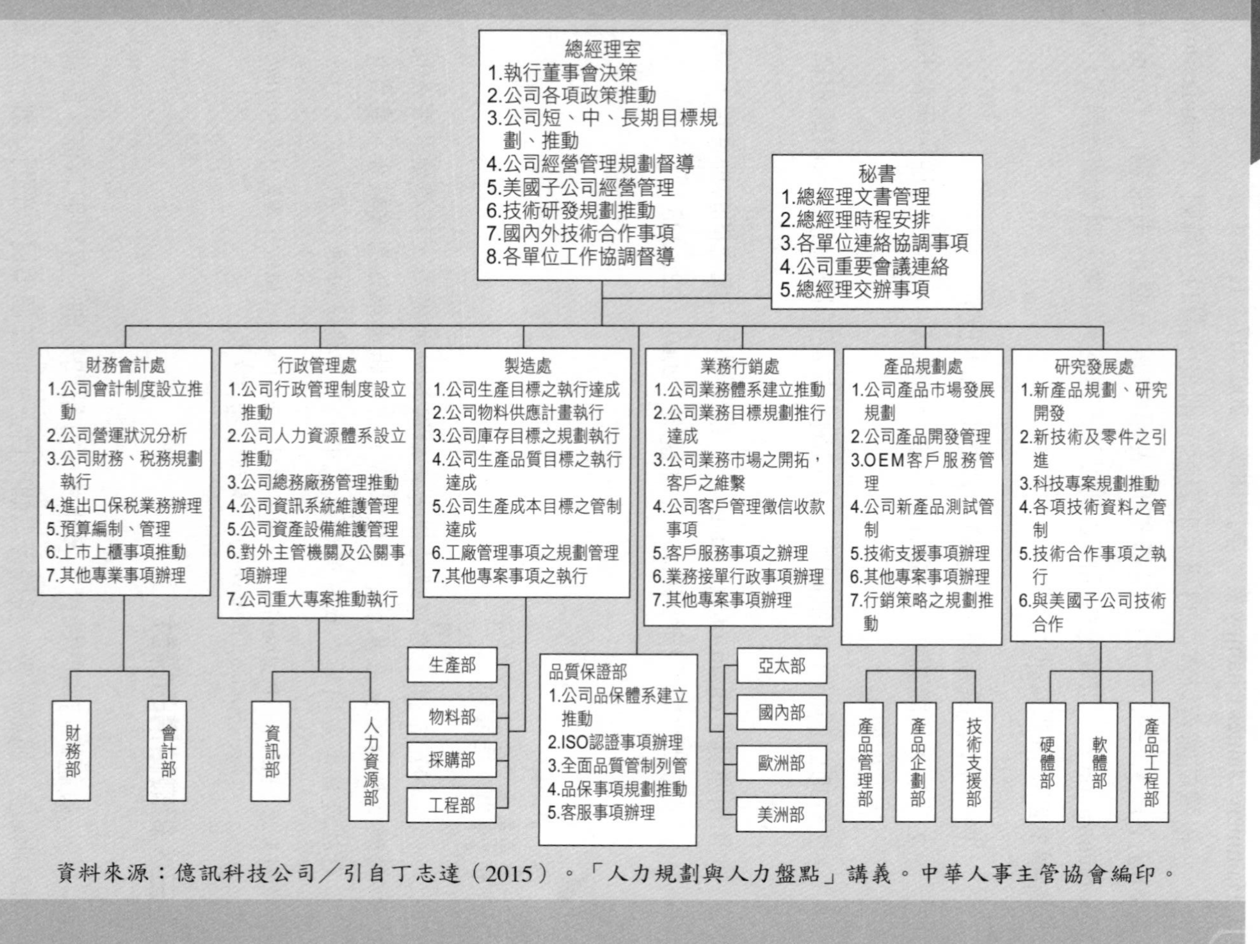

資料來源：億訊科技公司／引自丁志達（2015）。「人力規劃與人力盤點」講義。中華人事主管協會編印。

與幕僚、協調）主要在探討水平分工，而後三個項目（控制幅度、組織層級、授權）則探討上下階層之間的關係。

組織結構表現出組織中的各個職位，以及各個職位間彼此的關係。因為組織結構是以人為重心，在組織設計規劃之初，須先瞭解組織設計的原則。根據美國全國工業協會（National Industrial Conference Board）對各代表性企業的調查結果所提出之十二項組織設計原則為：

1.從最高層到最低層之單位間，應有明確之權限及協調合作流程。
2.各級主管人員之責任與權限應有明確之書面方式規定之。
3.責任與權限必須相稱。
4.責任不能因授權而減少。
5.權限應儘量下授給部屬，始能快速決策。
6.組織之階層數在合理的限度下，愈少愈好。
7.直線業務單位與幕僚單位應明白劃分，以避免衝突及促進合作。
8.管理幅度不要過大。
9.配合產品產銷之技術特性，設立各種責任中心。
10.具有充分之激勵性及挑戰性。
11.儘量簡易。
12.「成本」不要超過可能的「效益」。

企劃與組織的關係非常密切。企劃決定做什麼，組織決定如何做；企劃決定要做哪些事，組織決定做事的方法。當人員與人員之間有明確的工作關係，組織才能要求分工合作，這種關係稱為組織結構。透過結構讓共事者瞭解其他人在工作流程的地位與角色，以利於彼此共事。因此，組織結構的設計，就是在設計人與人的工作關係（洪明洲，1999：101）（**表2-5**）。

表2-5　良好組織的基本特徵

- 訂定組織流程圖，使各項經營活動得以順利地加以計畫、督導及控制。
- 清楚地區分出各部門的業務活動範圍。
- 訂有公平、合理的人事管理制度。
- 組織內每一位成員，都瞭解自己的角色、職掌及相互的關係。
- 能夠避免業務的重疊，並能消除不必要的業務。
- 對於成本、預算及人力的分配與控制有具體的規定辦法。
- 訂有客觀之衡量標準，來評估目標達成率、獲利力、成本節省程度等績效項目。
- 具有提供必要資訊及上級命令的溝通管道。以協助各級人員有效執行所指派的任務。
- 使員工具有認同感及歸屬感，而保持高昂的士氣。
- 對外在環境的變化或壓力（例如出現新的競爭產品、價格變動、勞工短缺等等）能夠迅速因應。

資料來源：英國安永資深管理顧問師群著，陳秋芳主編（1994）。《管理者手冊》（新版本），頁52。中華企業管理發展中心出版。

第四節　組織設計與工作職責

組織設計（organization design），是指對一個組織的結構進行規劃、建構、創新或再造，以便從組織的結構上確保組織目標的有效實現。一個健全的組織體，雖然必須具備層次順序、意見溝通和協調合作等三大要素，但外界觀察，只能發覺職位層次之存在，無法察覺到意見溝通及協調合作之存在，因為後者是動態及無形之活動，並且附著於前者之上，所以討論組織設計時，常以組織之層次結構為基礎。

一、組織設計的變數

好的組織設計可以協助企業提升執行力，達到策略目標。因此，企業應該謹慎掌握組織結構、員工能力、角色及團隊合作等關鍵元素之間的關係，並將這些元素與企業的策略和競爭優勢緊密連結。

組織設計的變數，一般而言，其項目包括有：

1.部門的分工。
2.組織的職位層級。
3.部門人員編制與其職務分工。
4.組織溝通網路。

企業在考慮每一項變數以進行組織設計時，其最重要的任務即在確定哪些工作必須分工，以應付企業環境的多元化與不可預測性；另外，則是建立分工人員或單位間之資訊流通性、決策共識的明確性，以及決策權的接受性。然而，這兩個任務的本質往往是對立的，一個分工太細的組織在整合時十分困難；而同性質過高的組織，也較難留住特殊的專業人員。所以，組織設計是一項因應動態環境變遷所採行的調適機能；同時，組織設計功能的好壞將決定於部門主管對組織環境與組織目標的應變能力。

另外，組織設計也是企業風險管理與經營策略規劃的實踐方式。在風險管理方面，產品事業部、利潤中心、成本中心、子公司、分公司、海外事業部、研究所、基金會等的設立，與企業併購、多角化、技術轉移、整廠輸出等的經營策略的合併運用，而在高科技產業競爭的挑戰下，哪一家公司在組織設計上的功能愈強、愈快，那家公司就愈具有整體的競爭優勢（廖誠麟，1991/09）。

二、組織設計的內容

組織存在的目的，在於執行工作計畫，達成目標，所以其設計之前應從「事」之觀點著手，先把要完成的「事」確定清楚，構成職務與職位，區分為合理組別，再排成良好層次順序，形成一個嚴密的結構體，然後再考慮尋找「人」來填充各職，以執行所定的職務（**表2-6**）。

表2-6　組織設計的概念

組織設計的概念
1.設計一套適應內外環境，並在達成目標過程中具有效益和效能的組織學問。
2.制定一個組織結構的關係模式，其中成員都要完成各自的任務以實現既定目標。
3.由管理機構制定的，用以幫助達到組織目標的有關訊息溝通、權力、責任的正規體制。
4.是一種決策過程，工作目的和目標與分工合作形式及人員之間的協調過程。

資料來源：Gareth R. Jones原著，楊仁壽、俞慧芸、許碧芬等合譯（2002）。《組織理論與管理：理論與個案》。台灣培生教育出版。

陳定國教授在〈組織設計〉乙文中提到，組織設計的步驟為：

1.將達成工作目標各種之「動作要素」構成有效的操作活動。
2.將各種適當之「操作活動」構成合理的「職務」或稱「工作」。
3.將各種適當的「職務」構成由每一個所占之「職位」。
4.有各種適當之「職務」分組成「部門」或稱「工作單位」。
5.將各「工作單位」排成水平及垂直之層次順序，構成完整之「組織結構」。（圖2-3）

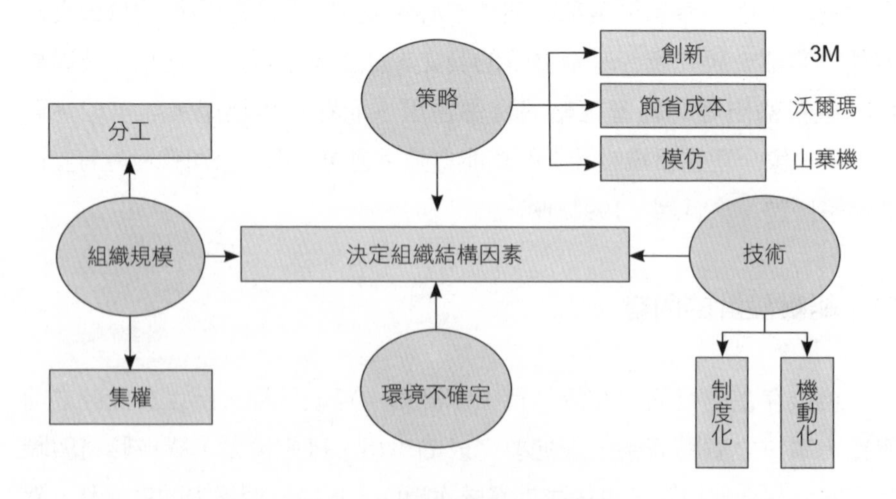

圖2-3　決定組織結構的因素

資料來源：丁志達（2015）。「人力規劃與人力盤點」講義 。中華人事主管協會編印。

三、工作職責撰寫的原則

當組織架構決定後，企業就必須按照新的組織架構上的部門別撰寫新的工作職責。

工作職責撰寫原則為：

1. 明確職責的原則：分工的先決條件就是要權責分明，一件事可能需要幾個單位的合作才能完成，但這幾個單位中必須有一個單位是「主角」，負最後成敗之責。因此，工作職責項目中必然「負責」的職責要多項，單位才有成立的必要。
2. 職責層次分明，依序排列的原則：各單位負責的工作職責項目，必須要將其重要性按它對企業經營的成敗重要性依序臚列，以便讓各主管能依80/20法則掌握做事要領，才不致於不分輕重緩急，誤失良機。

80/20法則

80/20法則（Pareto principle，帕雷托法則），指的是在原因和結果、努力和收穫之間，存在著不平衡的關係，而典型的情況是：80%的收穫，來自於20%的付出；80%的結果，歸結於20%的原因。反過來說，在我們所做的全部努力之中，有80%的付出只能帶來20%的結果。所以，假如我們能知道，可以產生80%收穫的，究竟是哪些20%的關鍵付出，然後善用這部分，並將多數資源分配給它運用，那麼豈不是可以做得少卻賺得多？而若也知道到底是哪些占大多數的80%，使我們的努力與回報不成比例，進而想辦法對症下藥，或甚至將之刪除，那麼我們不就能減少損失？

資料來源：丁志達（2014）。「績效管理與關鍵KPI設計實務」講義。人資達人學苑編印。

3.對上、對下關係釐清的原則：單位的職責要對誰負責？領導授權的權限到哪裡？這都需要在工作職責上說清楚，講明白。「有權無責」、「有責無權」都肇因於工作職責說明不清楚所導致。現代企業講求「有權就有責」，不容許再有「敲邊鼓」要拿重賞的「大鍋飯」心態。

4.協助分寸的原則：「協助」是就單位本身所擁有的專長，對其他單位所負責的職能提供有用的資訊，讓該單位做決策的參考。因此，在工作職責的撰寫上列在「負責」項目後的工作，不得「喧賓奪主」，列在「負責」項目之上。

5.其他工作指派的原則：從管理實務的觀點來看，書面的工作職責無法一一羅列寫出來，它還必須要保持一種工作上的彈性。因此，最後一項職責要有「其他工作任務指派」，以保持臨時指派工作的彈性。這項工作一般約占已書寫出來的工作職責的±10%為宜，但在年度績效考核時，必須將「其他工作任務指派」的成果列出來評核。

6.工作職責整合的原則：隨著經營環境的變化，工作職責有些會漸漸消失，有些工作會被其他單位的功能所取代。例如，上級單位的某個部門被裁撤，相對的這個單位的功能將消失或被其他單位所合併。另外，有些單位也必須「物以類聚」，三合一、二合一的合併，這些單位能不能合併，就要從工作職責來分析與比較，而不是考慮「某個人」的出路。

7.先有工作職責，再考慮成立新單位的原則：要成立新單位，必須先認清新單位工作職責，不能與現行運作的單位重疊的職責出現，也就是說，先有多樣新的工作職責，才會有新單位。

8.組織改變，工作職責也須重新更新的原則：組織架構一旦重新調整，必然是因為面對經營環境適應的改變所導致，所以，原先各單位的職責也必須隨著組織的更替，予以調整職責，以配合新組織展

開的新布局後的「衝刺」。

9.績效考核與工作職責關聯性的原則：辦理部門別年度績效考核的達成率，必須按照工作職責項目下完成的工作進度、質量來考核。因而，在每年企業訂定新年度各單位的目標時，必然要先檢視工作職責中哪些工作已經完成階段性任務而予以刪減，哪些新工作的誕生，為了配合達到新目標必須增加新的功能，所謂「日新月異」，企業經營的策略、經營的目標轉了方向往前「衝」時，各單位的「工作職責」也要跟著轉舵往前「衝」，才不會造成讓高層領導拖著走，企業要在競爭行業中做「領頭羊」時，主管就會感到「無力感」。（**表2-7**）

表2-7　組織原則的應用

類別	內容
業務的歸類	·將業務性質與功能相同的工作予以歸類，而設置必要的組織部門（除非工作性質及功能確有不同，否則不應另設置部門）。 ·所設置部門之功能必須具體，不可與上級部門的功能混淆，其目標也不可太籠統。 ·組織中的每一成員，應該僅對一位上司負責。 ·要確定各該部門最適當的管轄幅度。
職權與責任	·每個人的職掌必須劃分清楚。 ·賦予責任時，相對地亦需授以適當的職權。 ·組織層級的數目應儘量減少。 ·從最高階層到最低階層，職權與責任的隸屬關係線，必須清楚地予以連貫。
工作關係	·工作上的關係必須明確而切實。 ·隸屬的關係，應與所擔負的職責相一致。 ·上司應對部屬的行為與職責負全部責任。 ·組織的運作應有培養未來領導人才的作用。

資料來源：英國安永資深管理顧問師群著，陳秋芳主編（1994）。《管理者手冊》（新版本），頁53。中華企業管理發展中心出版。

第五節　組織結構型態

組織結構表現出組織中的各個職位，以及各個職位間彼此的關係。各個職位之間的關係，除了表示職位之間的從屬關係外，也表示職位的職權和職責關係，亦即哪些職位應該對哪些職位負責，哪些職位又對哪些職位具有指揮和命令的權力。

個案2-5　宏達電（hTC）官僚作風

宏達國際電子公司（hTC）2012年以來業績大幅衰退，執行長周永明日前發布一封給全體員工的電子郵件〈我們將重回成功之路〉，直指公司面臨內部問題與外部挑戰，要求員工「Kill Bureaucracy」（終止官僚作風）、強化溝通、加強執行力。

他坦言，宏達電過去一向很仰仗產品本身，但當市場變了，競爭者的策略變了，競爭者變得更強，產品的落差就小了，「我們的對手可以在規模、品牌知名度及大筆行銷預算上使力，做一些宏達電做不到的事。」他也點出內部執行力問題，「公司無時無刻都有人開會、討論，卻議而不決、沒有策略方向或危機意識」，「隱然成形的官僚作風導致權責不明」。他說，我們同意要做某些事，但後來「不是沒做，就是草草了事。」

資料來源：鄒秀明（2012）。〈周永明公開信　籲除hTC官僚作風〉。《聯合報》（2012/08/16），頭版。

一、組織結構型態

組織設計影響到工作過程中的活動、訊息流以及決策之間的關係；結構提供了在組織目標過程中的員工活動秩序與協調。企業在設計組織結構時，應先考慮若干問題，例如：最高管理階層是否想管得緊一點、營運的規模如何、產品的多樣性程度如何、中階管理人員的素質如何、營業地

區的分布情形如何等等，然後才能選擇最適合本身的組織型態（英國安永資深管理顧問師群著，陳秋芳主編，1994：54）。

一般而言，組織型態有下列幾種類型：

(一)功能部門化（functional departmentalization）

功能部門化是一種最普遍的組織部門化形式。這種組織形式最能使企業產能配合大量消費性商品的需求。此時，在組織中增加了功能性的中階經理人負責控制及管理。各個功能部門的主管，必須負責運用所掌握的資源，維持專業水準，以及與其他功能的部門協調合作，亦即功能部門化的組織，是依據組織所執行的功能（例如行銷、財務、人事、生產和製造）來編組。如果從管理功能（例如規劃、執行、控制）或技術功能（例如沖床、銑床、鑽床）來編組，也可視為一種功能部門化的方式。

個案2-6 裕隆汽車組織架構圖（功能別）

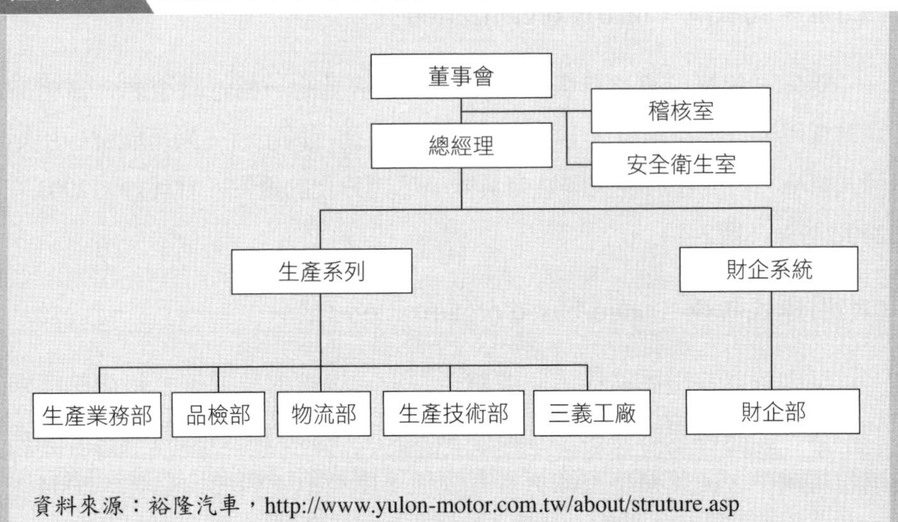

資料來源：裕隆汽車，http://www.yulon-motor.com.tw/about/struture.asp

(二)產品部門化（product departmentalization）

一家生產多種產品與品牌的公司，通常會傾向以產品或品牌來作為部門的基礎。如果組織所提供的產品種類的差異性很大，或產品項目相當繁多而超過功能性組織所能掌握的能力範圍時，產品部門化就是很適當的方式。

(三)顧客部門化（customer departmentalization）

當目標顧客可以分成幾個不同的使用群體，且不同的群體具有不同的購買偏好與決策時，顧客部門化會是較為理想的組織方式。

(四)地理部門化（geographic departmentalization）

如果產品在不同區域上會有不同的銷售特性，則地理區域組織較為適當。

(五)矩陣式組織（matrix organization）

矩陣式組織（專案計畫）是當前頗為常見的一種組織型態。當組織同時採用混合上述兩種以上的部門化方式來進行編組時，則可能會採用矩陣式組織，目的在於能夠同時兼具兩種部門分化的優點（林建煌，2001：240-249）（**圖2-4**）。

(六)團隊式組織（team-based organization）

以團隊為基礎的結構，主要特色在於它突破傳統官僚式組織部門間的障礙，使組織更趨於水平化而非垂直化，並將決策制定的權利下放至團隊組織中，使此類型組織更具有彈性（廖勇凱、楊湘怡編著，2004：79）。

在1900年代初期，亨利・福特（Henry Ford）發明裝配線作業模式，

個案2-7 統一企業組織圖（產品別）

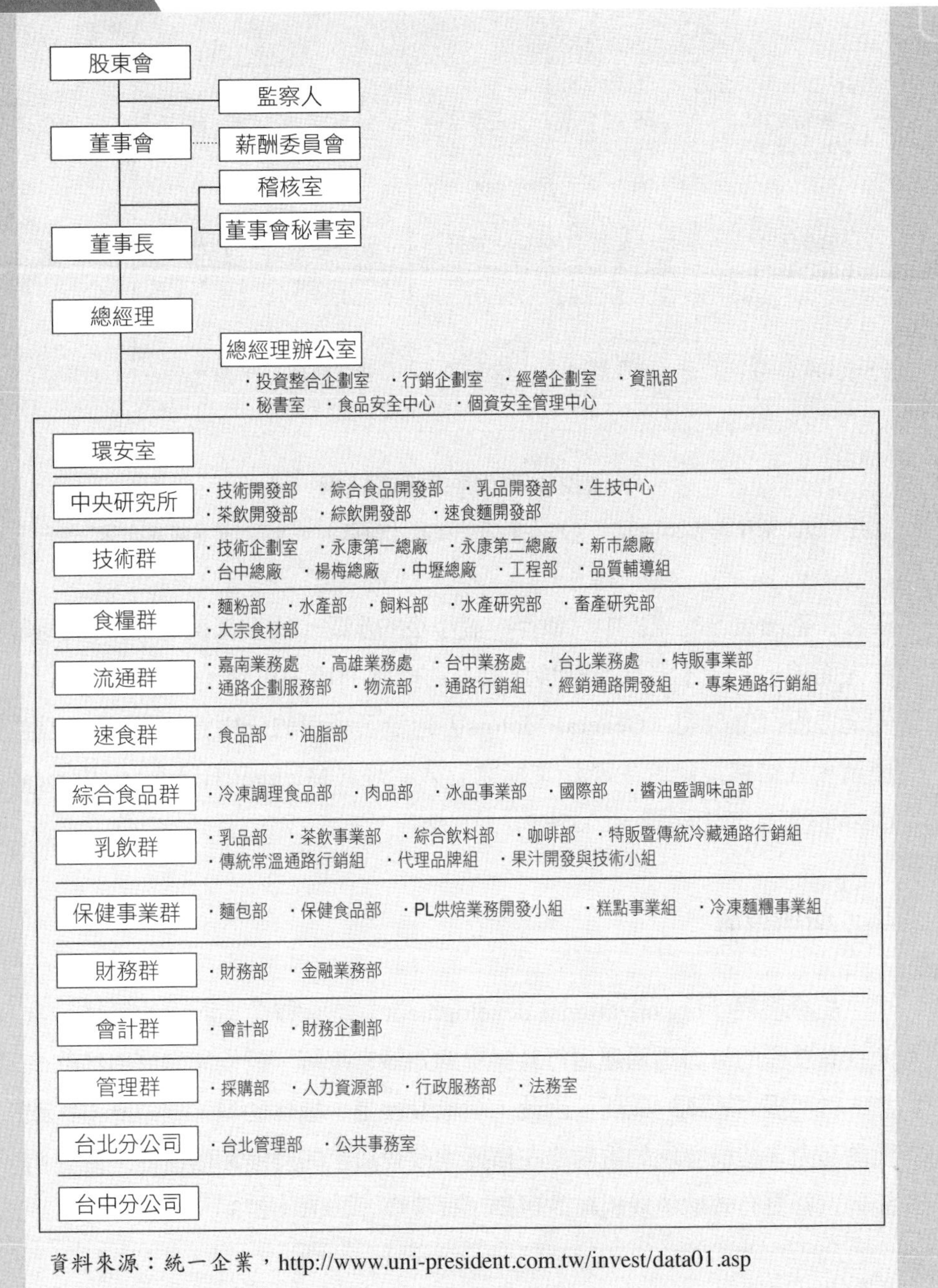

資料來源：統一企業，http://www.uni-president.com.tw/invest/data01.asp

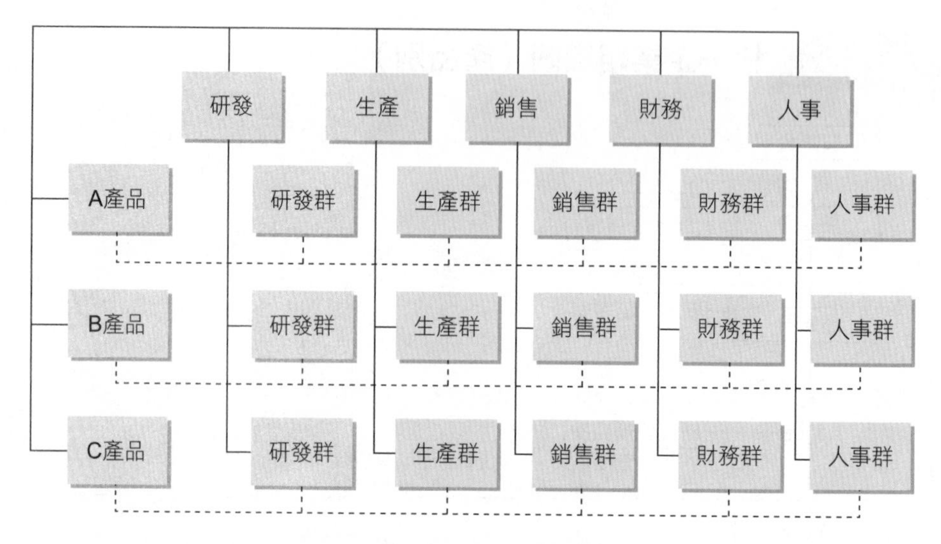

圖2-4　矩陣式組織結構

資料來源：張緯良（2012）。《人力資源管理》（四版），頁7。雙葉書廊出版。

工人在整個複雜的流程中只執行一個小小的步驟，由裝備線把工作輸送到工人面前，工人不必四處轉移作業。而阿佛列德·史隆（Alfred Sloan）則為通用汽車公司（General Motors）創造了小型的分權管理團隊，讓規模龐大且錯綜複雜的生產作業能夠有效管理（Michael Hammer、James Champy著，李田樹譯，2005/07：11）。

二、組織發展

組織發展（organizational development）是一種從上而下的組織，全面性有計畫的努力透過運用行為科學的知識來瞭解、改變與發展組織的成員，從而提高組織的效能。因此，組織發展是一種幫助員工去做計畫性改變的努力，組織發展的重點是在積極地改變員工的態度和價值觀，使他們能夠適應更有效地達成組織的目標（林建煌，2001：273）（**圖2-5**）。

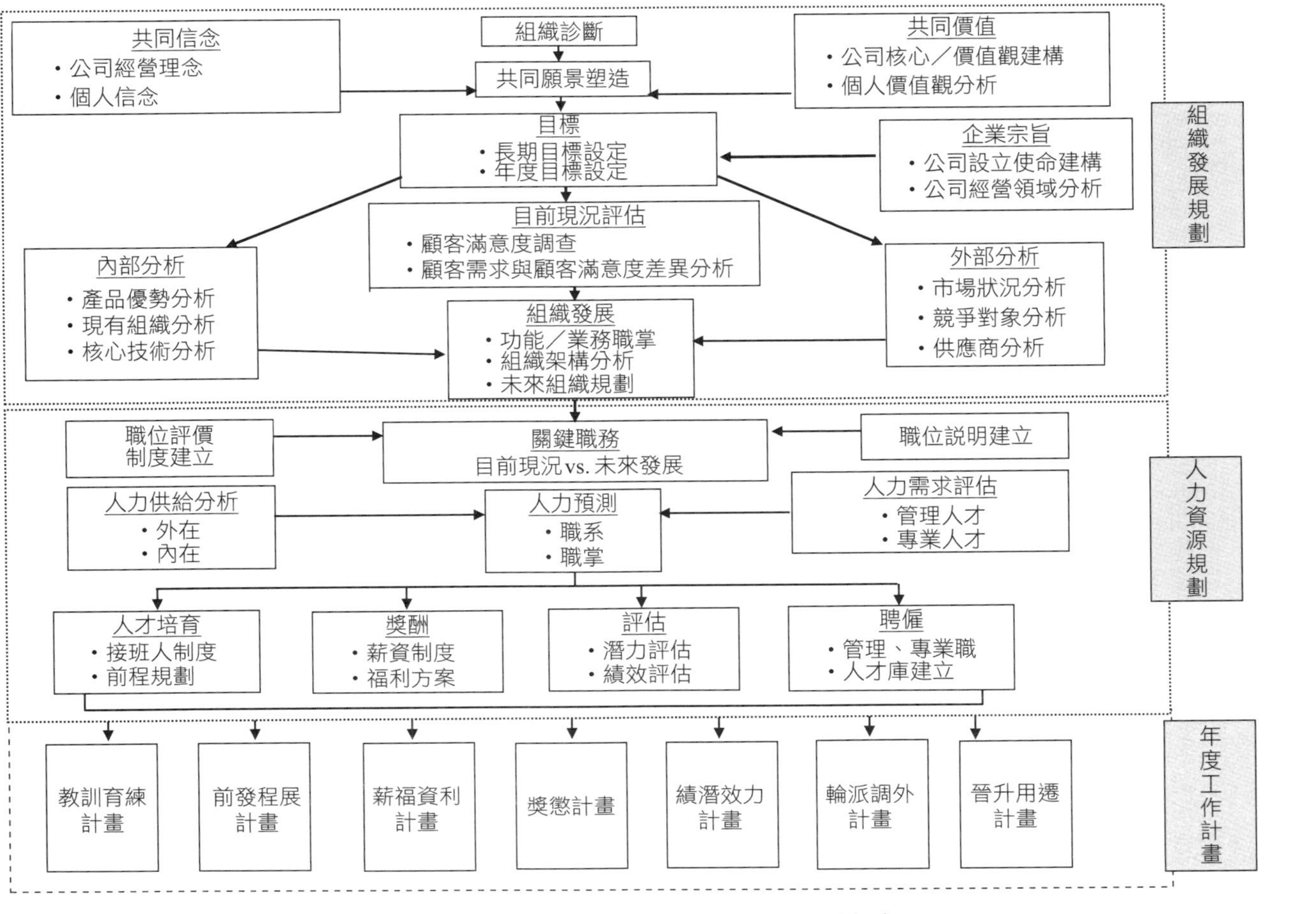

圖2-5 策略性人力資源發展提升組織競爭力

資料來源：精策管理顧問公司。

三、公司的核心競爭力

自上世紀90年代以來，經濟全球化趨勢加快，技術變革的加速，以及消費者需求的多樣化，企業戰略理論的研究重心出現了由外向內，然後內外並重的轉移趨勢。1990年，學者普拉哈拉德（C. K. Prahalad）和哈默爾（G. Hamel）在《哈佛商業評論》（*Harvard Business Review*）上發表了一篇〈公司的核心競爭力〉，強調了企業競爭優勢來源於企業組織內部，企業戰略的制定和實施，依賴於企業現有的資源水平及體現在企業內部的技術能力和管理能力。

從企業內部來看，主要是由過去的職能部門制、事業部門制、矩陣制等科層組織向學習型組織的非科層組織轉變，組織結構出現扁平化、柔性化、分立化、網路化和開放化的特徵。從企業之間的關係和組織型態來看，由過去的價格、產品聯盟等單一、低層次的企業聯盟向產品、事業、公司聯盟等多層次、多型態的聯盟轉變。企業之間的競爭思維，由過去的你死我活的戰爭思維向創造價值、實現雙贏的價值思維轉變。企業之間既有競爭又有合作，出現了虛擬企業、網路組織等柔性化、網路化和開放性的組織型態（許玉琳主編，2005：36-38）。

四、組織型態發展趨勢

彼得・杜拉克說：「我們會變得較不關心『管理發展』，反而比較重視『組織發展』。前者是調適個人滿足組織需求的工具；後者則是調整組織適應個人需要、渴望及潛力的方法。」

未來組織將朝著下列的組織型態發展：

(一)扁平式組織（horizontal organization）

扁平式組織，係將原來官僚式組織的層級縮減至合理的層級數，以增加組織的效率和效能。在扁平式組織中，真正運作的是中層與基層人員。這種組織的好處是底盤較大、架構較穩，而且從上到下層級少、決策流程短、效率高。但是，構築這種組織的先決條件就是授權。組織扁平化之後即可透過資訊網路來連接，以加快資訊傳遞的效率。另外，在管理控制幅度的觀念上，從過去一位主管管理不超過八位部屬，到可以管理十六位以上的部屬（廖勇凱、楊湘怡合著，2004：77-78）。

(二)虛擬組織（virtual organization）

當傳統的組織型態逐漸將組織功能外包出去至某一程度，而形成小型的核心組織時，就形成了所謂的虛擬組織，又稱網路組織（network organization）或模組化組織（modular organization）。典型的虛擬組織是小型的核心組織，它會把主要的企業功能活動外包出去，用組織結構的術語來說的話，虛擬組織是高度集權化的組織，在組織內不分（或幾乎不分）部門。像耐吉（Nike）、銳跑（Reebok）、戴爾電腦（Dell）這些公司發現，不必擁有自己的製造設備，就可以做到幾千萬美元的生意。

(三)無疆界組織（boundaryless organization）

網路組織與虛擬組織都是一種無疆界組織。無疆界組織，意指一種不以傳統組織的界線來定義或限制組織設計方式，是以依賴團隊和網路來完成任務，因而組織邊界已被突破或跨越。例如奇異電氣公司（GE）前董事長傑克・威爾許（Jack Welch）就是希望奇異電氣能成唯一無疆界組織。換言之，透過全球化、策略聯盟、顧客與組織的聯繫，以及遠距作業（telecommuting）等方式，可突破許多地域上的限制。

無論是營利或非營利事業組織，在其發展和改變的過程中，組織人力結構所展現的能力與價值常是決定未來組織成長或衰退的關鍵因素之一。因而，組織在往中、長期發展規劃實務時，務必要同時檢視內部各部門的員工職能分布狀況。基於發展規劃藍圖所需的人力才能，及早規劃培育，做好人力布局的準備，才能符合組織發展需求。

變形蟲式管理

變形蟲式管理，是將公司分成許多稱之為「變形蟲」的小組織（5～10人）。各組織的主管集結全體成員的智慧與努力，以達成目標。同時，為了正確掌握整個變形蟲管理的內容，公司建立了各部門利潤管理的精細架構，並將經營的成果對全體員工公開。

資料來源：馮秋玉（2015）。〈以全員的力量賺錢：日本航空的變形蟲管理〉。《EMBA世界經理文摘》，第343期（2015/03），頁44。

結　語

組織乃是任何企業為追求達成預期經營目標，而將工作與權責予以妥適安排與劃分，並配置適當人力，俾促進彼此合作，強化團隊戰力，發揮群策群力，以竟事功的一種合作或運作體系。1990年代初期，美國管理學者傑恩・巴尼（Jay B. Barney）提出的「資源基礎論」（resource-based theory）認為，企業能以有價值、稀有且競爭者難以模仿的資源為基礎，形成策略，才能具備持久的競爭優勢。

組織是人力資源管理過程中的一個關鍵要素，也是經營者之最佳管理工具，一旦形成了與企業及人力資源管理相關的期望，組織結構就確定了要完成的工作，但組織亦必須配合經營目標與策略方向，權衡內外環境之變化，並常做適時調整，不可一成不變或害怕改變，方可確保企業永續經營與不斷成長。

Chapter 3 人力資源規劃概論

在20世紀90年代，競爭力的關鍵來源是：我們的人比你們的人工作得更有效率；我們的領導人比你們的領導人更好。

——學者威廉．賴夫（William E. Reif）

在20世紀60年代，人力規劃的原文是manpower planning，其主要意義是對人力的需求、管理發展及所需支援系統（support system）的預測，以便提供資訊確保組織的發展。但自70年代起，人力資源規劃（human resources planning，以下簡稱人力規劃）已經成為人力資源管理的重要職能，並與企業的戰略發展規劃融為一體，而非傳統認知的人力。隨著市場競爭的激烈程度增加，人力資源作為企業經營活動中的重要資源得到越來越多的企業經營管理者的認同。

人力資源規劃

人力資源規劃，是根據企業的發展願景，透過企業未來的人力資源需求和供給狀況預測與分析，對職務編制、崗位設置、人員配置、教育培訓、人力資源管理政策、招聘和甄選等人力資源管理工作編制的職能規劃。這些規劃不僅涉及到所有的人力資源管理，而且還涉及到企業其他管理工作，是一項複雜的系統工程，需要一整套科學的、嚴格的程序和制定技術。

資料來源：陳京民、韓松編著（2006）。《人力資源規劃：序言》，頁1。上海交通大學出版社。

一個組織之所以要編制人力資源計畫，主要是因為環境是變化的。沒有變化就不需要計畫。企業的內部環境、外部環境都在不斷變化，這種變化導致企業對人力資源供需的動態變化。例如，企業規模的擴大需要招募更多的員工；新技術的應用要求員工的素質有相應的提高。人力資源規劃，就是要對這些動態變化進行科學的預測和分析，以確保企業在短期、中期和長期對人力資源的需求（張德主編，2001：86）（**表3-1**）。

表3-1　台灣地區的出生人數統計

年度（民國）	出生數	年度（民國）	出生數	年度（民國）	出生數
65年	423,357	86年	326,002	95年	204,459
70年	412,779	87年	271,450	96年	204,414
77年	341,054	88年	283,661	97年	198,373
80年	321,932	89年	305,312	98年	191,310
81年	321,632	90年	260,354	99年	166,886
82年	325,613	91年	247,530	100年	196,627
83年	322,938	92年	227,070	101年	229,481
84年	329,581	93年	216,419	102年	199,113
85年	325,545	94年	205,854	103年	210,383
備註	面臨民國105年少子化「淹水線」（民國87年出生率），即使挺過105年風暴，也還有117年（民國97年出生率）第二波少子化，受少子化衝擊，未來二十年內，台灣預估將有五十多所大學會因招生入學生不足而被迫關閉。				

資料來源：丁志達。

第一節　人力資源規劃內涵

如何分辨是金子或是砂礫？如何獲悉員工是可造之才還是食之無味的雞肋？如果是優秀人才，他又適合哪個崗位？要解決這些問題，科學、完備的人力規劃體系不可或缺（**圖3-1**）。

人力規劃是一個程序，乃是組織依據內外在環境及員工的前程發展規劃，對未來企業長、中、短期人力需求做一有系統且持續的分析與規劃的過程，以確保一個組織能夠適時、適地獲得適量、適用人員之程序，經由此一程序可使人力獲致最經濟有效的運用，達到組織的整體目標。因

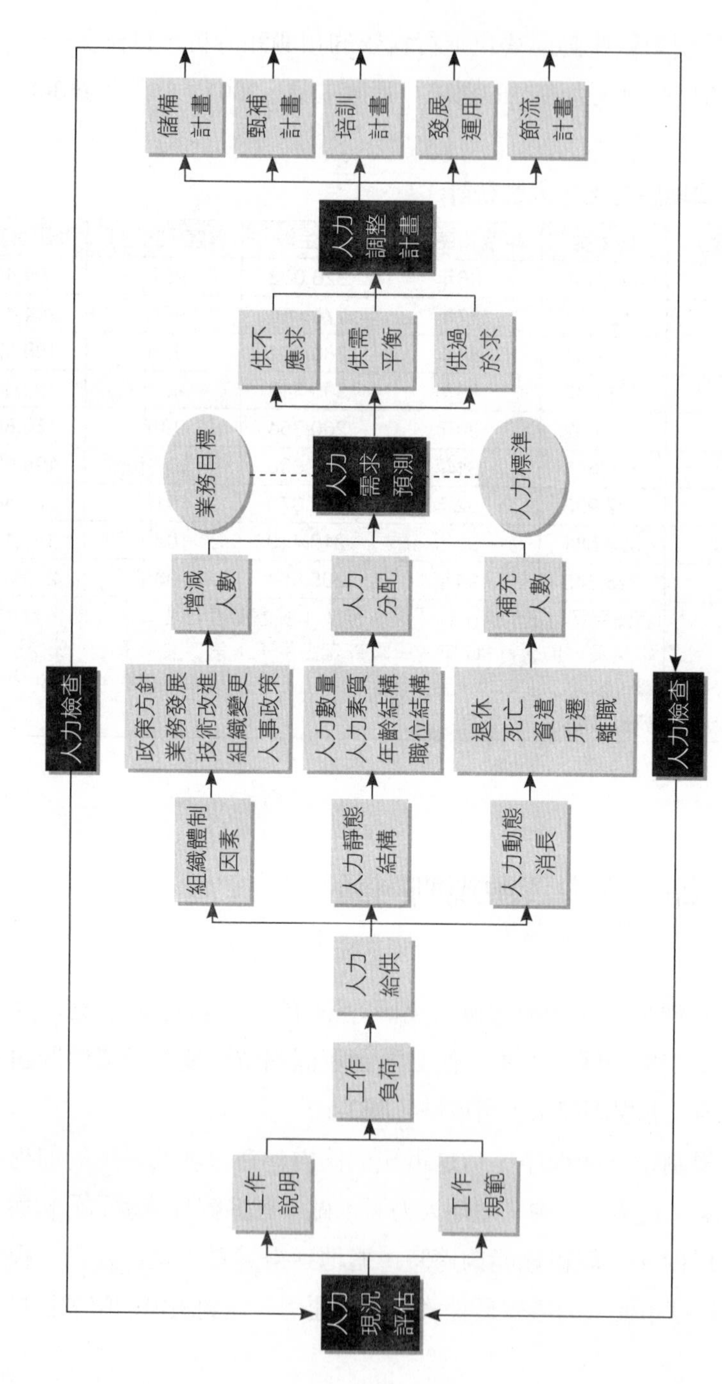

圖3-1 人力資源規劃之程序圖

資料來源：吳秉恩（2012）。《高階人力資源管理：分享式觀點》，頁113。華泰文化出版。

而，人力資源主管要定期與公司財務及其他主管討論策略計畫的人員配置，瞭解企業未來所需的員工數量與質量。

科學、完備的人力規劃體系是企業人力資源管理的重要依據，能幫助企業進行有效的人事決策、控制人工成本、調動員工的積極性，最終確保企業長期發展對人才的需求（岳鵬，2003/05：29）。

一、人力資源規劃的目的

人，是組織的最大資產。過多的人力，會造成組織資源、成本的浪費；而人力的不足，卻又讓組織的功能無法彰顯。因此，在人力資源管理的範疇中，企業要不斷尋求人力的合理化，進而追求組織的「最適人力」。若能達到組織的「最適人力」，則可以產生「花最少成本，卻有最大效益」的功用。

企業從事人力規劃，有下列幾項的目的，以確保組織未來發展的各時間點上，均能適時取得必要素質的人力，使組織得以有效運作，達成組織的目標。

1.預測人力需求：即早更新組織生命，避免管理人才的斷層，使組織不致發生經營危機。人力規劃一方面對現有人力狀況分析，他方面對未來人力需求做預測，以便對企業人力的增減補充有通盤性的考慮，再擬定人員增補與培訓計畫，透過人力發展增進組織效能。

2.有效運用各類人力：人力規劃可以改善人力分配的不均衡狀況，追求人力合理化，消除無效人力（減少冗員的產生），使人力資源能獲得最妥善的運用。

3.配合業務與組織發展的需要：培植企業未來發展所須各類人力、擬訂甄補與訓練發展計畫。一旦組織能獲得人力資源的充分運用提高績效，員工個人亦得以獲得工作之穩定與保障。

4.降低組織用人成本：事先檢討與分析現有人力結構，找出影響人力運用的瓶頸，以提高人力資源使用效率，減低人力於總成本中之比率（節省用人成本）。

5.組織與員工共同發展之需求：結合組織成長與個人成長的生涯規劃，以滿足員工事業生涯發展之需求。員工一旦瞭解組織之人力資源規劃，積極參與，透過訂定目標發展自己，可適應組織目前及未來需求，並於工作中獲得滿足感。

簡言之，人力規劃之目的，旨在有效運用及開發組織的人力資源，同時可提供一個機會與方法，讓組織可以針對現況（例如：制度、政策與措施）加以檢視與評鑑，並且更進一步指出組織的未來需求是什麼，未雨綢繆，及早布局，實現所需要的人力資源。

二、人力資源規劃的時段

《論語・衛靈公篇》記載：「人無遠慮，必有近憂。」人力規劃的作用在於確保企業發展中人力資源的需求（人才儲備）；使人力資源管理

個案3-1 台中太陽堂老店停業

被業界推崇為太陽堂餅鋪老店的負責人林義博，五月十二日下午突然在店門口張貼「本店於五月十三日起停止營業，非常感謝大家長時間以來的愛顧」的「停止營業」啟事。林義博向好友吐露「我累了！倦了！不想做了」，為創業近一甲子太陽堂老店畫下句點，令人惋惜。

未婚的林義博年近七旬，一生製餅，員工說，老闆遲遲為不能順利取得「太陽堂」專利權，耿耿於懷，加上店內老師傅個個年事已高，手工製餅太吃力，姪子輩無人願意繼承，因此不得已停業。

資料來源：白錫鏗、洪敬浤、李奕昕（2012）。〈台中太陽堂老店　驚傳停業〉。《聯合報》（2012/05/13），頭版。

活動有序化（因應淡、旺季的人力）；提高人力資源的利用效率（工作支援）；有利於協調人力資源管理計畫（事先安排接班人）和使個人行為與組織目標相吻合（職涯規劃）。因而，人力資源必須從長計議，逐步實現人力供需均衡狀態。

1.長期計畫適合於大型企業，往往是五年以上的規劃，以未來的組織需求為起點，並參考短期計畫的需求，以測定未來的人力需求。

2.中期計畫適合於大、中型企業，一般的期限是二至五年。

3.年度計畫適合於所有的企業，它每年進行一次，常常與企業的年度發展計畫相配合。

4.短期計畫適用於短期內企業人力資源變動加劇的情況，根據組織之目前需求測定目前人力需求，並進一步估計目前管理資源能力及需求，從而訂定計畫，以彌補能力與需求之間的差距，是一種應急計畫。

年度計畫是執行計畫，是中期、長期人力規劃的貫徹和落實。中、長期規劃對企業人力規劃具有方向指導作用（**表3-2**）。

表3-2　人力資源規劃的時間架構

預測因素	短程（0～2年）	中程（2～5年）	長程（5年以上）
需求	經授權的聘僱，包括成長、異動與離職。	因預算與計畫產生的營運需要。	在一些組織中與「中程」相同；在其他組織，則更注意環境與技術變遷（實質上採判定方式）。
供給	員工普查結果減去預期損失，再加上部屬團體的預期升遷。	由個人升遷的可能性資料，推估會產生的人力資源空缺。	管理階層對員工特質的變化以及未來可用人力資源的預期。
淨需求	所需員工的數量與類別。	數量、類別、日期與層級。	管理階層對影響立即性決策之未來狀況的預期。

資料來源：Adapted from J. Walker (1972). Forecasting manpower needs. In E. H. Burack and J. W. Walker (ed.), *Manpower Planning and Programming*. Boston: Allyn & Bacon, p. 94.引用黃同圳、Lloyd Byars、Leslie W. Rue著（2010）。《人力資源管理：全球思維　本土觀點》，頁105。美商麥格羅・希爾。

三、人力資源規劃的內涵

人力是有機體，會成熟、會衰竭，透過優化的人力規劃，為企業準備好適當人選，以確保在每一個企業發展階段，有充足人力資源達成目標。人力規劃是企業人力資源管理中的戰略管理。人力資源規劃為檢查各項人力資源活動情況及活動效果提供了依據，並成為人力資源政策的具體體現和制定依據。

就整個人力規劃的過程而言，人力規劃的內容至少有下列八項：

1.設立組織發展目標（organization development goal）。
2.確定未來組織需求（organization needs）。
3.現有人力的核實（human resource verification）。
4.未來人力的預估（forecasting human resource）。
5.未來人力的獲得（future human resource acquisition）。
6.人力的培訓（training and development）。
7.人力運用（resource acquisition utilization）。
8.人力計畫（resource acquisition plan）。（趙其文，2001/08：12）

如果在企業的經營戰略實施過程中，不能事先為各個經營階段提供所需要的人力資源，則企業就有可能出現人力資源短缺或者過剩，影響到企業經營戰略的實現和企業生產經營活動的展開，導致企業經營戰略的失敗。

四、人力資源規劃的目標

人力資源規劃不僅是單純的預算編列，還須連結願景、使命，依據策略，由上而下，由下而上雙向循環，彈性因應，進而應付遽變的環境，讓企業掌握真正的人才優勢。

人力規劃具體的工作目標就是：在合適的時間，以合適的方式，提供合適數量的合適員工。這四個「合適」反映了人力規劃所要追求的四個平衡的目標：

1.合適的時間：時間段的平衡，比如現在多少人，今年多少人，明年多少人。
2.合適的方式：內外部的平衡，內部培養多少人，外部引進多少人。
3.合適的員工：人崗匹配的平衡，如每個具體崗位與人員的匹配，每個類別崗位與人員的匹配，每個層級崗位與人員的匹配。
4.合適的數量：各類崗位編制與人員數量的平衡，如營銷崗位需要多少人，中層管理階層需要多少人。（石才貴，2011/12：22）

總而言之，依據人力規劃之意義及目的，人力規劃有幾項特質：

1.主動性：人力規劃是主動發掘問題，探求需要而非被動因應。
2.前瞻性：人力規劃以未來人力需求為主，必須以未來發展為依據。
3.整體性：人力需求應以組織整體為立場，而非僅為單獨特定部門或人員為思考依據，宜顧及全面性。同時，應與組織整體策略規劃相結合。
4.資訊化：人力規劃宜於平時將有關之人力資料作有系統性的記錄彙總及分析，對實際進行人力規劃才有具體意義。（吳秉恩，1990：14）

總而言之，企業應先釐清營運策略，來掌握未來人力規劃需求，進而結合人力結構現況診斷，並進行差異化分析（企業層級、事業單位層級、關鍵職位），才能提出最優化的人力規劃行動方案（**表3-3**）。

表3-3　人力資源規劃的關鍵點

關鍵點	說明
調查、蒐集和整理企業相關之各種資訊	例如：企業在市場中的定位、競爭對手的狀況、產業的前景、生產和銷售狀況、企業內部與外部環境因素。
評估組織現有的人力資源	對現有人力資源的狀況應展開有系統之調查。調查包括其學歷、相關技能培訓、證照、經驗、語言能力、工作專長等。甚至可配合調查員工之職業人格特質、工作價值觀與其對組織之承諾。設法對組織內各類人力資源之數量、分布、運用、流動狀況進行全盤掌握。
進行職位（工作）分析	確定組織中的職務以及履行職務所需的人才。職務分析將決定各項職務適合的人力資源，並形成職務說明書，顯示各職務具體之規範。
預估企業組織未來需要的人力資源，並制定符合將來人力需求之方案	對組織未來人力資源之需求與供給進行預測。人力資源需求預測，包括中短期預測和長期預測、總量預測和各職位需求之預測。
人力資源供給預測	包括組織內部供給預測和外部供給之預測，將組織內部人力資源供給預測數據、組織外部人力資源供給預測資訊匯總，得出組織人力資源之供給總體數據。同時，應將就業市場人力資源情形、人力競爭、外部人力供給等因素納入考量。
將組織人力資源需求的預測數、組織本身可供給的人力資源預測數進行對比	從比較中可看出各類員工的需求，以進一步分析需求與各類別人力資源需求數量，並針對人力資源需求進行招聘與培訓，提出具體措施。
監督、分析與回饋	對組織人力資源規劃的執行過程加以監控、分析，並進行及時的反思，進而對原規劃的內容隨時調整修正，以確保組織目標的實現。

資料來源：王方（2012）。〈破解彼得原理魔咒——專業分工用人唯才 科層組織即戰力〉。《能力雜誌》，總號第671期（2012/01），頁77。

第二節　人力資源規劃模式

人力規劃必須考慮內在與外在環境等因素，配合擬定組織目標，並根據未來人力需求與計畫的人力供給做成各種計畫，包括人力需求計畫、羅致計畫、培訓計畫及人力運用發展計畫，然後據以實施與評估，評估結果可作為修訂組織目標及人力規劃實施之工具。

著名學者恩寇碼指出，人力規劃系統主要約有六項基本要素：

1.環境分析（environmental analysis）：環境分析的價值在於辨識並預期人力資源的機會與威脅。人力資源規劃者，必須對於那些影響人力資源與組織績效的新因素以及環境的可能變化，持續觀察並保持相當的敏感度。
2.目標與策略分析（analysis of objectives and strategy）：人力資源的目標與策略大部分是源自於組織的整體策略規劃，而企業在選擇策略時，也必然會受到組織現有人力資源的質與量所限制。
3.內部人力資源分析（internal human resource analysis）：此項分析主要是在分辨當前人力資源狀況的優缺點，而分析時應兼顧總體與個體變數。
4.預測人力資源需求（forecast future human resource demand）：預測人力資源需求應以未來為導向，而其最終目的，不僅在滿足任用上的需要，更應為組織在達成目標的過程中，提供具備高素質的人員。
5.發展人力資源策略與目標（generating and developing human resource strategies and objectives）：所有的人力策略、目標與方案都應經過完全的整合與協調，並契合組織長期的計畫，進而轉化成短期而有效的營運計畫。
6.評估與檢查（evaluation and review）：評估與檢查的目的在於找出計畫與實際的差距，進而加以改善，正確的評估與檢查程序包括：對人力資源行動方案的成果評估，及對於任何預知的衍生事件注意其正確性。（**圖3-2**）

恩寇碼（S. M. Nkomo）所提的人力資源規劃系統優點為：將外部環境因素納入考慮，是一系統性、整合性的人力規劃觀念，包括了組織內外

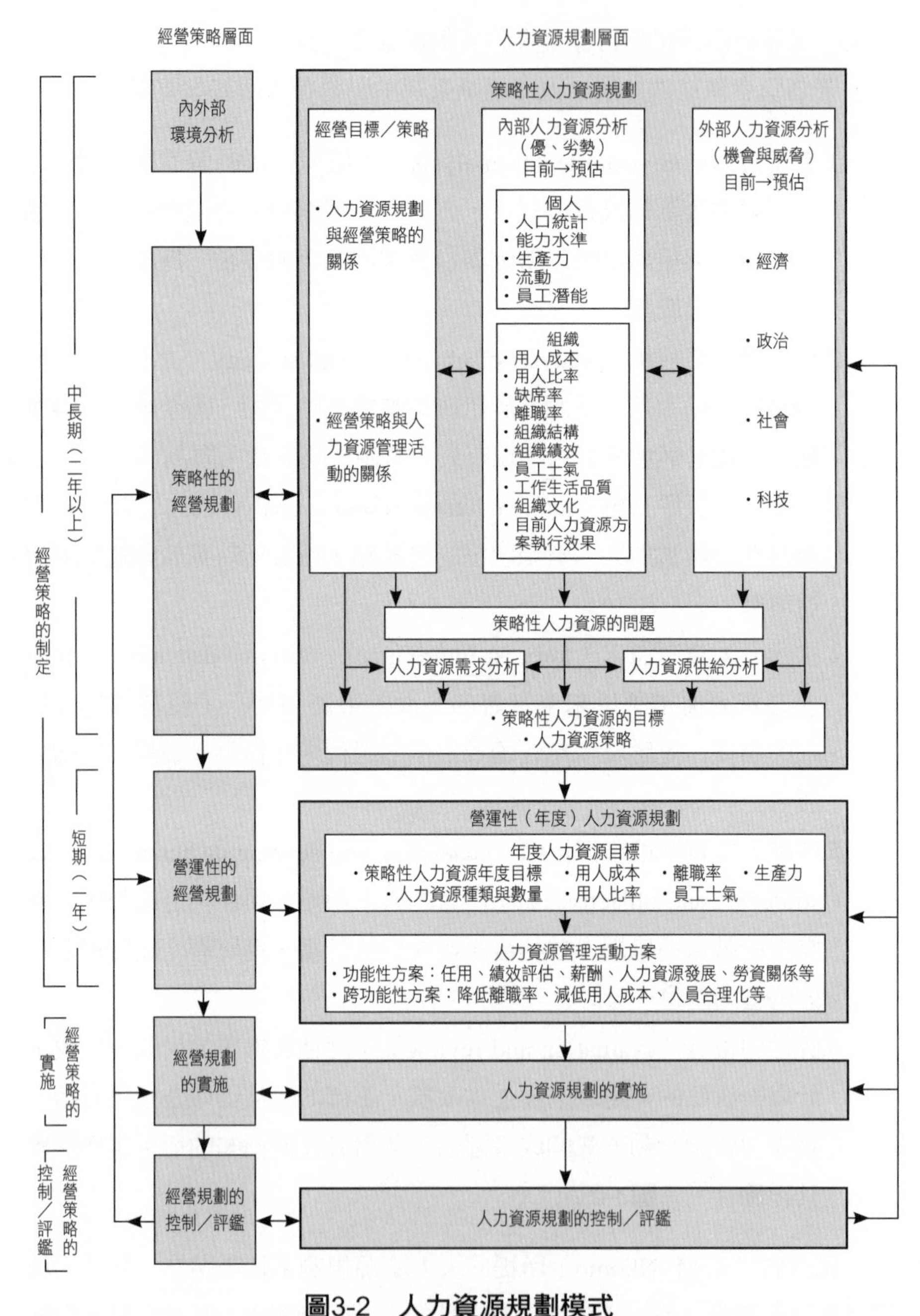

圖3-2　人力資源規劃模式

資料來源：張火燦（1995）。〈勞資關係的理論與模式〉。《勞工行政》，第91期（1995/11/5），頁13。

環境分析、人力資源分析、發展策略及評估檢查等步驟。但缺點為：規劃模式中並未指出企業目標、策略與人力資源需求預測間的關係，使組織策略規劃與人力資源規劃的連結，未能清楚的加以表達（**圖3-3**）。

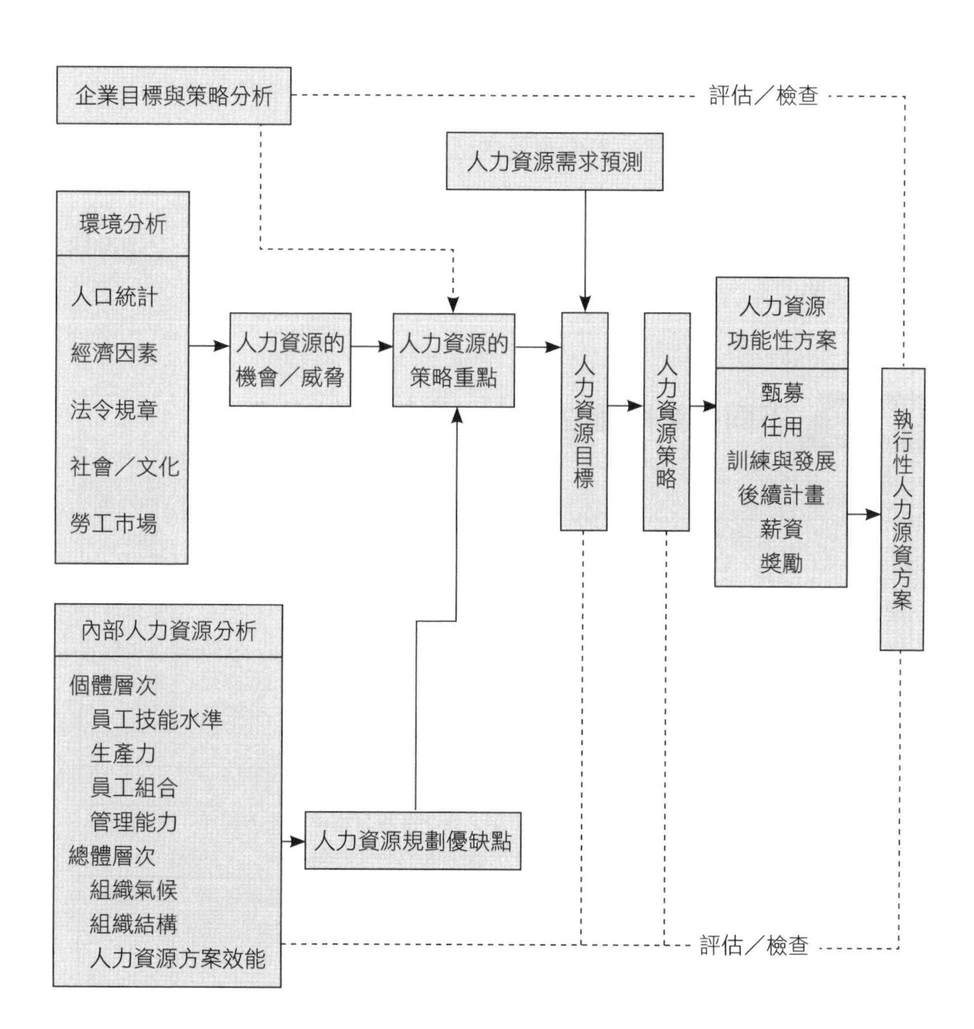

圖3-3　恩寇碼的人力資源規劃系統圖

資料來源：Nkomo, Stella M. Strategic planning for human resources-Let's get started. *Long Range Planning*, *Vol. 21*, No. 1, Feb. 1988／引自吳秉恩（1990）。《台北市政府人力資源規劃之研究》，頁25。台北市政府研究發展考核委員會委託專案。

根據多位學者對人力規劃模式的理論論述資料，提出下列五項企業在從事整體性人力規劃需注意的事項：

1.適時偵測外界環境之變遷及其對內部組織發展與人力規劃之影響。
2.對環境變遷、組織目標、人力策略及人事方案之間應有密切的配合。
3.充分掌握組織外部人力供應及內部人力需求之狀況及變化。
4.除了人力數量之預估之外，對於人力素質之配合更應注意。
5.人力檢查及評估之工作應隨時進行，以利控制。（吳秉恩，1990：23-24）

個案3-2 不同行業所建立的人力資源規劃模式

行業別	模式要素	研究者
工業銀行	外部環境分析、組織內部分析、人力資源需求與供給需求預測、行動方案、評估與檢查。	李貞育
商業銀行	人力資源預測、人力現況分析、指標分析、人力資源利用管制。	黃美慈
銀行業	組織經營目標與策略、內部人力資源分析、外部人力資源分析、人力資源需求預測、設定並執行人力資源方案、評估與修正。	黃美娟
營建業	配合經濟發展之人力需求、僱主意見、時間序列推估。	任天文
營造廠	建立內部控制系統、預算控制、量化分析各項規劃基準管理值、策略導向整合運作系統、建立人力資源資料庫。	鄭香豐
高科技產業	企業人力資源規劃的產業環境特性、組織特性、高階管理階層的態度、企業策略規劃、人力資源供需預測、人力資源管理計畫。	郭琬青
高科技產業工程部門	產量、產品技術複雜度。	謝瓊嬉
國際電信管理局	預測人力資源需求、掌握人力資源供給、決定組織可利用人力、設定人力資源目標與策略、發展並執行人力資源方案、控制與回饋。	高木財

行業別	模式要素	研究者
公路運輸業	組織目標、人力資源分析、可用人力、所需人力、人力需求預測、人力計畫、員工生涯規劃、建立組織整體人力資源規劃計畫、評估與回饋。	羅文松
台灣鐵路局	建立人力資源預測工作、人力來源羅致、人力培訓、有效運用人力。	阮國榮
警察人力	設定組織目標、人力需求預測、人力計畫、評估與回饋。	李振成
高雄市政府	因應環境因素、組織策略使命、檢視人力狀況、分析未來人力需求與供給、發展近、中、長程人力計畫、調整組織內部結構、人力檢查及評估。	陳瓊莉

資料來源：江享貞，〈企業實施人力資源規劃之相關研究〉。

第三節　人力資源規劃原則

在制定人力規劃時，必須遵循一定的原則，才能保證規劃的正確性、科學性和有效性（**表3-4**）。

表3-4　未來人力資源規劃考慮因素

1.組織未來的目標（假定為未來三年）
2.未來的工作活動
3.未來工作需要的知能
4.對未來科技變遷之認知
5.未來組織及職位結構的變化
6.未來業務的重點
7.為達成組織目標所需人力（性質及程度）之預估
8.如何獲得所需人力
9.何種工作或職位未來可能不需要（淘汰或改變）
10.未來可能新增之工作或職位

資料來源：趙其文（2001）。〈現代人事行政的策略性作為——人力規劃〉。《人事月刊》，第33卷，第2期（2001/08），頁15。

一、人力資源保障原則

人力資源保障問題是人力規劃中應解決的核心問題。在制定人力規劃時，要遵循企業的人力資源保障原則，要進行一系列科學的預測和分析，包括人員流入預測、人員流出預測、人員內部流動預測、就業市場人力供需狀況分析、人員流動的損益分析等。只有有效地保證了對企業的人力資源供給，才可能去進行更深層次的人力資源管理與開發。

二、與內外環境相適應原則

人力規劃如果沒有充分考慮到內外環境的變化，就不可能合理、不可能符合企業發展目標的要求。任何時候，規劃都是面向未來的，而未來總是含有多種不確定因素，包括內外部的不確定因素。內部變化涉及企業銷售的變化、產品的變化、發展戰略的變化、企業員工的變化等等；外部變化涉及市場的變化、政府勞工政策的變化等。為了能夠更好地適應這些變化，在人力規劃中應該對可能出現的情況做出預測和分析，以確定應對各種風險的策略。

三、與企業戰略目標相適應原則

在制定人力規劃時，不管哪種規劃，都必須與企業戰略目標相適應，只有這樣才能保證企業目標與企業資源的協調，保證人力規劃的準確性和有效性。例如，高科技的行業，應以研究開發人員為主；傳統代工製造業，應於作業員為主，在制定人力規劃都要考慮這些因素。

四、系統性原則

一個有效的人力規劃能使不同的人才結合起來，從而形成一個有機

的整體，可以有效地發揮整體功能大於個體功能之和的優勢，這就叫做「系統功能原則」。 一般說來，人力資源系統性原則體現在：知識的互補性、能力的互補性、性格的互補性、年齡的互補性等。

五、職能層級原理

職能層級原理，指具有不同能力的人，應擺在組織內部不同的職位上，給予不同的權力和責任，實行能力與職位（決策層、管理層、操作層）的對應和適應。由於人員的實際素質和能力千差萬別，因此，實現職能層級對應是一個十分複雜艱鉅的動態過程。

六、適度流動原則

企業的經營活動免不了人員的流動，好的人力資源團隊是與適度的人才流動聯繫在一起的，企業員工流動率過低或是過高，都是不正常的現象。流動率過低，員工會厭倦過長時間在同一工作領域的崗位工作，而不利於發揮他們的積極性和創造性；流動率過高，說明企業管理中存在某種問題，使企業花較多的成本培訓員工，而取得回報的時間又比較短。保持適度的人員流動率，使企業的人力資源得到有效的利用。

七、企業和員工共同發展原則

在知識經濟時代，隨著人力素質的提高，員工越來越重視自身的職業前途。企業的發展離不開員工的發展，兩者是互相依賴、互相促進的。一個好的人力規劃，必須是能夠使企業和員工都得到長期利益的計畫，應該使企業和員工共同發展（諶新民、唐東方編著，2002：83-93）。

小常識

員工流動率探討

員工流動率本身不具有任何好或壞的意義，它就像人的體溫的指標一樣，應該維持在某一適度水準，一如體溫偏高或偏低均顯示病態。過高或過低的員工流動率，均可能造成企業有形或無形的損失。

高員工流動率，會導致使公司目標難以限期達成、企業招聘和訓練成本的增加、機器損壞的頻率加大、意外不幸事件較易發生、生產力降低、機密文件外洩、破壞公司留給社會之形象等現象。

低員工流動率，容易使員工變得墨守成規、因循苟且、妨礙新觀念的產生。

資料來源：丁志達（2014）。「離職面談與管理」講義。台固媒體公司編印。

第四節　人力資源規劃步驟

企業有了人力需求和供給的預估，接下來就是屬於人力規劃方案及運用的範疇。因為組織設置規劃中的編制預測，最終決定了人力規劃所需要的人員需求，所以編制預測就成了進行人力規劃中的一個關鍵環節（**表3-5**）。

表3-5　企業擬定人力規劃注意要點

1.策略規劃應先於人力資源規劃，且應包含內在及外在的環境分析。
2.人力資源規劃應符合組織的需求。
3.人力資源需求預測。
4.可用人力資源預測則需考慮內部和外部人員來源。
5.人力資源規劃應由直線主管與人力資源主管共同承擔。

資料來源：丁志達（2015）。「人力規劃與人力盤點」講義。中華人事主管協會編印。

一般來說，企業的人力規劃的典型編制步驟如下：

一、蒐集準備有關訊息資料

訊息資料是制定人力計畫的依據。蒐集、分析及預測人力的供給與需求，包括：企業的經營戰略和目標、職務說明書、企業現有人員情況、員工的培訓、教育情況等。然後根據企業的目標與發展計畫決定各相關部門的人力需求，其中包含各部門所需的專業人力素質與數量需求。

個案3-3 人力規劃Q＆A

問：針對工作內容以專案為主的資訊單位，分析人力是否合理化的方向有哪些？

答：1.從組織發展角度來探討資訊單位未來的工作負荷。

2.從工作專案來探討某些專案是否有可能外包的可行性。

3.從教育訓練角度來探討資訊單位的具備能力（能力盤點）。

4.瞭解資訊單位支援其他單位建構資訊平台的現狀與時間。

5.分析資訊單位人員流動率，以預測工作的壓力有多大（如果流動率偏低，表示可再承擔多點負荷力，就必須從工作豐富化或流程來改造）。

6.分析資訊單位人員素質（教育程度、年齡、從事這一行業的經歷等）。

問：除了以上的資料，是否還需要其他的資訊？

答：1.員額診斷與評估的設計，通常採取定量調查（問卷調查法）與定性調查（訪談調查法）兩種做法。採用定性調查（訪談調查法）的人，必須具備資訊單位的專長能力，才能追根究柢，知識不夠，不如不談。

2.參考組織架構中資訊單位的編制與功能，作為規劃資訊單位人員合理化的參考、比較的依據。

問：是否還有需注意的事項？

答：1.須將「工作」、「人力」、「管理」三項要素做精心設計及有效配合運用，方可奏效。

2.工作說明書是書面資料，必須透過當面瞭解，才能知道這位員工在做什麼。

3.成立人力盤點小組來進行，也就是借重內部專家來評估資訊部門的實際需求員額的合理性。
4.組織紀律問題（請假），必須提出正確資料分析後，供其上司參考改善。
5.明年要增加員額，請用人單位提出員額需求報告書，哪些職位？做哪些事？這些事是屬於短期的任務？長期的任務？

資料來源：丁志達（2015）。「人力規劃與人力合理化技巧」講義。中華民國職工福利發展協會編印。

二、人力資源需求預測

企業應根據企業發展戰略計畫和本企業的內外條件選擇合適的預測方法，然後對人力需求的結構和數量進行預測。

三、人力資源供給預測

供給預測包括兩方面，一是內部人員擁有量預測，即根據現有人力資源及其未來變動情況，預測出規劃期內各時間點上的人員擁有量；另一方面是外部供給量預測，即確定在規劃期內各時間點上可以從企業外部獲得的各類人員的數量。一般情況下，內部人員擁有量是比較透明的，預測的準確度較高；而外部人力資源的供給量則有較高的不確定性。企業在進行人力資源供給預測時，應把重點放在內部人員擁有量的預測上，外部供給量的預測則應側重於關鍵人員，如高階管理人員、技術人員等。

四、確定人員淨需求

人員需求和供給預測完成後，就可以將本企業人力資源需求的預測數與在同期內企業本身可供給的人力資源數量進行對比分析。從比較分析

中可測算出各類人員的淨需求數（需要多少人？需要什麼人？）。

這個淨需求數如果是正的，則表明企業需要招聘新的員工或對現有的員工進行有針對性的培訓；這個淨需求數如果是負的，則表明企業這方面的人員是過剩的， 應該精簡或對員工進行調配。

人員淨需求的測算結果，不僅是企業調配、招聘人員的依據，還是企業制定其他人力資源政策的依據。企業根據某一具體崗位上員工餘額的情況，可以分析企業在這方面人員的培訓、激勵上的得失、從而及時採取相應的措施。

五、確定人力資源目標

人力規劃的目標是隨組織所處環境、企業戰略與戰術計畫、組織目前工作結構與員工工作行為的變化而不斷改變的。當組織的戰略計畫、年度計畫已經確定，組織目前的人力資源需求與供給情況已經摸清，就可以據此制定組織的人力資源目標了，即將企業的策略目標展開並建立組織與部門的目標鏈體系。例如，明年底，將人員精簡四分之一或增額10%。

六、制定具體計畫

這包括制定補充計畫、使用計畫、培訓開發計畫、配備計畫等。

七、對人力規劃的審核與評估

對一個組織人力規劃的審核與評估，是對該組織人力規劃所涉及的各個方面及其所帶來的效益進行綜合的審查與評價，也是對人力規劃所涉及的有關政策、措施以及招聘、培訓發展和報酬福利等方面進行審核與控制。從審核評估的方法上講，可採用目標對照審核法，即將原定的目標為

標準進行逐項的審核評估；也可採用廣泛收集並分析研究有關的數據，如管理人員、管理輔助人員以及直接生產人員之間的比例關係，在某一時期內各種人員的變動情況、遲到、曠工、員工的報酬和福利、工傷與抱怨等方面的情況等等（張德主編，2001：96-99）。

人力資源的供需平衡是人力資源規劃的最終目的，供給和需求的預測即是為了實現這一目的打下的基礎（**表3-6**）。

表3-6　企業在人力規劃推動時的阻礙事項

1.缺乏高階主管的認同與支持。 2.人力規劃工作者本身產生認同的危機。 3.缺乏與其他部門的協調，未能取得管理階層的參與和支持，特別是直線管理人員。 4.未能與企業整體的發展計畫做適切的整合。 5.過度複雜的推展活動。 6.過於重視數量性的分析，偏重人力數量的控制或是分析方法運用不當。

資料來源：丁志達（2015）。「人力規劃與人力盤點」講義。中華人事主管協會編印。

第五節　人力資源規劃內容

人力規劃是人力資源管理的一項基礎性工作。人力規劃就是要弄清楚實現企業戰略目標或者短期經營目標及策略，在每個或者每類崗位上，每個時間段上分別從內外部配置的人力資源的數量與質量。

人力規劃主要內容包括：

一、制定職務編制計畫

制定職務編制計畫的目的，是描述企業未來的組織職能規模和模式。根據企業發展規劃，結合職務分析報告的內容，來制定職務編制計

畫。職務編制計畫闡述了企業的組織結構、職務設置、職務描述和職務資格要求等內容。

二、制定人員配置計畫

制定人員配置計畫的目的，是描述企業未來的人員數量和素質構成。根據企業發展規劃，結合企業人力資源盤點報告，來制定人員配置計畫。人員配置計畫闡述了企業每個職務的人員數量，人員的職務變動，職務人員空缺數量等，這是確定組織人員需求的重要依據。

三、預測人員需求

根據職務編制計畫和人員配置計畫，使用預測方法來預測人員需求預測。人員需求中應闡明需求的職務名稱、人員數量、希望到職時間等。最好形成一個標明有員工數量、招聘成本、技能要求、工作類別及為完成組織目標所需的管理人員數量和層次的分列表。實際上，預測人員需求是整個人力規劃中最困難和最重要的部分。因為它要求以富有創造性、高度參與的方法處理未來經營和技術上的不確定性問題。

四、確定人員供給計畫

人員供給計畫是人員需求的對策性計畫。主要闡述了人員供給的方式（外部招聘、內部甄選等）、人員內部流動政策、人員外部流動政策、人員獲取途徑和獲取實施計畫等。透過分析勞動力過去的人數、組織結構和構成，以及人員流動、年齡變化和錄用等資料，就可以預測出未來某個特定時刻的供給情況。預測結果勾畫出了組織現有人力資源狀況，以及未來在流動、退休、資遣、升職及其他相關方面的發展變化情況。

五、制定培訓開發計畫

組織透過培訓開發，一方面可以使組織成員更好地適應正在從事的工作，另一方面也為組織未來發展所需要的一些職位準備了儲備人才。它包括了培訓政策、培訓需求、培訓內容、培訓形式、培訓考核等內容。培訓計畫與晉升計畫、配備計畫以及個人發展計畫有密切的關聯，培訓的相當一部分工作應在晉升之前完成。

六、編寫人力資源費用預算

企業在制訂各項分類預算的基礎上，制定出人力資源的總預算，包括招聘費、培訓費、調配費、人事成本、社會保險、獎勵費，以及其他非員工直接待遇但與人力資源開發利用有關的費用。

七、制定人力資源管理政策調整計畫

它應明確計畫期內的人力資源政策的調整原因、調整步驟和調整範圍等，其中包括招聘政策、績效考評政策、薪酬福利政策、激勵獎酬政策、職業生涯規劃政策、員工管理政策等。

八、關鍵任務的風險分析與對策

每家企業在人力資源管理中都可能遇到風險，如招聘失敗、新政策引起員工不滿等等，這些事件很可能會影響公司的正常運轉，甚至會對公司造成致命的打擊。風險分析就是透過風險識別、風險估計、風險駕馭、風險監控等一系列活動來防範風險的發生。（諶新民、唐東方編著，2002：240-244）

上述人力規劃的各分類項目是相互關聯的，例如培訓計畫、使用計畫都可能帶來空缺崗位，因而需要補充人員；補充計畫要以配備計畫為前提；補充計畫的有效執行需要有培訓計畫、薪酬福利計畫、勞動關係計畫來保證；職業計畫與使用計畫相輔相成等等（**表3-7**）。

表3-7　人力資源計畫的主要內容

計畫項目	主要內容	預算內容
總體規劃	人力資源管理的總體目標和配套政策	預算總額
配備計畫	中、長期內不同職務、部門或工作類型的人員分布狀況	人員總體規模變化而引起的費用變化
退休解聘計畫	因各種原因離職的人員狀況及其所在崗位情況	退休金、資遣費、安置費
補充計畫	需要補充人員的崗位、補充人員的數量、對人員的要求	招募、甄選費用
使用計畫	人員晉升政策、晉升時間、輪換工作的崗位情況、輪換時間	職位變化引起的薪酬福利等支出的變化
培訓開發計畫	培訓對象、目的、內容、時間、地點、講師等	培訓總投入、無產值的受訓人員工資及工時損失
職業計畫	幹部人員的儲備和培訓方案	
績效與薪資／福利計畫	個人及部門的績效標準、衡量方法、薪資結構、平均工資、獎金制度、福利項目以及績效與薪酬的對應關係等	薪酬福利的變動額
勞動關係計畫	減少和預防勞動爭議、改進勞動關係的目標和措施	訴訟費用及可能的賠償

資料來源：張德主編（2001）。《人力資源開發與管理》，頁87-88。清華大學出版社。

第六節　人力資源發展戰略

企業的發展過程就像生命體一樣，也要經歷出生、成長、死亡等不同生命週期。典型的企業，一般經歷創立時期、開發時期、成熟時期和衰

退時期四個階段。人力資源戰略規劃的內涵，包括了有關人力資源發展的政策、措施和具體的人力資源業務規劃，以及支持政策和措施。人力規劃為保證企業人力資源的供需平衡和人力資源管理活動的有效進行提供保證。

一、創立時期的人力規劃

企業處於創業之初，企業創業者竭盡所能將創業的夢想和計畫付諸實現，此時企業往往處於多變與不穩定狀態之中，諸如，企業內部的各種正式組織尚未建立、各種規章制度和經營方針還未成形，企業文化正在醞釀中。這一階段的企業，基本上有這樣一些特點：企業的組織與管理多變，企業人力資源團隊與管理制度尚未完善，急需核心人才。此時，作為關鍵生產要素的人力資源，尤其是技術人員和市場開發人員是企業急需網羅的人才。因此，企業初創時期需要根據企業的需要招聘人才、吸引人才、吸收關鍵員工是此時企業人力規劃的主要任務。

企業初創時期的人力資源戰略目標，一般在於：形成完整的企業人力資源團隊和管理體系、吸收關鍵人力資源和對企業文化的培養。

二、發展時期的人力規劃

如果初創企業運行狀況良好，其成長性、競爭性都會增強，就會過度到下一個發展階段：企業發展時期。處於這一階段的企業會呈現如下特徵：急需大量人才補充，企業管理不斷完善、企業人力資源的作用得到格外重視。

在這一時期，企業人力資源的增加仍然是企業人力資源發展戰略的主要內容。但在企業人員流入增加的同時，離職率也開始上升。此時，企業的人力資源戰略重點是加強員工離職管理、注意創新招聘人力資源技術、吸收方式、強調人力資源的使用效率和降低人力資源的使用成本。

三、成熟時期的人力規劃

成熟期企業有這樣一些特徵：企業的管理制度和組織結構逐步成熟、企業財務狀況大為改善、企業人力資源團隊開始出現排他性。

隨著企業人力資源團隊的穩定，在企業內部出現非正式組織的、具有排他性的小團體，使企業對外部人力資源的封閉和排斥傾向大於開放和吸納的傾向。

四、衰退時期的人力規劃

衰退期的企業會出現這樣一些特徵：企業的管理制度和組織結構逐步僵化。企業的制度和組織結構不能適應環境的變化，不能應對企業出現的困境。

企業經營狀況的衰退，影響到企業財務狀況，企業出現入不敷出的局面，影響員工的收入。此時，企業人力資源團隊開始不穩定，關鍵人才、核心人才開始紛紛離職，隨著企業人力資源團隊中的關鍵員工的離職，導致企業人力資源團隊人心渙散。此時，人力資源的發展戰略，主要目標是如何減少企業人力資源的規模，實施裁員政策是其中的一項選擇，同時，保留關鍵員工，為企業的今後恢復生機做好準備。

五、併購時期的人力規劃

企業發展過程中往往透過併購來尋求發展。利用併購可以使企業迅速擴大規模經濟、加強市場滲透、增加新產品開發或實施多元化經營。

但是許多企業在併購後，往往並沒有達到企業預定目標。由於整合

過程中管理不當，被併購企業的績效反而越來越差，甚至影響到原來企業的運轉。因此，需要在併購計畫的制定中、併購計畫的準備中和併購的實施制定中制定出詳細、有效的人力規劃，才能保證企業併購的成功（陳京民、韓松編著，2006：170-199）。

人力規劃訂定後，需定期加以檢討，遇有外在、內在因素的變化，致業務發展預估及人力預估基礎，需要修正時，人力規劃內容宜隨時修正。

第七節　人力資源資訊系統

微軟創辦人比爾・蓋茲說：「現在世界是訊息爆炸的世界，新的訊息層出不窮，不瞭解新的訊息離失敗只有一步之遙，微軟離失敗只有十八個月。」人力資源資訊系統，是指企業為了實現特定的目標，用於收集、匯總和分析有關人力資源訊息的工作體系。

下列領域代表人力資源資訊系統一些可能的特定應用：

1.策略規劃：用戶端／伺服器系統把人力資源部門的工作，從簡單的管理人員轉變為策略性的規劃者，進而影響高階主管的決定。
2.人力資源規劃：如果一個資訊系統能夠根據現實的人手作預測，這對人力資源的使用規劃會非常有幫助。
3.人員改組分析：人力資源資訊系統，可以用來密切觀察人員重整或改組的情況，找出或分析其特徵及可能原因。
4.搜尋合適的工作申請者：透過人力資源資訊系統，很容易就能夠從各種有關申請人資歷的儲存資料中覓得合適者。有了此一系統，公司就不再需要透過獵人頭公司招募人員。
5.訓練管理：人力資源資訊系統，可以比較在職訓練的規定與人員實

際訓練經驗的異同之處。這種比較可以作為決定個人或組織訓練需要的基礎。

6.訓練經驗：人力資源資訊系統可協助組織進行訓練及發展，特別是電腦的使用方面。

7.繼任規劃：人力資源管理系統，可以用來密切觀察員工進步的方法或步驟，並瞭解個人的進度。

8.財務規劃：透過人力資源資訊系統，人力資源主管可以模擬薪酬及福利在改變後對財務造成的衝擊。這時候，人力資源部門可以在一定的預算範圍內提出改善的建議。

9.彈性福利管理：人力資源資訊系統，可以用來管理彈性的福利計畫。沒有此系統，這些計畫在執行及管理上可能會非常昂貴。

10.行政人員的運用：系統的自動化可代替一些日常工作，避免額外人員的使用、加班及臨時、短期員工的僱用。

11.危機處理：許多行業的某些工作必須有專業執照、安全訓練，甚至透過健康檢查。人力資源資訊系統可以監督這些需求，並在違反規定時提出報告。

12.符合政府規定：人力資源資訊系統，可確保公司符合現行公平就業機會的規範，以及政府的相關規定，並可察看求職者的資料是否符合要求，進而向公司的管理階層提出報告。

13.上下班情況報告及分析：使用人工處理病假、特別休假、請假及缺席等文件是一個不小的支出。運用人力資源系統就能輕易處理這些事務。

14.意外報告及防範：人力資源系統可以用來記錄意外的詳細情形，做出精確的分析，對防範未來同樣意外的出現甚有幫助。（黃同圳、Lloyd Byars、Leslie W. Rue著，2012：120）

企業在建立人力資源資訊系統時，應重點考慮企業發展戰略及現有

規模，管理人員對人力資源有關數據要求掌握的詳細程度，企業內資訊複製及傳遞的潛在可能性等情況（**圖3-4**）。

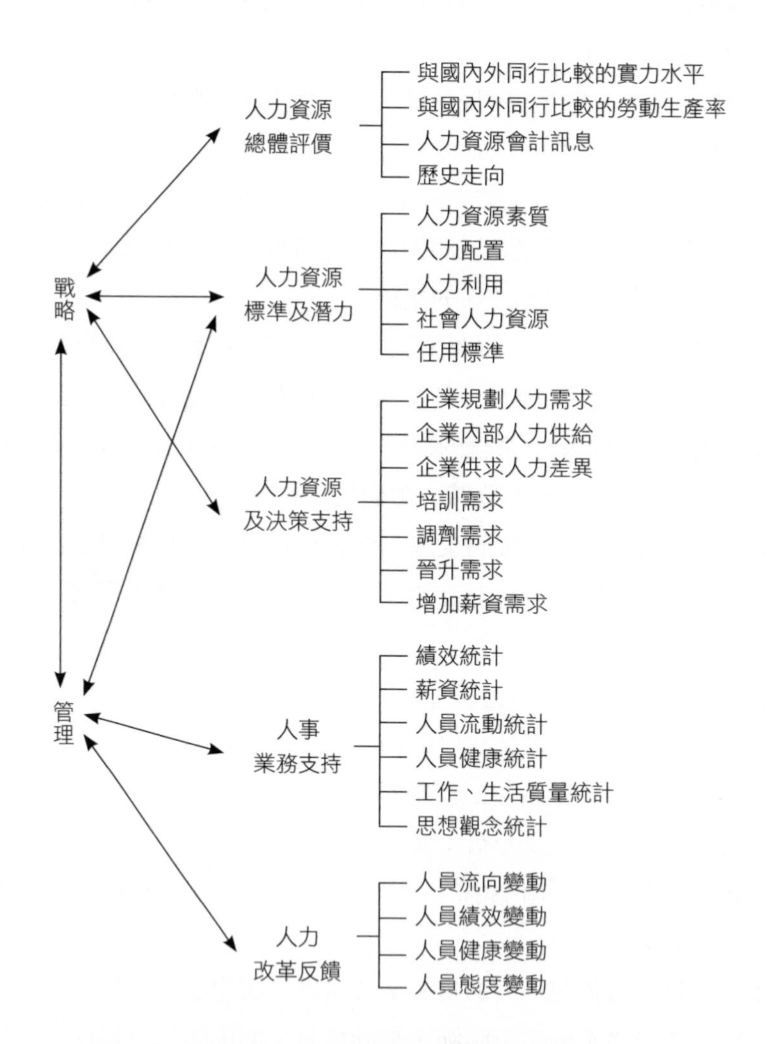

圖3-4　人力資源訊息系統結構圖

資料來源：諶新民、唐東方編著（2002）。《人力資源規劃》，頁264。廣東經濟出版社出版。

結　語

規劃是對未來行動方案的一種說明，它告訴管理者和執行者未來的目標是什麼，要採取什麼樣的活動來達到目標，要在什麼時間範圍內達到這個目標，以及由誰來進行這種活動。

企業一旦透過了戰略規劃或者年度經營計畫後，必須藉助合適的人員去執行。所以，人力規劃是整個人力作業的第一步，其成效的印證是在真正人力運作的作業上，並與其他人事管理作業功能的配合。不但如此，要有良好的規劃，對內在人力狀況的資訊瞭解，是重要的先決條件，諸如企業組織結構、工作規劃、升遷管道、薪資水準、建立人才庫等，都有助於人力規劃的工作（何永福、楊國安合著，1995：63）。

Chapter 4 人力供需預測

兩個孩子恰恰好，一個孩子不嫌少。

——20世紀70年代台灣人口政策文宣標語

近年來，由於企業環境變遷，競爭加劇，人力資源成為營運成敗之關鍵。但人力資源不同於自然資源，人力資源不可儲存且培育發展非短期可成，必須做較長期之計畫，否則於需要時極易發生人力不敷需要或人力過剩的浪費現象。

隨著全球化與知識經濟時代的來臨，企業欲取得競爭優勢，則須靠策略性的人力運用，才能使企業永續生存，故人力資源供需預測是配合企業成功的關鍵因素。

人力供需預測是人力規劃過程中重要的步驟，其精確與否影響人力規劃之成效，並且影響組織的績效與效能。所以，人力供需預測技術方法（工具）的輔助，可以減少預測的不定性，以較科學而客觀的方法達成人力預測，確保組織有效的營運（**圖4-1**）。

第一節　人力需求預測方法

預測（forecasting），是指導管理人員思考未來人員需求以及如何滿足這些需求。為了確保組織戰略目標和任務的實現，企業組織必須對未來某段時期內的人力需求進行預測，而影響企業人力需求的主要因素有：員工的薪資水平、企業的銷售需求、企業的生產技術、企業的人力資源政策、企業員工的流動率等。人力需求預測（human resource requirements forecast），即是針對企業組織未來管理發展的需要，根據各種環境的變化，預估未來企業所需的人力（包括數量、層級、種類與素質等），以及不斷變化的客戶服務和品質要求，以期能適時、適地、適質、適量提供與調解所需的人力，以達成組織目標。

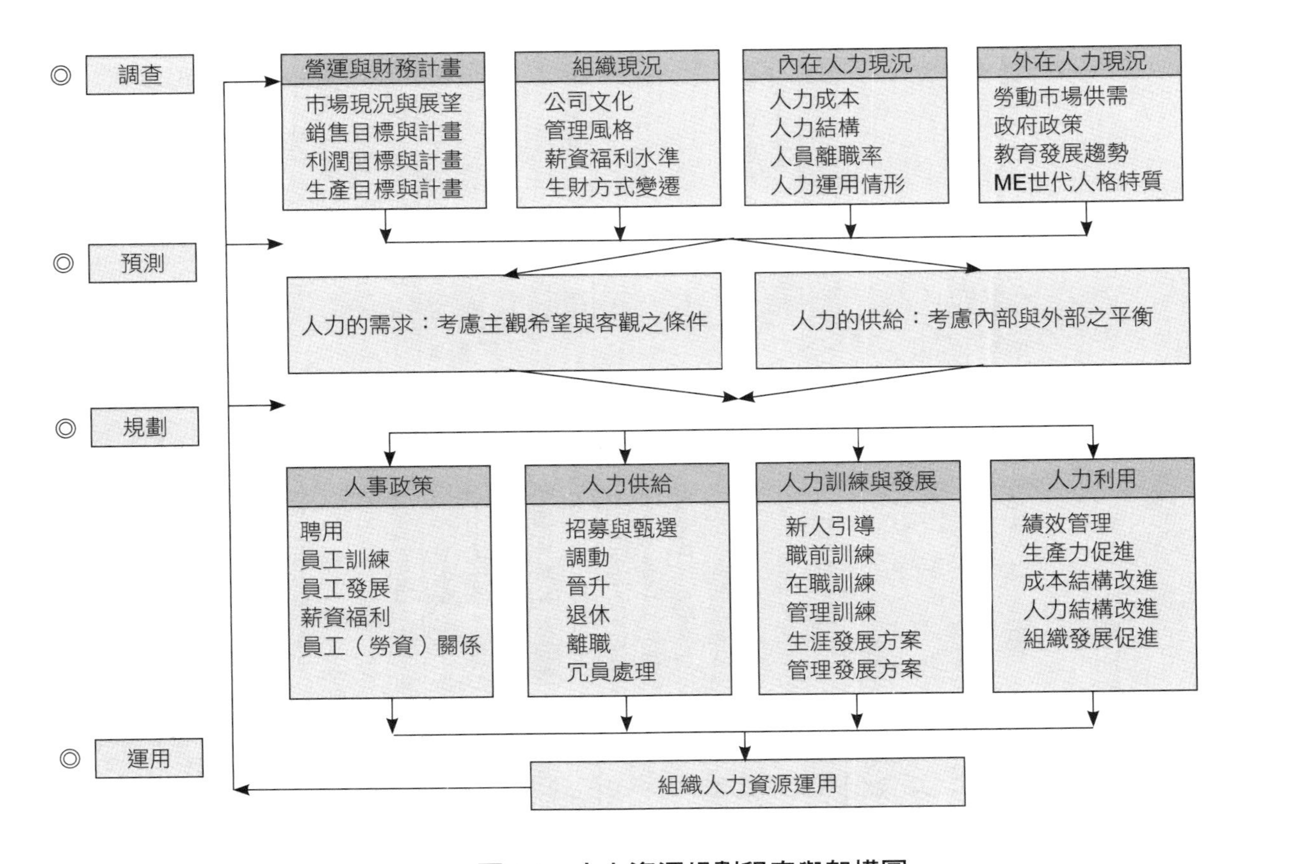

圖4-1　人力資源規劃程序與架構圖

資料來源：丁志達（2015）。「人力規劃與人力盤點」講義。中華人事主管協會編印。

企業組織的未來人力需求，可以利用不同的方法來預測，這些方法有的簡單、有的複雜。不論使用的方法為何，預測僅代表近似值而不應被視為絕對值（**表4-1**）。

一、人力需求預測工具

在人力需求的預測中，有三個重要因素必須加以考慮：企業目標和策略、生產力或效率的變化，以及工作設計或結構的改變。人力需求預

表4-1　人力資源預估模型

模型類別	使用 方法	運用
1.簡單預測模型（Simple fore-casting models）	a.判斷法預測（Judgmental forecasts） b.大數法則（Rules of thumb） c.員工需要之標準（Staffing standards） d.比率趨勢分析（Ratio-trend analysis） e.時間數列（Time series） f.德菲技巧（Delphi technique）	簡單預測模型通常使用於穩定條件下員工供需之預測。
2.組織變動模型（Organizational change models）	a.過程分析（Succession analysis） b.馬爾可夫／機率過程（Markov / Stochastic process） c.更新模型（Renewal model） d.迴歸分析（Regression analysis）	a使用於人事安置與人事阻塞之分析。 b、c使用於機率性之流量預測。 d使用於變數間之相關分析。
3.最適化之模型（Optimization models）	a.線性規劃（Linear programming） b.非線性規劃（Nonlinear program-ming） c.動態規劃（Dynamic programming） d.目標規劃（Goal programming） e.指定模型（Assignment models）	a、b、c使用於限制條件下求其最適當勞動力需要。 c、d為達成二個以上目標，求其最適度勞動需要。 e為將個人及預期空缺結合一起之分析。
4.整體性之模擬模型（Interated simulation mod-els）	組合之模型：各種技巧之組合（Corporate models: Combined techniques）	在某些計畫下所可能產生之結果。

資料來源：趙其文（2001）。〈現代人事行政的策略性作為——人力盤點〉。《人事月刊》，第33卷，第2期（2001/08），頁17。

測，包括對組織在某個未來的時點上需要多少數量和類型的人進行預測（**圖4-2**）。

可供選擇人力需求預測的方法很多，概括起來可分為：數學性預測（mathematical prediction）和判斷性預測（judgmental prediction）兩種方法。

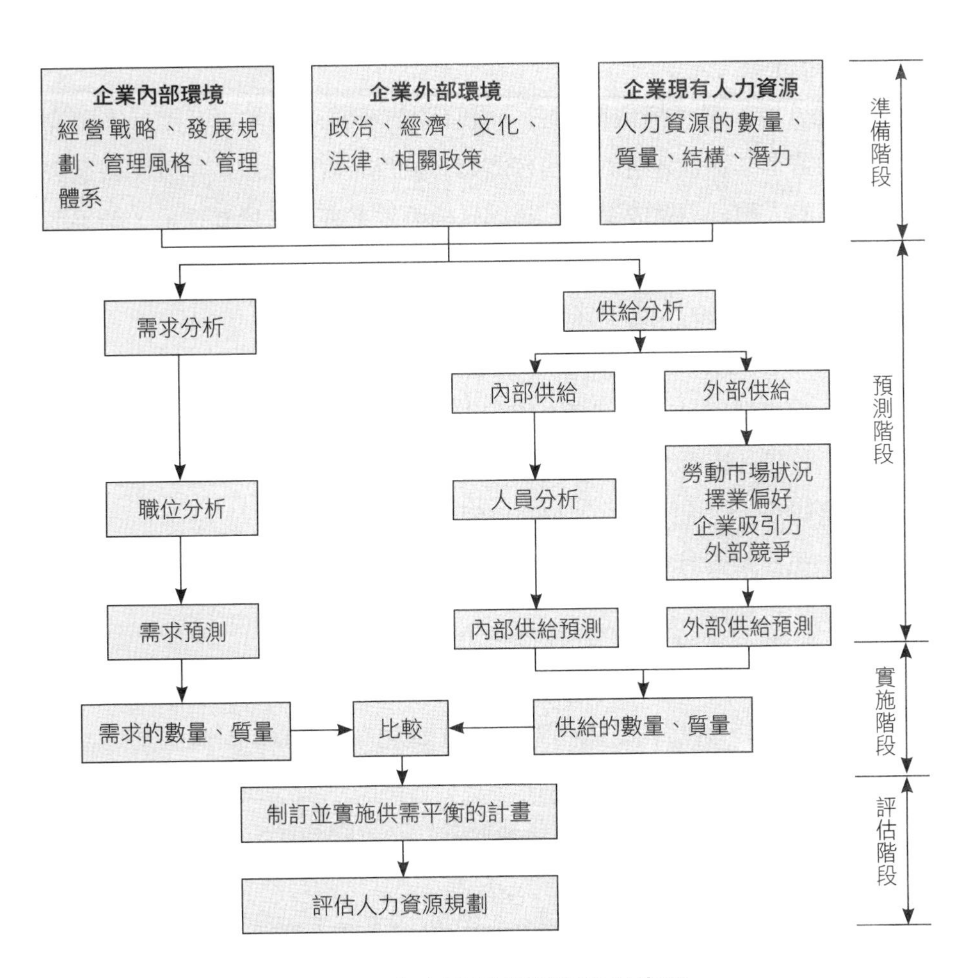

圖4-2　人力資源規劃流程示意圖

資料來源：姚志勇（2013）。〈未雨綢繆做規劃〉。《人力資源》，總第360期（2013/10），頁46。

(一)數學性預測

人力需求預測的統計學方法，被典型地使用於當一個組織在一個穩定的環境中運作時，在某一個適當的商業要素可以用某種程度的確定性被預測出來的。最常被運用在趨勢分析（trend analysis）、比率分析（ratio analysis）、迴歸分析（regression analysis）上。

◆趨勢分析

趨勢分析，是一種依據過去一段時間的資料（通常為五年）來預測未來人力需求的定量分析的方法。例如，按月、按季，或按年分別將過去數年員工的人數分別做成圖表，並以此種圖表來表示其變動趨勢，結果即形成一條趨勢線（trend line），然後即可目測或利以數學方式加以推測，如此便能預估未來的人力需求。

另外，亦可按人員別（如業務人員、生產人員、事務性人員及行政人員）或部門別，分別計算出每年或每季的在職人數（必須按固定日期，如年底或月初等），藉以幫助理解未來的人力需求趨勢，然後以此趨勢作為預估的基礎（吳復新，2003：67）。

這種定量趨勢分析方法，包括推斷法、指數法及統計分析法。一般作業分為以下六個步驟：

步驟1：確定適當的與員工人數有相關的組織因素（例如，對大學來說，適當的組織因素可能是學生的錄取數；對鋼鐵業來說，可能是鋼產量）。

步驟2：用這一組織因素與勞動數量的歷史紀錄做出二者之間的關係圖。

步驟3：藉助關係圖計算每年每人的平均產量（勞動生產率）。

步驟4：確定勞動生產率的趨勢。

步驟5：對勞動生產率的趨勢進行必要的調整。

步驟6：對預測年度的情況進行推測。

上述步驟2～步驟5都是為了得出一個較準確的勞動生產率。有了與僱用人數有關的組織因素和勞動生產率，我們就能夠估計出勞動力的需求數量了。例如：醫院有病床150席，每一個護士平均可以護理10個住院病人，工作採取三班制，則住院部門的護士人數至少要45人。（張德主編，2001：92）

趨勢分析的功能僅能做一種初步的估計，不易精確，因為過去的趨勢不一定會持續至未來，原因是尚有很多因素（如銷售額或生產力等）足以影響未來的變動（**圖4-3**）。

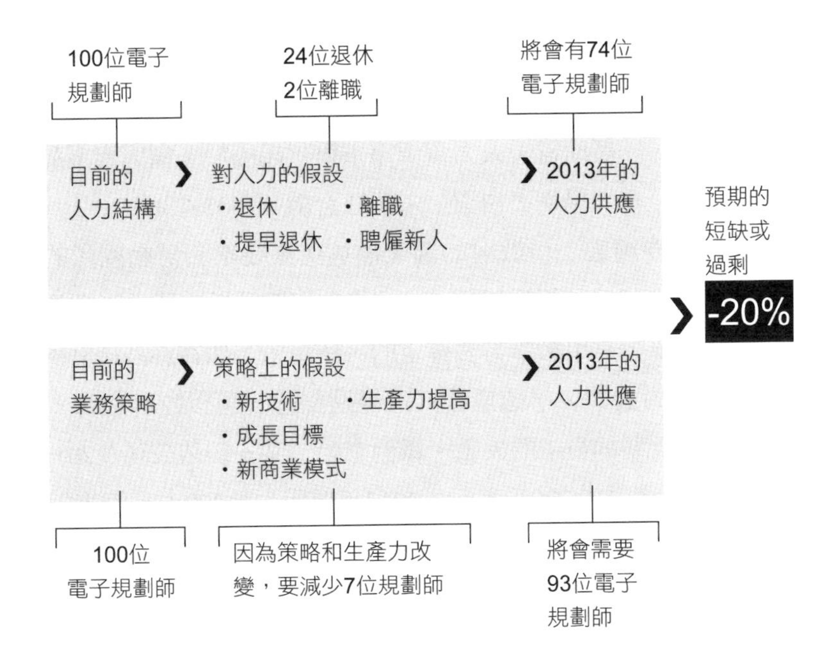

圖4-3　針對一個職務功能的五年預測

資料來源：雷納・史崔克（Rainer Strack）、楊斯・貝爾（Jens Baier）、安德斯・法蘭德（Anders Fahlander）文，林麗冠譯。《哈佛商業評論》（全球繁體中文版），新版18期（2008/02），頁136。

◆比率分析

比率分析（又稱經驗預測法），這是根據以往的經驗進行預測的方法。例如，一所大學有10,000名學生和500名教師，這樣學生與教師的比率就是10,000：500（20：1）。這一比率表明，大學對於每20名學生就需要聘請1名教師。如果這個大學預期明年註冊的學生將會增加1,000名，它將另外聘僱50名（1,000/20）的教師（假設目前的500名教師在明年前沒有人要離開）（Lawrence S. Kleiman著，孫非等譯，2000：56）。

◆迴歸分析

迴歸分析是數理統計學中的方法，比較常用。它是處理變量之間相互關係的一種統計方法。可分為簡單線性迴歸分析（simple linear regression），以及多元線性迴歸分析（multiple linear regression）和非線性迴歸分析等。一般而言，人力資源需求變化起因於多種因素，故可考慮多元線性迴歸分析（楊劍、白雲、朱曉紅合編，2002：38）。

組織首先要繪製一份散射的圖來描述商業要素和勞動團隊的大小之間的聯繫，然後測算一條迴歸線——一條剛好穿過散射圖的那些點的中部的線（這條迴歸線是用數學方法確定的，使用了一個在許多統計學課本上中都可以找到的公式）。透過觀察這條迴歸線，可以瞭解在每一個商業要素的值上所需要的員工的人數。舉例來說，某一製造公司在2011年僱用人數240人，銷售額10,200千美元；2012年僱用人數200人，銷售額8,700千美元；2013年僱用人數165人，銷售額7,800千美元；2014年僱用人數215人，銷售額9,500千美元，那麼，2015年預估銷售額為10,000千美元，需要多少人。

用銷售量與勞動力規模之間連續的迴歸分析（如**圖4-4**所示），當確定銷售額為10,000千美元時，所需的員工數目可以沿著虛線顯示的軌跡去看。我們將從X軸上表明10,000的點出發，然後垂直向上移動到迴歸線在Y軸上對應該點的數值（也就是230）反映所需勞動團隊的大小

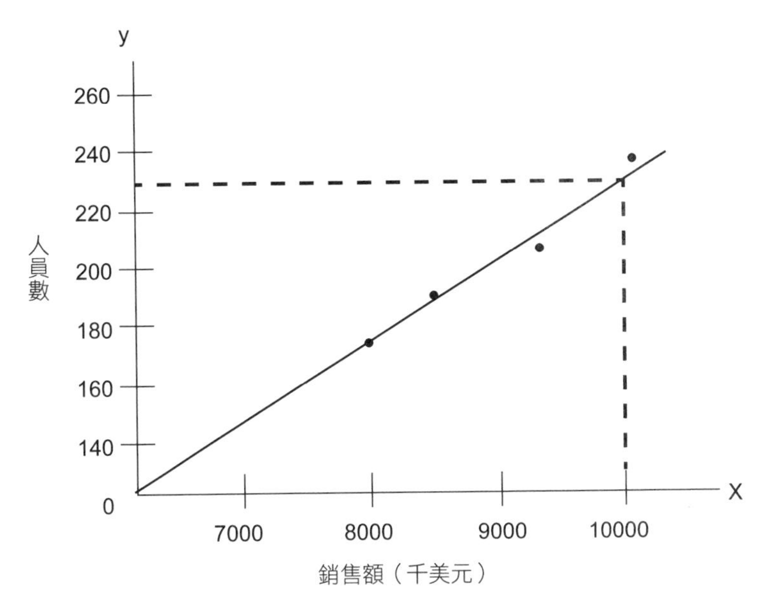

圖4-4　銷售量和勞動力規模之間連續的迴歸分析

資料來源：勞倫斯·克雷曼（Lawrence S. Kleiman）著，孫非等譯（2000）。《人力資源管理：獲取競爭優勢的工具》，頁56。機械工業出版社。

（Lawrence S. Kleiman著，孫非等譯，2000：56）。

迴歸分析法被廣泛用於人力資源預測，因為人們相信未來人員配置需求與某些可測量的指標，如產出、收入等相關。在我們能夠量化人員配置與其他因素的情況下，我們就能做出準確的預測。但迴歸分析的結果不必然代表理想的或最佳的未來人員配置水平。它們代表基於歷史政策及總體行動的人員配置水平。因此，這種分析最適合於人員配置需求直接隨著生產、銷售以及單位成本這樣的可測量因素變化的地方（James W. Walker著，吳雯芳譯，2001：133）。

(二)判斷性預測

需求預測的判斷方法，包括使用人的判斷力而不是使用處理數字的方法。最普遍使用的判斷技術中，以德菲法（Delphi method）、管理人員判斷法（managerial estimates）、工作效率法（work efficiency）為主。

◆德菲法

德菲法（又稱專家意見法），是一種群體（專家）對影響組織某一領域的發展的看法（例如組織將來對勞動力的需求）達成一致意見的結構化方法。專家的選擇基於他們對影響組織的內部因素的瞭解程度。例如，在估計將來企業對勞動力的需求時，企業可以選擇在企劃、人事、市場、生產和銷售部門的經理作為專家。

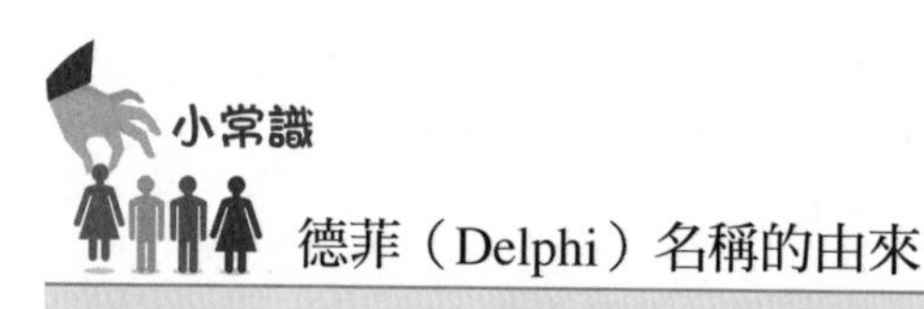

德菲（Delphi）名稱的由來

「德菲」（Delphi）的名稱源自古希臘阿波羅神廟址「Delphi」（其地點在今日雅典北方百餘公里處），乃取其信望與權威之意，該典故乃古希臘時代有一位名為阿波羅（Apollo）的人在Delphi聲稱能預測未來而揚名，而後演變成為預測未來技術的一個支派。

資料來源：丁志達。

德菲法在1948年由蘭德公司（Rand Corporation）的奧拉夫・赫爾默（Olaf Helmer）與其助手所開發出來的。它是一種運用直覺判斷的預測術（預感和判斷），是一種結構性的團體溝通過程。此方法為邀請一群該領域的專家，並允許每位成員就某議題充分表達其意見，同時同等重視所有人的看法，並且透過數回合反覆回饋循環式問答，直到專家間意見差異降至最低，以求得在複雜議題上意見的共識。

以下為德菲法的進行流程：

1.選取專家：根據取樣標準，選取任職於某一職位之專家群。

2.根據目的與過往理論發展德菲問題：根據相關理論與該領域專家建

議，發展該職務的德菲問題。

3.由專家回答德菲問題：將德菲問題寄給專家群，請其回答、選出並給予該職務相關的職業能力權重分數。第二回合以後的問卷均附有上一回合填答意見的摘要，摘要的內容可能包括：各題項目的平均數、標準差、眾數、中數與四分位差（quartile deviation），以及建議修改的意見陳述。

4.將結果回饋給專家：經過數回的問題填寫與結果回饋後，專家群的意見可在沒討論、辯論、公開衝突與知道相互之間意見的情況下，逐漸得到共識。反覆進行三至五次之多專家意見，將可趨於一致而達到其效果。（〈職能分析方法》〉，iCAP職能發展應用平台）

要使德菲法有成效，必須遵循下列原則：

1.給專家充分的訊息使其能做出判斷。也就是說，要給專家提供已收集到的歷史資料，以及有關的統計分析結果，例如人員安排情況和生產趨勢的資料。

2.所問的問題應是專家能答覆的問題。例如不問人員需求的總的絕對數字，而問人員可能需要增加百分之多少，或者只問某些關鍵員工（如市場部經理或工程師）的預估增加數。

3.不要求精確。允許專家粗估數字，並讓他們說明預計數字的肯定程度。

4.使過程盡可能簡化，特別是不要問那些跟預測無關因而沒有必要問的問題。

5.保證所有專家能從同一角度理解員工分類和其他定義，即在整個過程中用到的職務名稱、部門名稱等概念要有統一的定義和理解。

6.向高層管理人員和專家講明預測對組織及下屬單位的益處，以爭取他們對德菲法的支持。（James W. Walker著，吳雯芳譯，2001：133）

以德菲法預測的結果，往往與實際的情形相當接近。此法特別適用於沒有歷史資料或突發性狀況下之事務的預測。此法的優點是：專家團體的意見可帶來更正確的判斷；可減少人際問題對於意見交流之影響；具有多次溝通機會，可使個體思考周嚴，或修正不完善之意見。但此法的缺點是：為達意見一致將會花費大量的時間；時間拖久後，專家容易不耐煩與反應率下降；居間協調者對於資訊的過濾不公。

◆**管理人員判斷法**

管理人員判斷法，即企業各級管理人員根據自己的經驗和直覺，自下而上確定未來所需人員。具體做法是，先由企業各職能部門的基層主管根據自己部門的未來各時期的業務增減情況，提出本部門各類人員的需求量，再由上一層主管估算平衡，最後在最高階層進行決策。透過這個過程，可以瞭解哪些管理職務的供過於求或供不應求。

這是一種不精確的人力需求預測方法，主要適用於短期預測，若用於中、長期預測，則相當不準確。當組織規模較小、結構簡單和發展較均衡穩定時，也可用來預測中、長期人力需求。這種方法可以單獨使用，也可與其他方法結合使用。特別是當其他方法是靜態方法（數字呈現）時，利用管理人員的判斷可以對初始結果作必要的修正。

通常在以下情況時，初始預測結果需要根據判斷作修正：改進產品或服務質量的決策；進入新市場的決策；技術、管理改進而帶來的生產率的提高和財務資源的限制（人員成本的提高可能因此受到限制）（張德主編，2001：91）。

管理者主要是憑據他過去的經驗與判斷，從而對未來全體員工的需求做出預測。這種預測法較適合組織規模尚小時，當組織規模一旦擴大，所從事的業務不再單純時，由於影響企業經營的內外在環境變得相當複雜，管理者僅憑經驗所做的判斷，便難以精確。

◆工作效率法

工作效率法，是根據人均產出（如人均銷售額、人均產量、人均服務數量等）或者單位產品的生產時間（生產型企業的一種勞動定額）來計算崗位人數的編制預測方法。例如：公司在2014年銷售人員實現年人均銷售額100萬元，預計未來每年人均銷售額增長一律為10%，該公司未來三年目標銷售額分別為5億、8億和10億。則該公司未來三年的銷售人員編制如下（如遇小數，結果取整數後加1）：

2015年：50,000÷〔100×（1＋10%）〕＝50,000÷110＝455（人）
2016年：80,000÷｛〔100×（1＋10%）〕×（1＋10%）｝
＝80,000÷（110＋11）＝662（人）
2017年：100,000÷｛〔100×（1＋10%）〕×（1＋10%）×（1＋10%）｝＝100,000÷（110＋11＋12）＝752（人）

假設平均每個銷售主管服務於50個銷售人員，每個財務管理人員服務於200個銷售人員，每個人力資源管理人員服務於300個銷售人員，則該公司未來需要的銷售主管、財務管理人員、人力資源管理人員數量如下：

崗位＼年份	2015年	2016年	2017年
銷售主管	10人	14人	16人
財務管理人員	3人	4人	4人
人力資源管理人員	2人	3人	3人

同樣的道理，假設該公司生產線的每個工人的日產量定額為16只，年平均出勤率為95%，2015年需生產某零件418萬只，則2015年所需工廠從業人員人數計算如下：

定編人數＝4,180,000只／（每人16只／天×242天／年工作天數×0.95出勤率）＝1,137（人）

綜上所述，合理地規劃組織設置，並加以科學的工具預測人員編制，就能測算出人力資源規劃所需要的人員需求（石才貴，2011/12：22-23）（**圖4-5**）。

傳統上，判斷性預測較為常用，因為執行上較簡單，不過隨著電腦科技的發達與日趨簡便，統計性預測也愈來愈普遍。企業在完成需求與供給的步驟後，就可以決定人力淨需求（net human resource requirements），即公司所需求的人力減去現在的供給（吳美連、林俊毅合著，2002：109）。

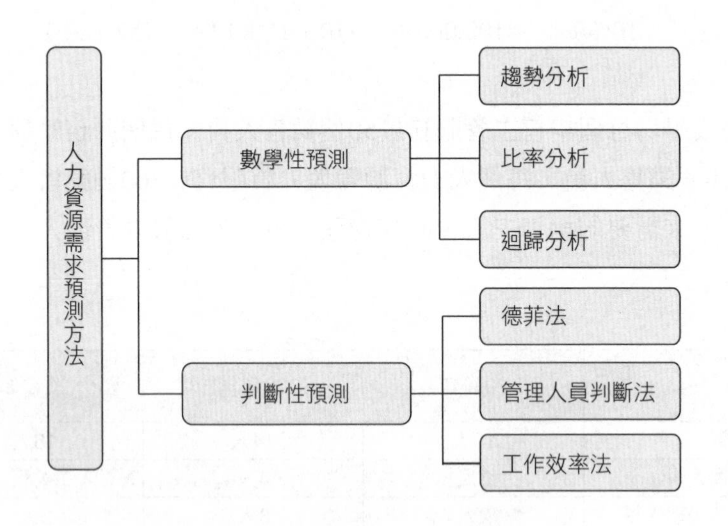

圖4-5　人力資源需求預測方法

資料來源：丁志達（2015）。「人力規劃與人力合理化技巧」講義。中華民國職工福利發展協會編印。

第二節　人力需求預測步驟

人力需求預測，分為現實人力需求、未來流失人力和未來增加的人力需求三部分，其人力需求預測具體步驟如下：

步驟1：根據工作（職務）分析的結果，來確定職務編制和人員配置。

步驟2：進行人力盤點，統計出人員的缺編、超編以及是否符合職務資格要求。

步驟3：將上述統計結論與部門管理者進行討論，修正統計結論。

步驟4：該統計結論做為出「現實人力需求」。

步驟5：對預測期內退休的人員進行統計。

步驟6：根據歷史數據（以往數據），對未來可能發生的離職情況進行預測。

步驟7：將步驟5和步驟6統計和預測的結果進行匯總，得出「未來流失人力」。

步驟8：根據企業發展規劃，確定各部門的工作量。

步驟9：根據工作量的增長情況，確定各部門還需增加的職務及人數，並進行匯總統計。

步驟10：該統計結論即為「未來增加的人力需求」。

步驟11：將現實人力需求（步驟4）、未來流失人力（步驟7）、未來增加的人力需求（步驟10）匯總，即得出企業整體人力需求預測。（諶新民、唐東方編著，2002：136-137）（**圖4-6**）

面對眾多的定性預測（qualitative forecasting）與定量預測（quantitative forecasting）方法，我們必須從中選擇合適的方法來預測企業的人力需求。

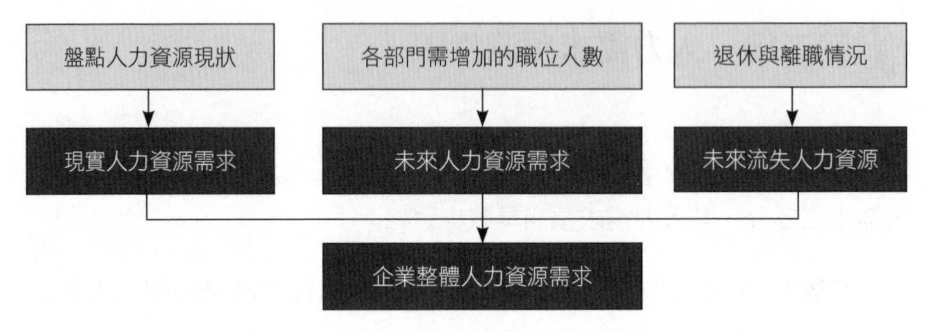

圖4-6　人力資源需求預測示意圖

資料來源：姚志勇（2013）。〈未雨綢繆做規劃〉。《人力資源》，總第360期（2013/10），頁46。

第三節　人力供給預測方法

當人力需求預測完成之後，組織便獲得了一個關於在特定時點上為完成它的工作所需要的職位數目和性質的好想法。然後它要估計一下那時候有哪些職位會得到補充，用來做出這一預測的過程叫做供給預測。

瞭解了人力規劃所需的人員需求，接下來必須清楚地分析出現有人力資源內外部供需狀況。外部人力資源供給狀況主要受政治、經濟、人口、地理等因素影響，多屬於不可控制因素。所以，要想有效制定出企業人力規劃，必須聚焦於企業內部人力供應現狀分析。

人力供給預測，指企業為實現其既定目標，對未來一段時間內企業內部和外部各類人力資源補充來源情況的預測，包括：組織內部供給預測和組織外部供給預測兩部分。透過人力供給預測，然後與人力需求預測進行比較，找出差距，就可以制定相應的人力資源具體計畫。

一、內部人力供給預測

對組織內部人力供給的預測，常用的有管理人員接續計畫、馬爾科夫模型、檔案資料分析法等三種方法。

(一)管理人員接續計畫

找出已為繼任目前管理人員職務做好準備，或儲備晉升人員。這個技巧可以凸顯出發展的需要，以及管理階層人力可能出現短缺的地方，其做法如下：

1.確定規劃範圍，即確定需要制定接續計畫的管理職位。

2.確定每個管理職位上的接替人選，所有可能的接替人選都應該考慮到。

3.評價接替人選，主要是判斷其目前的工作情況是否達到提升要求，可以根據評價的結果將接替人選分成不同的等級，例如分成可以馬上接任、尚須進一步培訓、問題較多三個級別。

4.確定職業發展需要，以及將個人的職業目標與組織目標相結合，這就是說，要根據評價的結果對接替人選進行必要的培訓，使之能更快地勝任將來可能從事的工作，但這種安排應盡可能與接續人選的個人目標吻合並取得其同意。（張德主編，2001：93）

(二)馬爾科夫模型

員工異動是企業中人力規劃最具動態性的業務。馬爾科夫模型（Markov Model）的基本思路是：找出過去人事異動的規律，以此來推測未來的人事變動趨勢，即在針對員工工作上的異動予以有效估計，對招募及遴選活動給予一個比較詳細的指標，進而提供企業對個人前程發展的參考。

馬爾科夫模型的做法，可依下列步驟進行：

步驟1：設定企業組織結構及各項職位之間的關係。

步驟2：蒐集歷史資料，對每個職位的遴選人數、升遷異動、新工作的產生、離職等詳細記錄。

步驟3：根據歷史資料，預估工作的轉換穩定程度及轉換方式。

步驟4：一旦工作之間的轉換形式明顯而穩定，可按過去數字算出工作間轉移的機率。例如：業務員升任業務課長的機率為何？

步驟5：有了機率，便可按矩陣代數的觀念，預估未來人數的變動和需求。

舉例而言，業務部門人員異動配置如下所示：

		下期人數預估及其機率			
職位類別	本期人數	業務經理	業務課長	業務員	離職
業務經理	10	8（0.8）	0（0.0）	0（0.0）	2（0.2）
業務課長	20	2（0.1）	16（0.8）	1（0.05）	1（0.03）
業務員	60	0（0.0）	3（0.05）	48（0.8）	9（0.15）
合計	90	10	19	49	12

說明：

1.上述表中第一欄（職位類別）是業務部門的三個職位：業務經理、業務課長和業務員；第二欄（本期人數）代表三個職位現有人數；第三欄（下期人數預估及其機率）是這三個職位的明年異動結果。

2.表中（　）內的數字是一個職位轉移到另一個職位的平均機率。例如在離職欄中，業務經理的離職率是20%，同樣地，從業務課長升任業務經理的機率是10%。

在第三欄中，業務經理項下，有8人留任，有2人從業務課長升任，所以下期業務經理仍有10人；在業務課長項下有16人留任，從業務員升任業務課長有3人，合計下期業務課長有19人；在第三欄中，業務員項下有48人留任，從業務課長降為業務員有1人，共有49人。總計下期預估留任人數為78人（10＋19＋49），其他12人是離職人數（2名業務經理、1名業務課長和9名業務員）如果明年業務量不變，所需業務人員人數一樣，那麼業務部門就填補1名業務課長和11名業務員。

在編列上述這個矩陣表格的過程，我們可能發現某些職位人數過多，其原因不外原來的人數不變，確有其他職位的人員調到這個職位，造成超額現象。當然如果外在環境變更，總需求人數減少，也會造成人員過多的現象。所以馬爾科夫模型，不但可以預估離職行為，也提供未來人員精簡的方向（何永福、楊國安合著，1995：72-73）。

(三)檔案資料分析法

透過對組織內人員的檔案清單（qualifications inventory）進行分析，也可以預測組織內人力資源的供給情況。檔案中通常包括了員工的年齡、性別、工作經歷、教育程度、技能等方面的資料，更完整的檔案還包括員工參加過的培訓課程、本人的職業興趣、業績評估紀錄（包括對員工各方面成績的評價、優點和缺點的評語）、發明創造以及發表的學術論文或獲得專利情況等訊息資料。這些訊息對企業的人力資源管理具有重要作用，例如，可以用於確定晉升人選、制定管理人員接續計畫、制定職業生涯規劃和進行組織結構分析等（張德主編，2001：93）（**表4-2**）。

二、外部人力供給預測

企業所需要的人力資源，除了挖掘內部潛力進行補充外，從企業外

表4-2　人力資源規劃實施不盡理想的原因

1.企業內外在環境變化太快，不易規劃。
2.缺乏人力資源規劃的專門技術與人才。
3.公司各級主管未能有效配合。
4.公司高層主管對於人力資源規劃不夠重視。
5.預算與經費的限制。
6.組織成員的抗拒。

資料來源：丁志達（2015）。「人力規劃與人力盤點」講義。中華人事主管協會編印。

部招聘引進也是一條不可缺少的途徑。影響企業外部人力資源籌措的因素很多，如人口和社會體制背景、政府的就業政策、用人單位的競爭狀況、就業者的就業心理等。企業外部人力資源預測，就是要根據這些影響因素，預測企業未來幾年內外部勞動力市場的供給情況。外部人力供給預測是相當複雜的，但它對企業制定其他的人力資源具體計畫有相當重要的作用。

(一)外部供給與內部供給的比較

外部人力供給是由組織在勞動力市場上採取的吸引活動引起的。外部供給分析的對象是在組織按照以往方式吸引和遴選人員時，計畫從外部加入組織的勞動力。組織根據過去的錄用經驗，可以瞭解那些能進入組織的員工的數量，這些新進員工的工作能力、經驗、性別和成本等方面的特徵，以及這些新進的員工能夠承擔組織中的哪些工作。這種分析的主要意義，在於為組織提供一個研究新員工的來源和他們進入組織的方式的分析框架。

(二)影響人力供給的區域性因素

它主要包括企業所在地的人力資源現況、企業所在地對人才的吸引程度、企業自身的吸引程度。

(三)影響人力供給的全國性因素

它主要包括預期的經濟增長、預期失業率、全國範圍的就業市場狀況等。

(四)人口發展趨勢對人力供給的影響

人口發展趨勢會影響總體人力供給，注意人口趨勢之資訊，可以應付未來可能的人力短缺或變化。例如，少子化現象的出現，將影響未來從事教育工作人口的減少，甚至一些私立學校會因招生不足而停辦或被併購。

(五)科學技術的發展

科學技術的發展對各行各業需要的人力資源有很大的影響，如機器人的問市，可減少基層勞工人數的需求量。

(六)政府的政策法規

例如政府為了解決基層勞工短缺的現象，放寬外籍勞工來台工作的人數、期間；為了促進身心障礙者的工作機會，政府規定企業應依僱用人數的比例，僱用身心障礙的勞工。

第四節　人力供給預測步驟

企業人力供給預測，是為了滿足公司對人力的需求，對將來某個時期內，公司從組織內部和組織外部所能得到的人力數量和質量進行預測。

人力供給的步驟如下：

步驟1：對企業現有的人力資源盤點，瞭解企業員工現狀。

步驟2：分析企業的職務調整政策和員工的歷史調整資料，統計出員工調整的比例。

步驟3：向各部門的人事決策者瞭解可能出現的人事調整情況。

步驟4：將步驟2和步驟3情況匯總，得出「企業內部人力供給預測」。

步驟5：分析影響外部人力供給的地域性因素（例如：公司所在地和附近地區的人口密度；公司當地的就業水平、就業觀念；公司當地的科技文化、教育水平；公司所在地對人才的吸引力；公司本身對人才的吸引力；其他公司對人才的需求狀況；公司當地人才的供給狀況；公司當地的租房、交通、生活條件等項）。

步驟6：分析影響外部人力供給的全國性因素（全國勞動人口的增長趨勢；全國對各類人才的需求程度；全國各級學校的畢業生規模與結構；政府的勞動就業政策等項）。

步驟7：根據步驟5和步驟6的分析，得出「企業外部人力供給預測」。

步驟8：將企業內部人力供給預測（步驟4）和企業外部人力供給預測（步驟7）匯總，得出「企業人力供給預測」。（**圖4-7**）

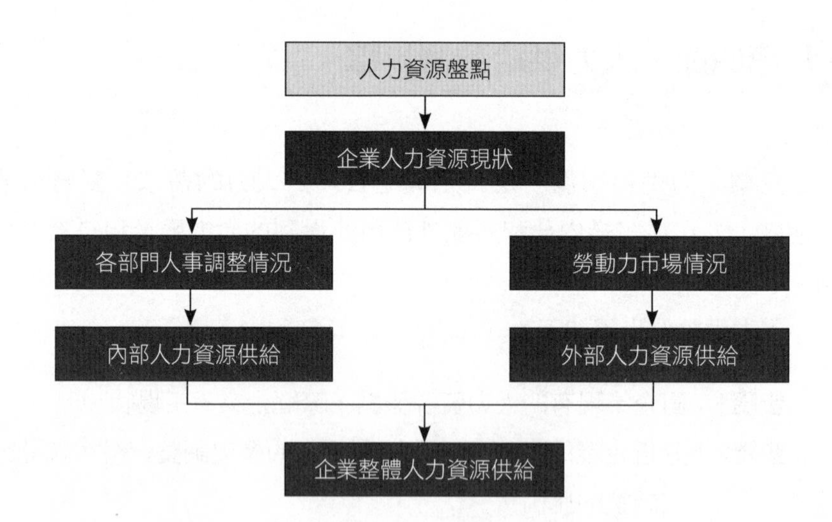

圖4-7　人力資源供給預測流程示意圖

資料來源：姚志勇（2013）。〈未雨綢繆做規劃〉。《人力資源》，總第360期（2013/10），頁47。

當企業知道了人力資源規劃所需的人員需求後，透過全面的人力資源結構分析來盤點既有崗位的人員數量與質量，繼而推算出人員招募與開發的需求。

第五節　人力供需平衡對策

在整個企業的發展過程中，企業的人力資源狀況始終不可能自然地處於平衡狀態。人力資源部門的重要工作之一就是不斷的調整人力資源結構，使企業的人力資源始終處於供需平衡狀態。只有這樣，才能有效地提高人力資源利用率，降低企業人力資本成本。

企業人力資源平衡的對策，主要從三個方面來進行，即應對供大於求的情況、應對供不應求的情況和應對結構性失衡的情況，然後利用合適的政策來解決這些問題，以維持組織有效率和效果的運作。

一、應對供大於求的情況

當預測的人力資源供給大於需求，即發現人力資源過剩時，可以採取以下措施，從供給和需求兩方面來平衡供需。

1.永久性裁員或辭退員工。裁員是一種最無奈但卻是短期最有效降低人事成本的方式，但員工的反彈可能會較大，而且會影響到企業形象。企業在進行裁員時，首先需要制定優厚的裁員政策，比如為被裁減者發放優厚的資遣費等。然後，裁減那些希望主動離職的員工，最後裁減工作考評成績低下的員工。這種方法雖然比較直接，但由於會給社會帶來不安定因素，因此往往會受到政府的限制。
2.縮短工時。實施工作分享（job sharing）或者降低員工的工資方式也可以減少人力的供給。

3.鼓勵員工提前退休。給那些接近退休年齡的員工以優惠的政策，讓他們提前離開企業。

4.人事凍結。停止從外部招聘人員，減少供給。

5.自然減員。當出現員工退休、離職等情況時，對空閒的崗位不再進行人員補充，工作則由其他人分擔，這種遇缺不補的策略，相當平和，不會引起員工反彈。

6.擴大經營。企業要擴大經營規模或者開拓新的增長點，以增加對人力資源的需求，例如企業可以透過實施多種經營來吸納過剩的人力資源供給。

7.培訓員工。對多餘人員實施教育訓練，相當於進行人員的儲備，為企業將來的發展做好準備。

二、應對供不應求的情況

當預測的人力資源供給小於需求，即發現人力資源短缺時，可以採取下列措施平衡供需。

1.內部招聘。內部招聘不僅豐富了員工的工作內容，提高了員工的工作興趣和積極性，而且可以節省外部招聘的成本。利用內部招聘的方式可以有效地實施內部調整計畫。當企業內部員工應聘成功後，對員工的職務進行正式調整，對離職員工空出來的崗位還可以繼續進行內部招聘。當內部招聘無人勝任時，方可進行外部招聘。

2.內部晉升。當較高層次的職務出現空缺時，優先提拔企業內部的員工。對員工的提拔是對其工作的肯定，也是對員工的激勵。由於內部員工更加瞭解企業的運作情況，會比外部招聘人員更快適應工作環境，從而提高工作效率，節省外部招聘的成本。

3.外部招聘。外部招聘是最常見的對應人力資源短缺的調整方法。但企業應優先實施內部調整、內部晉升計畫，而將外部招聘放在最後

使用。

4.提高現有員工的工作效率。例如改進生產技術、增加工資、進行技能培訓、調整工作方式等。

5.延長工時（加班）。實施這種措施時，需要考慮員工的意願，以及加班費等成本支出。

6.外包。可以將企業的一些業務進行外包，這種方式可以減少企業對人力資源的需求。

7.技能培訓。對公司現有員工進行必要的技能培訓，使之不僅能適應當前的工作，還能適應更高層次的工作。同時，技能培訓還能為企業內部晉升政策的有效實施提供保障。如果企業即將出現經營轉型，企業應該及時向員工培訓新的工作知識和工作技能，以保證在企業轉型後，原有的員工能夠符合職務任職資格的要求，以便有效防止企業冗員現象的發生。（姚志勇，2013/10：47-48）

三、應對結構性失衡的情況

結構性失衡是企業人力資源供需中較為普遍的一種現象。在企業的穩定發展狀況中表現得尤為突出。但這是一種外部環境的問題，從企業本身而言，平衡的辦法一般有技術培訓計畫、人員接任計畫、晉升和外部補充計畫。其中外部補充人員主要是為了抵銷退休和流失人員空缺（楊劍、白雲、朱曉紅合編，2002：43）。

結　語

美商宏智國際顧問公司（DDI）強調，企業擬定人力資源規劃時，應依據企業策略目標，逐步往下展開具體的執行方案，以達到讓對的人在對

的位置，把事情做對，並且進一步促使組織員工有序的流動，並不斷提升其個人價值，適時調整職位位置，應變市場。而策略性人力資源規劃，必須同時連結人才的選、用、育、留機制，藉由掌握未來人力需求與現況的差異分析，訂定不同的人才招募策略，給予不同的績效目標，使人才得以發揮所長，連結市場的獎酬機制，激勵與留置人才。同時配合系統化的接班管理，使人才的職涯發展與學習，能與組織未來發展結合（呂玉娟，2009/12：24-25）。

Chapter 5 人力資源盤點

人才管理不只是盡可能僱用最好的人，還包括擺脫會拖累公司的人。
——耶魯大學教授哈特曼（Geoffrey H. Hartman）

預測未來人力資源供需的一個先決條件，是對組織中可得到的人力資源進行盤點。人力資源盤點（human resource inventory，以下簡稱人力盤點）是人力資源規劃的主軸課題，是人力資源政策擬定的依據，藉以維持高素質的成員，並能降低人事成本，以確保競爭優勢。因此，企業要以人力盤點為基礎，做好人力規劃，才能符合企業轉型的需求與目的。

人力盤點包含兩大部分：一為工作的盤點，二為員工能力的盤點。工作的盤點可以重新思考該工作的重要性，並透過流程管理的手法對重要的工作加以簡化，以提高對內外部客戶的回應速度；員工能力的盤點可以瞭解員工是否具備執行該職務的資格與能力需求，藉由工作與能力仔細的媒合，可以讓員工適才適所，提高公司的生產力與效率。所以，人力盤點的精神在於塑身（right sizing）之概念，而非強調瘦身（down sizing）之減員（**表5-1**）。

第一節　人力盤點概論

人力盤點是基於一種假設：目前的組織、工作與人員三者之間「尚未」達到最佳契合的狀態。為了達到最佳契合的狀態，有必要以概念上

表5-1　人力檢查作業

範圍	內容
組織檢查	包括任務執掌、單位劃分、人員配置、人力結構等。
職位檢查	包括工作分配、職位設置、職位功能等。
人員檢查	包括人員素質、人員流動、申訴抱怨等。
預算檢查	包括人事費支出、平均薪資等。

資料來源：吳秉恩（1990）。《台北市政府人力資源規劃之研究》，頁95。台北市政府研究發展考核委員會委託專案。

虛擬之方式，將工作與人員分離，各自形成一個集合，再進行盤點；接著，比對目前人員所具備的能力與未來工作所需要的能力之間的契合度，將人員重新安置，最終目標是組織都是精壯的組織，工作都是必要的工作，人員都是適合的人員。

一、人力盤點的目的

人力盤點是管理當局企圖用來瞭解組織目前人力資源狀況的典型做法。它的主要目的是在於瞭解企業本身的人力資源成本是否合理？不只重視「量」的部分，更重視「質」的部分，以進一步瞭解人力資源的運用是否符合經營所需？能否達成組織的目標？更重要的是針對「人」的質與量做進一步的分析，以期完成企業願景及目標的達成。譬如，企業未來三至五年會進行新興市場的開拓業務，人資單位在規劃人力時，應先擬定的人力配置計畫，接著做全方位的人力盤點，擬定增補計畫，以及評估人力供需方案的可行性，進一步作為人資單位招聘、人員轉調及晉升的依據。

二、人力盤點的原則

人是組織的最大資產。過多人力造成資源浪費及效益不佳，而人力不足又不能充分彰顯組織功能。因此，人力盤點是人力資源管理在當前環境迅速變遷下，追求卓越表現不可或缺的管理途徑。企業在實施人力盤點時，應把握下列幾項原則：

1.確定負責實施推動單位握有權力及層峰支持。
2.進行人力盤點先釐清評估目的。
3.工具之選擇必須與目標契合且支持目標之達成。
4.對於量之盤點務求其科學性與精確性。
5.對於質的盤點務求採取工具的多元性，以免過度主觀。

6.進行人力盤點之人員務須進行充分訓練。

7.人力盤點工具選擇，應衡量所付出之成本及對組織氣氛的衝擊。

8.人力盤點需邀請當事人及相關權責單位參與，以求結果公信力之提升。

9.進行人力盤點，對評估結果需有因應之對策或改善之措施。

10.進行盤點時之方法、工具與程序，務求公開透明並歡迎提供意見。（常昭鳴、共好知識編輯群編著，2010：272）

三、人力盤點的內涵項目

人力盤點是人力資源供需預測的重要基礎工作。就狹義而言，人力盤點，係指盤點出組織運作所需的各職位需求人數與能力項目，並盤點現任人員數與能力狀況等；就廣義而言，人力盤點尚包括組織內現存的各種人力資源政策與制度。

(一)一般盤點的內涵項目

1.統計各部門現有員工之層級、職種、素質與數量，並配合新年度營運計畫預估與可成長之情況。

2.各職位任用條件，所需知識、技能、職能與其他能力資格條件。

3.員工技能檔案（skill inventory），包括員工的性別、年齡、年資、教育程度、工作經驗、人格特質、專業證照、心理及其他測驗的成績等。

4.員工升遷、調動之紀錄。

5.員工薪資異動紀錄、福利計畫相關資料。

6.員工教育訓練紀錄、員工職涯規劃中之生涯期望資料。

7.退休人員專長統計。

(二)人事管理之政策與制度盤點

1.公司之組織架構與執掌。

2.工作分析相關制度、工作說明書、職務規範（資格條件）等。

3.人力資源管理之相關制度，包括招募、訓練、績效管理、薪資福利等制度。

4.人力變遷矩陣圖（personnel transitional matrix）：組織針對各職位列出某期間之人員流動比率狀況，可以幫助判斷人力可能之來源與去向。

5.接班計畫（succession planning）：組織針對特定職位安排培養接班人選，配合培訓計畫與職涯發展規劃進行相關的活動。（林燦螢、鄭瀛川、金傳蓬合著，2013：126-127）（**圖5-1**）

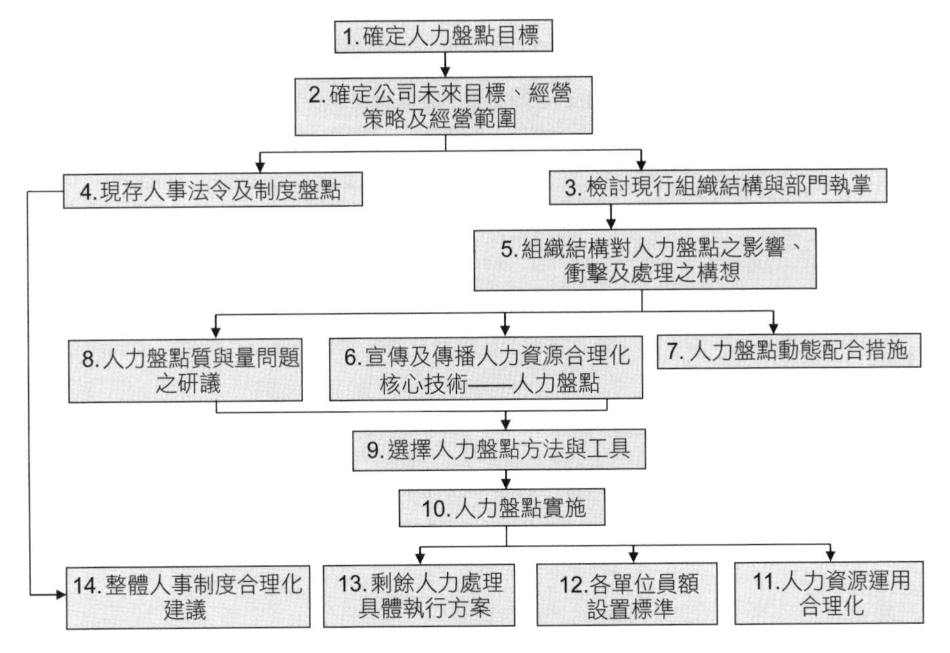

圖5-1　人力盤點流程架構圖

資料來源：精策管理顧問公司。

四、人力盤點的作用

透過人力盤點，有助於發現人力結構的特質、優點與潛在發展（改善）空間，能提供配置人力資源數量與調整體質參考。同時，可以確認各個不同職務所需職能為何，提供「人」、「事」之間是否適配的參考基礎；並且得以瞭解個別員工之職能水準與其所擔任之職務之間的差距情況，如此便可以精確地指出訓練發展的方向，成為規劃人員培訓方案之依據，亦能避免人力資源誤投之浪費。

人力盤點之結果，可作為支持組織願景與未來業務發展計畫上所需人力資源規劃之重要參考依據，即可作為招募新進人員、重新配置或在原有的人力資源基礎上進行深耕之參考（**表5-2**）。

表5-2　人力盤點前置作業

類別	做法
專案規劃	首先必須決定人力盤點目標與範圍，確立盤點的廣度及深度，以規劃相應的推導時程及各項工作展開。例如，從選擇某些特定的職級，或選擇某些目標單位開始著手。
資料蒐集	盤點範圍確定後，應進行組織架構現況、人力編制、職務説明、人員生產力、整體產能利用情形、工時與出勤報表等相關資料的蒐集，以掌握最新動態之資訊。
實地參訪	掌握相關數據等資訊後，進行實地參訪作業，以進一步掌握人員實務運作、與目前面對的困難，並釐清現況與書面資料、標竿企業比較差異之原因與合理性。
員工宣導	透過資料蒐集、實地參訪與各單位員工接觸的機會，在任何正式、非正式等不拘形式的管道，逐步宣導人力盤點的內容與重要。

資料來源：于泳泓（2007）。〈現代財務長的新思維Part II——策略性人力資源管理：人力盤點〉。《會計研究月刊》，第261期（2007/08/01），頁98-99。

第二節　帕金森定律

工作之擴展是為了填滿完成這項工作所能用的時間。例如一位休閒的老婦人，可以費一整天時間給住在外地的子女寫一張明信片。她用一小時的時間找明信片，另一小時找眼鏡，再以半小時找通信錄，使用一小時十五分寫信，為了考慮步行到另一條街的郵筒發信時，是否需要帶把雨傘，又得花費二十分。本來一位大忙人只用三分鐘可以完成的工作，在這種情形下，可能使另一人經過一整天的疑慮、焦灼與辛勞，而累得筋疲力竭。

一、帕金森定律

英國著名歷史學家帕金森（Cyril Northcote Parkinson）透過長期調查研究，寫了一本《帕金森定律：組織病態之研究》（*Parkinson's Law*）。他在書中闡述了機構人員膨脹的原因及其後果：一位主管希望增加部屬而不希望增加對手；主管們都彼此為對方製造工作。

為了瞭解第一個因素，我們假設一個不稱職的主管發現自己的工作過量而加以考察。工作過重是否是真實並無關重要，但我們必須指出，這位不稱職的主管的感覺（或幻覺）可能是他的精力衰退所致，那是中年人的正常現象。對這種實際或幻覺的工作過重情形，其補救方法大致有三種：

第一種是他自己申請退職，把職位讓給能幹的人。

第二種是讓一位能幹的人來協助他自己工作。

第三種是任用兩個水平比他自己更低的人當助手。

這第一條路（種）是萬萬走不得的，因為那樣自己會喪失許多權力；第二條路（種）也不能走，因為那個能幹的人會成為自己的對手；看來只有第三條路（種）最適宜。於是，兩個平庸的助手分擔了他的工

作，他自己則高高在上發號施令，他們不會對他自己的權力構成威脅。兩個助手既然無能，他們就上行下效，再為自己再找兩個更加無能的助手。

現在是七個人擔任原先一個人的工作，於是第二因素在這時發生作用。這七個人彼此為對方製造工作，因而大家都整天忙碌，而這位不稱職的主管也確實比以前忙得多。一件公文六個人可以輪流傳閱、核閱、修稿、謄寫，再呈核，最後，這位不稱職的主管卻同意初稿形式的內容文字，結果費了這樣多的人、這樣多的時間，每個人都沒有偷懶，到頭來一事無成，這就演繹出著名的「帕金森定律」。就像植物學家的工作並不是消滅雜草，如果他能夠告訴我們雜草滋長的速度，他便盡到責任（Cyril Northcote Parkinson著，潘煥昆、崔寶瑛合譯，1991：3-12）。

不周延的人力資源規劃可能製造浪費，使各部門都很難精簡人力，大家都不願意自己的部門被裁員，否則自己的部門可能會被別人認為不重要，結果使得整個組織會越來越龐大，冗員充斥。

二、官僚取代理論

帕金森定律，是官僚主義的代名詞，更是「因自卑而自負」的代名詞。帕金森定律告訴我們，當一個人覺得自己的工作量超負荷的時候，就會想辦法去找兩個甚至更多能力不如自己的人去分化自己手頭的工作。然後由自己來掌管大局，最後往往產生機構臃腫、人浮於事、相互扯皮、工作效率低下的領導體系。

美國學者蓋門調查研究官僚單位的人數與效率，最後提出了「官僚取代理論」：一個組織的官僚愈多，無用工作取代有用工作的程度愈大；而官僚單位更有「自我肥大膨脹」的傾向，這其實就是著名的「帕金森定律」的延伸。

蓋門調查英國健保全面國有化後，八年之間，醫院用人數增加28%，

組織病態

1.管理者喜歡增加用人，以顯示其權勢，因此組織愈久愈大，其冗員愈多。
2.因管理者不喜歡僱用能力比自己強的人，因此人員素質愈來愈低落。
3.委員會之委員數愈多，愈接近無效率點。
4.組織之預算應盡可能地將它用盡，以免下年度編列預算時遭到刪除。

學者阿弗列·史密斯（Alfred E. Smith）說：「委員會是一群人，他們個人辦不了事，湊在一起時又決定什麼事都不能做。」

資料來源：丁志達。

其中行政管理與非專業人員增加51%，但以平均每天病床占用數來衡量的產出下降11%。還有一個調查是美國公立學校大幅擴充後，五年間，學生增加1%，專業人員總數增加15%，其中教師增加14%，但督學卻增加44%。這兩個例子都是機構人員大幅擴充，但在第一線服務者增加的比例不高，反而是「管理第一線人員」、「督導」業務者，大幅增加（呂紹煒，2009/06/26）。

第三節　管理控制幅度

影響組織中之人力配置因素頗多，功能分化程度及組織層級多少是最根本之要素，兩者之影響，一者在人力垂直面之擴大；一者在人力水平面之增加。管理控制幅度（span of control）理論基本原理與概念認為，管理者所直接管轄或監督的部屬人數對組織的結構與組織決策的層級有影響。在人數不變的情況下，管理控制幅度越大，組織結構的層級會越

少，即組織結構會越扁平；反之，幅度越小，結構層級會越多，對於大型組織中的人力配置，其影響極大。所以，管理控制幅度係探討一位管理者所能有效地管理的部屬數目。雖然管理控制幅度在人數上一直沒有取得共識，但一般認為是介於八人至十人之間。如果有直接隸屬關係的員額超過此一管轄幅度，就需要在其間增設一個管理層次，以期有效控制。古羅馬軍隊瞭解此點，將士兵每十人編成一小隊，以利控制。

個案5-1 管理控制幅度問卷調查表

各位主管同仁，您好！

首先謝謝您撥冗填寫此份問卷，以便我們可以順利的搜集有關此次貴公司「合理人員配置委託研究計畫」專案相關資訊，在本份問卷中所提到的部屬是指您直接管轄的人員，例如：主任級，您的部屬是各組組長；組長級，您的部屬是各組組員……，依此類推。

◆單位名稱：＿＿＿＿＿＿＿＿＿＿＿＿＿＿＿（所屬一級單位）
＿＿＿＿＿＿＿＿＿＿＿＿＿＿＿（所屬二級單位）
＿＿＿＿＿＿＿＿＿＿＿＿＿＿＿（所屬三級單位）

◆填寫人姓名：＿＿＿＿＿＿＿＿

◆職稱：＿＿＿＿＿＿＿＿

◆直屬部屬人數：＿＿＿＿＿＿＿＿
約聘僱人員數：＿＿＿＿＿＿＿＿
（備註：「直屬部屬」及「約聘僱人員」係指組織圖中下一層級之部屬人數，不含直屬人員所管轄之下屬；另不含外包人員數。）

◆部屬平均年資（或在本職年資）：＿＿＿＿＿＿＿＿

◆部屬的教育程度（大部分）：＿＿＿＿＿＿人（研究所）
＿＿＿＿＿＿人（大學）
＿＿＿＿＿＿人（大專）
＿＿＿＿＿＿人（高中職）
＿＿＿＿＿＿人（中小學）

◆填寫日期：＿＿＿年＿＿＿月＿＿＿日

【請依您個人所管轄的單位依序回答下列問題（單選）】

【　】1.在您所直接管理或監督的部屬，他們彼此間的工作性質或工作型態的相似（一致）性程度為何？
(1)幾乎無一致性（根本上具有很大的差異）
(2)一致性偏低（基本上有所差別）
(3)部分一致（相似）
(4)相當一致（本質上相似）
(5)完全一致

【　】2.在您所管理的各部屬中，他們彼此間的工作場所距離接近程度為何？
(1)工作處所相距甚遠，見面不易（分散於各地理區域）
(2)工作處所頗分散（不同的位置，但在同一個地理區域內）
(3)部分時間在同處工作（不同的建築物，但在同一廠域位置）
(4)大半時間在同處工作（在同一建築物內工作）
(5)幾乎都同處工作（在一起工作）

【　】3.在您所管理的各部屬中，您（大多數）部屬工作內容的複雜與變化程度為何？
(1)極富變化且複雜
(2)工作富變化且較無固定模式
(3)例行與非例行約略相當
(4)例行工作偏多
(5)單純且重複

【　】4.在您所管理的部屬中，您（大部分）部屬在工作時需要您從旁指導或協助的程度為何？
(1)需固定嚴密的控制（經常且嚴密的監督）
(2)需較常指導與控制（經常而持續的監督）
(3)需中度控制（適度且定期性的監督）
(4)需少數控制（有限的監督）
(5)極不需要控制（不需要監督）

【　】5.在您所管理的各部屬中，您（大部分）部屬之工作性質需要與其他人互相協調的程度為何？
(1)需較緊密的協調
(2)需較常協調
(3)協調頻率中等
(4)協調頻率略低
(5)極少需協調

【　】6.在您所管理的各部屬中，你（大部分）部屬所承辦的業務需自行籌劃的程度為何？
(1)需規劃之事務甚為廣泛且深入
(2)需作廣泛且深入之規劃
(3)規劃之範圍和深度約中等
(4)規劃之範圍窄且不需要深入
(5)極少需經規劃的業務

【　】7.您所直接管理的部屬，他們的職位流動或工作輪調程度為何？
(1)隨時更換
(2)常常更換
(3)平均固定時間（每年一次）
(4)很少（偶爾）
(5)從不換工作

【　】8.您所直接管理的部屬，他們每年平均參加、接受在職訓練的次數為何？
(1)隨時參加
(2)常常有機會
(3)平均每年數次
(4)少有（偶而）
(5)從未有

【　】9.您所直接管理的部屬與其他單位的橫向溝通的頻率？
(1)互動非常頻繁
(2)經常聯繫
(3)中度、適中
(4)偶而
(5)幾乎不曾

【　】10.您在此管理職位的任期為多久？
(1)非常久（十年以上）
(2)很久了（六～十年）
(3)已有一段時間（四～六年）
(4)上任不久（一～三年）
(5)剛上任（一年內）

【　】11.您個人參加、接受在職訓練的經驗是？
(1)非常多（每月數次）

(2)經常（每月一次）
(3)中度（每年五～六次）
(4)參加過幾次
(5)幾乎沒參加過

【　】12.您的單位在資訊科技上的投資與所屬平行單位相較您認為如何？
(1)非常多
(2)蠻多
(3)比以往多一點
(4)一些些
(5)幾乎沒有

【　】13.您在對所屬人員進行績效評估時，所衡量的因素多寡？
(1)考慮很多
(2)考慮蠻多指標
(3)考慮數項（四～六項）
(4)只考慮一、兩項因素
(5)不實質打考績；

14.影響組織管理者應有多少直接部屬的原因有很多，例如下列十三項。您個人認為影響最大的那個因素請填1；其次的填2；較不具影響的填11、12、13，依此類推。麻煩您按1、2、3……12、13排序，數字越小表示越重要。
【　】(1)部屬彼此間的工作性質或工作型態的相似（一致）性程度
【　】(2)部屬彼此間的工作場所距離接近程度
【　】(3)部屬工作內容的複雜與變化程度
【　】(4)部屬在工作時需要您從旁指導或協助的程度
【　】(5)部屬之工作性質需要與其他人互相協調的程度
【　】(6)部屬所承辦的業務需自行籌劃的程度
【　】(7)部屬的職位輪動或工作輪調程度
【　】(8)部屬平均參加、接受在職訓練的次數
【　】(9)部屬與其他單位的橫向溝通的頻率
【　】(10)您在此管理職位的任期
【　】(11)您個人參加、接受在職訓練次數
【　】(12)您的單位在資訊科技上的投資
【　】(13)您在打考績時，所衡量的因素多寡

資料來源：精策管理顧問公司。

影響管理控制幅度的因素

由於影響管理控制幅度的因素很多而且複雜，因而，大多數學者都認為理想的管理控制幅度應是權變因素才能決定。

1.部屬彼此之間的工作性質或工作型態的相似（一致）性高（作業方法標準化的程度），主管管理的部屬人數就可以增加，例如，生產線上的領班一次可以管理一、二十個作業員。
2.部屬彼此之間的工作場所距離遠近（分散）程度而定。如果部屬、作業的地點很接近，管理控制幅度可以加大，否則管理控制幅度即應縮小。
3.部屬工作任務的複雜與變化程度（新問題的發生率）。例如，部屬的工作性質比較單純，或經常重複，譬如打字、裝配、會計等，則管理控制幅度可以增大；反之，若部屬的工作性質比較複雜多變，則需縮小管理控制幅度。
4.部屬工作時需要從旁指導或協助的程度（工作熟悉度）。
5.部屬工作性質需要與其他人互相協調的程度。
6.部屬在執行任務時須進行規劃的程度。
7.部屬承辦業務需自行籌劃的程度（可以授權的程度）。
8.部屬職位輪換或工作輪調程度。
9.部屬平均每年參加、接受在職訓練的次數（頻率）。
10.主管所管轄的單位或部屬之間，其交互影響的程度及溝通的關係。
11.部屬與其他部門的橫向溝通頻率。
12.主管在該管理職位任期（年資及經驗）。
13.主管每年參加、接受在職訓練次數。
14.組織管理資訊系統之複雜性（愈複雜，管理控制幅度愈小）。
15.主管打考績所考量的因素多寡。

16.主管執行非管理性工作的程度。

17.主管偏好的管理風格（愈專權，管理控制幅度愈大）。

管理控制幅度對組織的一個重要影響便是決定組織的階層數。當管理控制幅度很大時，每個管理者所直接指揮的人數較多，組織的階層數較少，所以，組織會有一種扁平式組織；而當管理控制幅度很小時，則每個管理者所直接指揮的人數較少，因此組織的階層數較多，因而，組織會有一種高塔式組織。扁平式組織會導致較高的員工士氣與生產力，但同時也使管理者必須承擔更大的行政職責與監督上的責任。如果扁平式組織結構最終導致職責過大的話，則將帶來弊端；而高塔式組織的人事成本通常較為昂貴，並且產生很多溝通問題。總而言之，較少的組織層級通常會使組織更為有效（林建煌，2001：227-229）（**圖5-2**）。

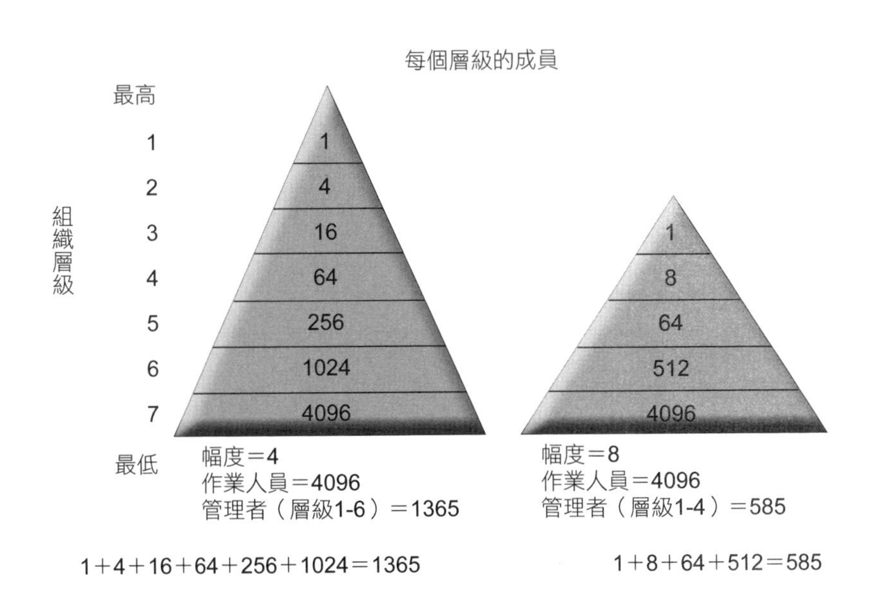

圖5-2　控制幅度管轄人數與層級

資料來源：Stephen P. Robbins著，李茂興譯（2001）。《組織行為》（*Essentials of Organizational Behavior*），頁282。揚智文化。

第四節　人力盤點規劃

如果管理控制幅度變大後，主管會更有動力施展自己的領導專才，他們沒有時間事必躬親，但可專注於領導、授權、指導與啟發後進（**表5-3**）。

一、人力盤點應考慮的因素

人力盤點時，必須考慮以下因素：

1.外界的挑戰：結合本行業、本企業的實際發展狀況，對當前及今後一個時期國內外政治、經濟、社會、環境的發展趨勢、科技進步的程度、同業競爭的狀況，做出科學的分析和判斷。

2.公司經營決策：根據經營目標及策略，如銷售、產品及生產等策略，訂立人力需求表。按公司營運需求的急迫性、優先順序，制定有效的人力規劃政策。當然，一方面要提供足夠的、有效的、低成本的人力資源，另一方面要照顧現有員工的權益及發展。

表5-3　人力盤點規劃參考依據

1.依據企業預算所展開的年度產量或營業額、銷售量等。 2.參考同業、競爭者的標竿用人情形。 3.人力變動因素（例如員工退休、離職、加班、休假等）。 4.直接人員／間接人員的人數需求與比重，必須足夠企業內營運作業、支援與管理維護正常進行。 5.考量季節性／淡旺季營運表現差異，例如：年產量，或營業額銷售量等，以淡季應有人力、產能利用狀況等為考量，配置合理的基本人力、同時搭配旺季時的變動人力。 6.各工作崗位／機台的產能設計，以及所搭配的作業人員數，在一般營運需求、連續性產出需求、與臨時性大量需求等產能變化時，必須具備足夠彈性。

資料來源：于泳泓（2007）。〈現代財務長的新思維Part II——策略性人力資源管理：人力盤點〉。《會計研究月刊》，第261期（2007/08/01），頁102。

3.人力變動因素：年度員工流動率、缺勤率、退休、開除、辭職、死亡，或每位員工每月平均加班小時數等因素都要列入考慮範圍。

4.人力來源及人力成本：掌握最便捷、最適合及成本最低的人力資源，評估各項招聘渠道的可行性及成本分析。

5.技術／技能需求：工作分析、技能類別性質、技能等級標準、技能訓練、技能評鑑考核、技能證照等。

6.工作量分析：從公司預定的年產量或營業額或銷售量，去推算需要的直接人力，再以競爭者的模範標竿作為計算間接人力的參考，加上人力變動的因素，求出實際公司運作需要的人力。

7.工作重新設計或安排：包括升遷、調動、改組、訓練等。（**圖5-3**）

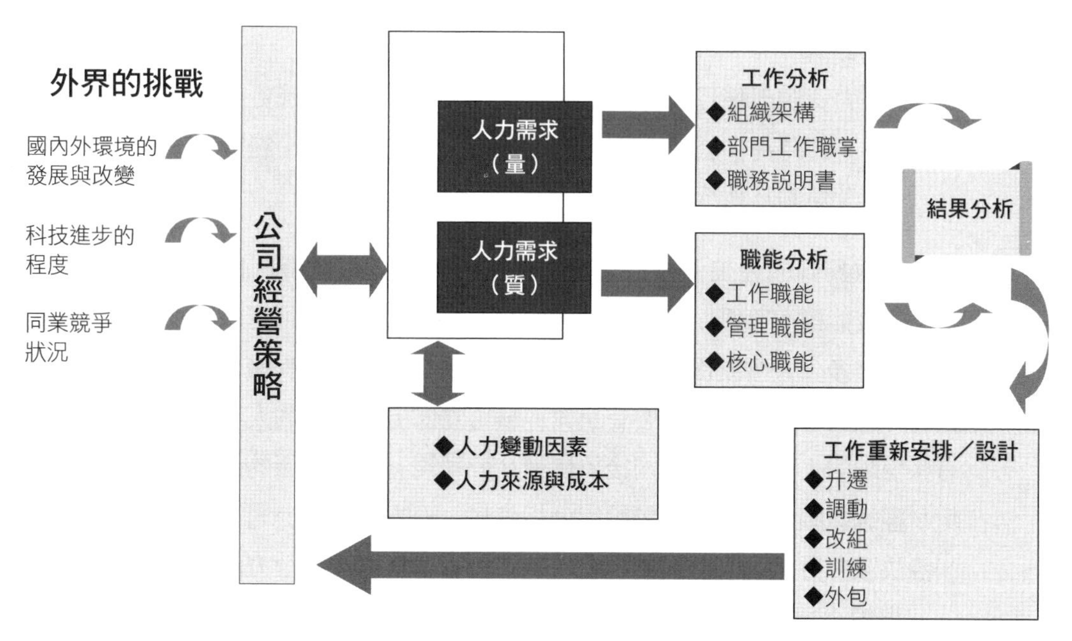

圖5-3　人力盤點架構

資料來源：于泳泓（2007）。〈現代財務長的新思維Part II——策略性人力資源管理：人力盤點〉。《會計研究月刊》，第261期（2007/08/01），頁97。

二、設計人力盤點調查表

根據上面所論述的人力盤點應考慮的因素來設計人力盤點的實施內容。首先要設計人力盤點調查表。

人力盤點調查表的設計，可分成三個部分：

1.個人基本資料、經歷及員工個人資訊。例如，個人取得某電腦軟體執照，或自己在外接受技能訓練獲得證照，或個人事業生涯規劃等，屬於個人才知道的資訊，由員工個人負責填寫。員工直屬主管負責填寫輸入該員工的技能水準評鑑、工作表現及學習能力等評語，或發展潛力評估等。

2.人力資源部負責填寫輸入該員工的技能等級資料、訓練記錄、升遷調動及調薪記錄、工作績效考核成績、請假、獎懲、提案數等個人記錄等。

3.人力資源部每月或每季主動要求員工及其直屬主管更新電腦個人資料，隨時提供公司高級主管最新的人力盤點資訊。制定有效的人力資源規劃及執行方向。

當收集到的員工個人調查資料輸入電腦後，依技術專長分類，多少人已達技能標準等級？各技能等級還缺多少人？多少人可用內訓來補足人力缺口？多少人需要從公司外僱用？從何處尋找這類具有適合公司需要的技術等級人才？多少是需要有足夠經驗可立即上線工作的人？多少是需要有些經驗的人僱用進入公司後再訓練？公司現有此類技術的人員流動率如何？經過電腦依決策者需求輸出分析資料，一方面提供公司高層主管做進一步決策參考，另一方面制定有效的人力資源規劃及執行方向。

根據上述人力盤點應考慮的因素的探討，可發現人力盤點在人力資源規劃中占有相當重要的分量（工作分析與人力資源盤點，http://server01.lse.com.tw/）。

三、人力盤點的種類

人力盤點的展開模式，可大致分為順向展開、同步展開與逆向展開三種，其中以同步展開是最常見的使用情形。

1.順向展開，就是依循保守漸進的模式，先進行組織設計合理化後進行工作設計合理化，由上而下層層展開。此一模式最符合學理上的要求，風險也最小。
2.同步展開，則意味著組織設計合理化與工作設計合理化同步進行，同時調整組織架構也調整工作，這是最節省時間的一種模式，同時合理化程度亦最高。
3.逆向展開，顧名思義便是先進行工作設計合理化，而後逐步由下而上將工作群組化並形成部門，以完成組織設計合理化。（張瑞明，〈人力盤點的展開〉）

四、人力盤點規劃步驟

人力盤點規劃，係從工作分析、選擇盤點指標、明確結果如何使用來進行。

(一)工作分析

工作分析以職位為中心，並由此界定該職位的工作內容、特性、進行這些所應表現的行為，以及執行人員所應具備的知識、技能和能力。

現有人力做人力盤點，先要進行工作分析，且以此為基礎進行人力盤點。透過對組織中各項工作的內容、任務、職權責任和環境進行分析，同時，對承擔具體工作的人所應具備的知識、經驗和能力素質做出明確規定，形成工作說明書與工作規範書。透過工作說明書可使企業做到職責分明、人事相宜，進而避免因人設事、職責混亂不清、工作重疊等不良

現象，保障人力資源的有效運用。另外，透過工作分析建立公司的崗位及人員分類系統類別，使盤點工作分類進行，增強盤點結果的可比性與有效性。

(二)選擇盤點指標

當前人力盤點中，除了數量、結構（年齡、學歷、年資等）、流動性等常規性指標外，還應突出各項指標與當期業績變化之間的關聯，譬如：人均產值、人均利潤、人均費用、人均產出與投入對比值等指標。另外，人力盤點還包括員工績效表現、員工潛能、人力資源政策及人員心理狀態等。實際人力盤點時，可根據具體情況選擇指標（**表5-4**）。

表5-4　人事訊息盤點指標表

類別	指標	計算公式
員工數量與結構	員工總量	年報表｛（期初總人數＋期末總人數）÷2）｝
	管理幅度	員工總量÷管理人員總量
	員工學歷構成	取自人事檔案個人資料
	員工年齡構成	取自人事檔案個人資料
員工費用	薪酬福利占營業收入的比率	（薪酬費用＋福利費用）÷營業收入
	薪酬福利占營業支出的比率	（薪酬費用＋福利費用）÷營業支出
	福利費用占薪酬費用的比率	福利費用÷薪酬費用
員工效益	人均營業收入	營業收入÷員工總量
	人均稅前利潤	稅前利潤÷員工總量
	人力資本投資回報率	｛營業收入－（營業支出－薪酬費用－福利費用）｝÷（薪酬費用＋福利費用）
員工流動率	員工退休率	當期員工退休人數÷｛（期初總人數＋期末總人數）÷2}
	員工辭職率	當期辭職人數÷｛（期初總人數＋期末總人數）÷2}
	員工淘汰率	當期淘汰人數÷｛（期初總人數＋期末總人數）÷2}

資料來源：李勇（2006）。〈歲末，拉開HR盤點大幕〉。《人力資源》，總第241期（2006年12月上半月刊），頁6。

(三)明確結果如何使用

假設人力盤點後得到公司現有員工平均受教育年限和教育水平，那麼這與公司當期具體業績變化有何關聯，公司當期的業績變化是不是與同期員工平均受教育年限有必然聯繫，如果沒聯繫，那麼這些數據有何意義。所以，要明確人力資源盤點的結果對公司管理、業績或財務數據有什麼影響，從而發現工作重點，做到有的放矢，集中精力重點突破（李勇，2006/12：6）（**圖5-4**）。

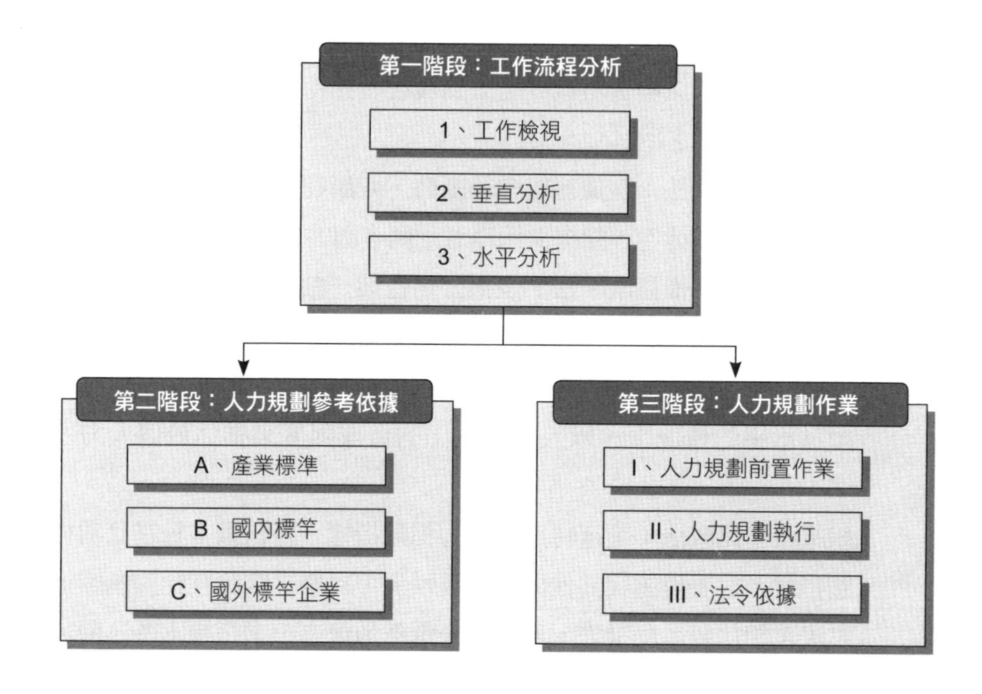

圖5-4　導入人力盤點的階段

資料來源：于泳泓（2007）。〈現代財務長的新思維Part II——策略性人力資源管理：人力盤點〉。《會計研究月刊》，第261期（2007/08/01），頁99。

五、人力盤點方法

人力盤點方法，大致有以下幾種方法可採用：

1.問卷調查法：透過問卷的設計，瞭解各單位的工作負荷狀況、公司背景及人力相關問題。

2.人員訪談法：透過訪談，瞭解工作負荷及目標達成率，以決定組織員額。

3.現場觀察法：透過現場觀察，瞭解各單位的工作負荷狀況。

4.相關文獻與歷史事件法：對組織內一般文獻紀錄與重大事件進行有系統的整理，以發覺組織從過去到現在，在特定問題上的徵候，以供預測與判斷之用。

5.組織氣氛調查法：在進行組織診斷時，判斷問題的嚴重性，及未來政策推行的可行性，能提供管理者一個客觀的問題焦點。

6.損益兩平法：損益兩平法，是指公司在某一點的營業狀況下，既無虧損也無利潤，那一點的營業額即稱為損益平衡點營業額。經營者為維持公司的發展，首先須建立能超越損益平衡點的體系，在維持損益兩平的情況下，以人事費支出的合理限度來推估最適人力水準。

7.組織標竿比較法：選定特定之人力相關指標，將組織本身在此項相關指標上之表現，與其他同業、競爭者、異業之典範在此項指標上之表現相比較。反推之，若欲取得優勢地位之人力指標水準為何，進而推算最適之人力水平。

8.管理控制幅度表：藉由管理者所直接管轄或監督的部屬人數，計算合理的管控幅度。

9.數量模型法：過濾、篩選出各項影響組織員額配置之因子，再補以迴歸、時間序列及人工智慧等方法，正確地描述各項探討因子之關

係，最後再以模式推演預測出可能的最適員額配置幅度。

10.功能流程評估：根據各功能指標達成狀況，以決定組織員額。

11.組織目標推演法：根據完成目標推演出所需的人力。

12.工作分析與部門職掌調查表：瞭解各單位之職掌及工時，推估各單位所需之人力。

13.標準工時推算法：對於組織內各項業務加以切割，組合成各種不同的作業流程或工作項目，經過合理的評估與檢討，建立其標準作業。

14.潛能評鑑法：衡量部門內人員潛能及工作量之關係，以決定組織員額。（常昭鳴、共好知識編輯群編著，2010：269-270）（**表5-5**）

六、工作檢視作業

通常一般企業在人力資源運用時，很少用系統性或是科學性的人力

表5-5　人力盤點導入步驟與要務

步驟		要務
步驟1	聚焦及專案規劃準備	1.挑選適合的組織單位
		2.掌握該核心單位工作執掌現況資料
步驟2	建立正確價值觀	3.人力盤點建置
步驟3	建置盤點標準	4.參酌標竿數據
		5.估算合理工時投入—人力盤點（量）
步驟4	執行盤點作業	6.運用e化工具（軟體）
		7.確保數據來源的客觀與真實性
步驟5	盤點差異分析／落差分析	8.階段檢討
步驟6	制訂管理運作計畫	9.異常管理追蹤
		10.展開落差弭平計畫

資料來源：于泳泓（2007）。〈現代財務長的新思維Part II——策略性人力資源管理：人力盤點〉。《會計研究月刊》，第261期（2007/08/01），頁102。

盤點技術。企業界如要自行引進人力盤點的程序作業，下列三種表格的設計值得採用。

(一)工作日記表（個人填寫）

現在全球各地企業普遍實施所謂Time Card（Time Report）的制度，讓每位員工必須每日填寫工作內容及進度，以掌握員工工作的分配，投入的時間成本，作為投資報酬率的參考。工作日記表，通常以一工作週作為一個週期，填寫該週的工作實況，以瞭解該工作的工作內容與進度，因填寫容易，實施起來也方便（**表5-6**）。

(二)部門執掌分擔調查表（主管填寫）

部門執掌調查表，在於瞭解部門所執行之工作項目與時數，以及人員之分工狀況（**表5-7**）。

(三)個人職務工時調查表（個人填寫）

個人職務工時調查表，則在瞭解每位員工在部門所執行之工作項目與時數。

通常在工作檢視作業實施前，會對調查對象先做填表說明，在填寫後針對有異常者進行訪談或訪查，以瞭解異常的原因。之後，進行整體分析與比較，來判斷部門人力分工的合理狀況（**表5-8**）。

七、特殊狀況的處理

在部門執掌分擔調查表與個人職務工時調查表中，可能發生下列異常狀況：

表5-6　工作日記表

部門：人力資源部			職稱：		
單位：訓練課			姓名：		
日期／時間	4月20日（週一）	4月21日（週二）	4月22日（週三）	4月23日（週四）	4月24日（週五）
上午	撰寫內部講師訓練課程計畫（8:30～11:00） 與主管討論內部講師訓練計畫（11:00～12:00）	整理員工內外訓記錄並輸入電腦檔案中（9:00～11:00） 電話聯絡「簡報技巧」講師（11:00～11:10） 確認各項相關事宜及向各學員以電話提醒上課時間、地點（11:00～12:00）	整理「品質管理Q7手法」學員心得報告（8:30～10:00） 與A企管公司商談內部講師訓練計畫（10:00～10:50） 與B企管公司商談內部講師訓練計畫（11:00～11:50）	課程準備（8:30～9:00） 執行「簡報技巧」第一天訓練課程（9:00～12:00）	課前準備（8:30～9:00） 執行「簡報技巧」第二天訓練課程（9:00～12:00）
下午	聯絡外部企管公司以尋找最佳合作對象（13:00～13:45） 執行內部講師訓練課程（13:45～16:00） 整理外部企管公司訓練課程資料並製成通報發給相關單位主管參考（16:15～17:15）	整理與確認「簡報技巧」課程所需之教材、教具、講義及設備（13:00～17:00）	聯絡各部門提送4月30日「內部控制自我檢查」參訓名單（13:00～14:30） 審閱「品質管理Q7手法」學員心得報告（14:30～16:30） 最後確認「簡報技巧」訓練準備工作（16:30～17:00）	執行「簡報技巧」第一天訓練課（13:00～16:00） 課後整理工作（16:00～16:30）	執行「簡報技巧」第二天訓練課（13:00～16:00） 課後整理工作（16:00～16:30） 整理「簡報技巧」課後意見調查報告並製作完成整體課程執行評估報告（16:30～17:30）
其他時間					
直屬主管職稱：		訓練經理		直屬主管簽核：	

資料來源：常昭鳴共好知識編輯群著（2010）。《PMA企業人力再造實戰兵法》，頁275。臉譜出版。

表5-7　部門職掌分擔調查表（請各級主管填寫）

所屬單位	藥劑部　部　藥品諮詢組	填寫人	尤○○ 年　月　日	核准人	陳○○ 年　月　日

編號		類別：單位職掌或辦事細則	類別：主要互動單位	填表人：組長 尤○○ 主	次	再次	部屬姓名及職稱：藥劑師 洪○○ 主	次	再次	藥劑生 李○○ 主	次	再次	技工 黃○○ 主	次	再次	技士 蕭○○ 主	次	再次	事務員 王○○ 主	次	再次	組員 林○○ 主	次	再次	雇員 姚○○ 主	次	再次	主	次	再次	所占時間比例（%）
請按重要性順序填寫	1	全院及院外之藥品諮詢服務事項	社工室	S			P			E										E				A		A					35%
	2	醫院藥事通訊之編輯及出刊事項	主任室	S				I			A								E			P									20%
	3	醫院處方集之編輯相關事項	藥品管理組	S			E				A			E			E				A										15%
	4	本院藥事委員會新藥及試用藥申請	住院調劑組	P																A		E				A					10%
	5	本部學術討論會之安排相關事項	主任室	P									E				E						A								10%
	6	院內藥品不良反應報告之評估	藥檢組	S			P					E										E					A				5%

	7	其他交辦事項	主任室	S					A				P			E				E					E						5%
	8																														
	9																														
	10																														
	11																														
	12																														
總計所占時間比例：																															100%

填表對象：本表填表對象與組織圖相同，需配合組織層層節制的觀念填寫，若部屬超過8人者，請另行影印使用。

填表說明：1.所屬單位、填表人、核准人及日期：依單位之正式名稱及姓名、日期填入，如醫院藥劑部藥品諮詢組，核准人為填表人之直屬主管，如組長之直屬主管為主任。

2.單位職掌或辦事細則：請將目前所屬單位的全部職掌及辦事細則，按其重要性的優先順序，分別予以編號並填入表中，項目不超過12項。

3.主要互動單位：若職掌中有需要與其他單位產生互動者，請填寫主要互動單位名單。

4.自己及部屬姓名／職稱：請把　您自己及所督導部屬的姓名與職稱，一一填入表中：左上角空格填寫姓名，右下角空格填寫職稱，單位內非正式員工及工讀人員亦需填入。

5.執行方式：指在執行「單位職掌或辦事細則」時的方式或性質。S：督導或審核、P：計劃、E：實際執行、A：「協助」主管或他人、I：需要「諮詢」；或需請他人提供意見；或為他人提供意見。

6.責任程度：指該職掌對個人而言所負的責任程度。主：主要，次：次要，再次：再次要；填寫時請把「執行方式」的英文代字，直接填入「責任程度」下面的方格中。

7.所占時間比例：請把　貴單位各項職掌或辦事細則所需作業時間，占　貴單位所有同仁每天工作總時數之比例值填入空格內，最後加總填入表尾。（例如　貴單位全部同仁共6人，其中4位同仁每日各用1小時來執行某職掌，則此職掌作業時間占　貴單位所有同仁每天工作總時數之比例值為（1*4）／（8*6）=0.0952=9.52%）（小數點後第二位數四捨五入）。

資料來源：精策管理顧問公司。

表5-8　個人職務工時調查表（請樣本單位所有同仁填寫）

單位名稱：藥劑部藥品諮詢組	職稱	藥劑師	填寫日期：	年 月 日
姓 名　洪○○	職級	W30	到職日期：	年 月

覆核人：陳○○　　覆核人職位名稱：主任　　任現職日期：　年　月　日

覆核日期：　年　月　日

初核人：尤○○　　初核人職位名稱：組長

覆核日期：　年　月　日

填寫人學歷勾選：□博士　□碩士　☑大學　□專科　□高中職　□初中職　□小學以下

編號		主要工作項目	對應職掌或辦事細則編號（請初核人填）	發生次數					每次處理件數	每件平均所需時數	合計所需總時數	換算1日所需時數	使用表單名稱	表單處理		表單最後接收單位	備註
				日	週	月	季	年						主辦	協辦		
請按重要性順序填寫	1	全院及院外之藥品諮詢服務事項	1	12					1	0.4	4.8	4.8	□□紀錄表	√		主任室	
	2	醫院藥事通訊之編輯及出刊事項	2				1		1	80	80	1.31	□□季刊		√	教學部	
	3	醫院處方集之編輯相關事項	3			2			4	3	24	1.18	□□報告	√		資訊室	
	4	院內藥品不良反應報告之評估	6		1				3	0.5	1.5	0.3	□□評估表	√		主任室	
	5	其他交辦事項	7	2					1	0.1	0.2	0.2	□□追蹤表		√	藥品諮詢組	
	6																
	7																
	8																
	9																
	10																
	11																
	12																
	13																
	14																
											總時數	7.79					

*合計所需總時數公式：發生次數×每次處理件數×每件平均所需時數。

例如：每年2次×每次6件×每件平均所需時數25小時＝合計所需總時數為每年300小時。

*換算一日所需時數：把工作總時數換算成1日所需時數。假設某一年度工作245天計，每季61.25天計，每月20.41天計，每週5天計，每天8小時計。

例如：每年工作300小時／245＝1.22（小時／每天）；每季工作100小時／61.25＝1.63（小時／每天）；每月工作42小時／20.41＝2.05（小時／每天）；每週工作10小時／5＝2（小時／每天）（小數點後第二位數四捨五入）。

填表說明：

1. 個人資料：請把您所屬的單位名稱、姓名、職稱、職級、填寫日期及其他基本資料填入空格，到職日期是指進　貴公司日期，任現職日期是擔任目前工作的生效日期。
2. 初核及覆核：初核即填表人的直屬主管，負責對本表作初核；覆核即初核人之直屬主管。
3. 主要工作項目：請依重要性順序條列出　您實際所擔任的主要工作項目：您可參閱與此工作有關的「職位說明書」，或任何目前適用的文件。
4. 對應職掌編號：請依初核人填寫之「單位職掌分擔表」中「單位職掌或辦事細則」的編號填入。（此欄位請初核人填寫）
5. 發生次數：請依據處理該項工作的經驗或工作記錄資料，填寫出該項工作每天、每週、每月或每年所發生的次數。若該工作是屬專案性、合約性或季節內所發生的次數。
6. 每次處理件數：對該項工作或業務，每次所處理公文或業務的件數，可能每次只有一件，也可能每次兩件以上。請在欄內填寫出來。
7. 每件平均所需時數：請估計處理該件工作的平均所需時數。如：2.5、10或200小時等。
8. 合計所需總時數：即擔任該項工作所需的總時數。
9. 使用表單名稱：請把該項工作所使用之主要表單名稱填入。
10. 表單處理：請勾選該表單產出的屬性：主辦或協辦。
11. 表單最後接收單位：請把前述之表單最後接收單位或部門填入。

資料來源：精策管理顧問公司。

(一)部門執掌分擔調查表與個人職務工時調查表差異者

如果某一職務擔任人在「個人職務工時調查表」所填寫資料與部門主管所填寫「部門執掌分擔調查表」二者之間所顯示的資料有重大差異時，應作為重點訪查對象。如果部門主管認為某一項工作所占工時比重不大，但實際調查結果卻差異甚大者（以差異±5%以上為異常）即應加以查證，反之亦然。而此等查證當然是從造成差異的主要項目著手。

(二)工作時數異常者

首先檢視個人工時填報嚴重超時（超過8.5小時）或嚴重不足工時（少於7小時）者，合理的工時應介於7.5～8小時。但一工作專案時數過多者，例如單一職責占用工時在2小時以上者，亦應特別檢視探討。

(三)工作職責類型異常者

以「部門執掌分擔調查表」檢驗個人職責占工時百分比，如有高階而責任輕，或低階而責任重者，即代表職務職責的不對稱性。此外，可以同一職務做橫向比較，例如將所有經理級、主任級的職責比重列出，可以顯示個人和同級主管的職責差異。此一狀況如無合理解釋，即是問題所在。（常昭鳴、共好知識編輯群編著，2010：273-274）

八、核對資料的疑點探討

在填寫表單及進行必要訪查後，應先依據調查表單分析結果建立幾個假設方向，例如：

1.組織結構不切實：部門虛設、部門重疊、管理控制幅度小、層級過多等。

2.流程不切實：作業流程規劃不良，導致重工、等待、不必要流經的工作站（節點）過多、溝通協調費時等。

3.業務不具實質效益：業務內容對於公司的實質效益及貢獻有限，或投入產出不成比例，甚至是在製造其他部門（非必要性）的工作。

4.個人勞動不飽和：是職務設計不良、未賦予足夠的工作量，或因為個人因素未能發揮工作效能。

5.個人勞動過量：是否導因於任務分配失衡？流程切割不當？不當地承擔他人工作？或純粹是效率問題？（常昭鳴、共好知識編輯群編著，2010：274-278）

第五節　打造人才庫

企業盤點現有人力資源的目的，是在於弄清楚企業現有人力資源的狀況。實現企業戰略目標，首先要立足於開發現有的人力資源，因此，必須採用科學的評價分析方法弄清楚企業現有人力資源的狀況。核查現有人力資源關鍵在於人力資源的數量、質量、結構、年齡及其分布狀況，這一部分工作需要結合人力資源管理訊息系統和職務分析的有關訊息來進行，主要透過開展人力資源調查的方式進行。因而，建立個人檔案資料庫，以利人事異動時接替人選的遴派之用。

一、能力盤點的重點

《勞動力雜誌》（*Workforce*）報導指出，組織所擁有的技能，不但決定了企業營運的方式，也決定了企業是否能有效地與顧客及企業夥伴互動，這才是企業能否成功的關鍵。此外，《勞動力雜誌》也建議企業應從下列五個方面加強掌握員工技能（skills & competencies）：

1.利用調查、訪問、焦點團體、分析，找出企業所需要與所擁有的關

個案5-2 人盡其才的真諦

一個公司的競爭優勢是如何把人力需求面與供給面之間的差距（gap）縮得越小越好，這就是「人盡其才」的真諦。

台灣應用材料公司的做法是，從客戶需求或組織發展的策略需求出發，可以定義出所需人才的能力，這些能力涵蓋技術面、營運面、商業面和知識面等。每位員工可以藉由這些需求條件盤點自己的能力，清楚瞭解到自己所處才能地圖的位置，並設定自己發展的目標，然後利用所提供的教育訓練機會補強所欠缺的技能。

主管則是可以透過才能地圖，瞭解到人才需求與供給間的差距，想辦法透過招募或訓練，縮短人才供需落差。

資料來源：張雲梅口述，吳麗真（2005）。〈台灣應用材料——員工適才適所組織向前躍進〉。《能力雜誌》，總號第591期（2005/05），頁28。

鍵技術與關鍵能力。因為每個組織都有不同的需求，必須找出能夠提升自己績效的能力。

2.建立追蹤員工績效表現的管理系統。利用檢查表或是特定的軟體，追蹤員工現在的能力以及未來應具備的能力，也可以將所蒐集的資訊告訴員工，幫助他們發展。

3.將技術與能力盤點與招募、訓練、接班的人力資源系統結合。列出了關鍵能力，招募人員就知道在面試時需要問的問題，訓練人員也就知道要增加什麼樣的課程。

4.技術與能力盤點不是一次即可的解決方案，而是持續的過程。盤點的系統與所需要的能力，都要定期更新，才能符合企業變動的需求。

5.不要期待立即出現奇蹟似的改變。因為填補技能不但需要努力，更需要時間。

透過人力盤點及後續的管理，企業得以分析出員工的優點、弱點及目前的需求，如此一來，就能發揮人力資本的最大效益，並且做出正確的決策。但是切記人力盤點必須時時進行，以確保企業能掌控最新資訊。另外，企業應該體認到，要補足企業人力資本，符合市場規格是要花時間的，別在短期內期待過高，希望馬上改善競爭力，畢竟，羅馬不是一天造成的（丘美珍編譯，2002/01：193）。

二、人才庫的建立

人才庫（talent pool）之建立，即是把員工的人事資料、考績紀錄、技能、潛力、事業生涯目標、事業生涯計畫等資料，以電腦文書處理的方式，分門別類建立個人資料檔案，以便配合人力規劃、人員培訓、輪調、晉升、指派特殊任務等人事決策，並防止人才斷層。管理人才庫必須和人力供需的預估相配合，否則無法發揮應有的功能（吳復新，2003：540）。

建立人才庫（人力資源的訊息）應包括以下幾個方面：

1.個人的原始資料：如姓名、性別、出生年月日、身體特徵、健康狀況、婚姻狀況、心理或其他測驗分數、嗜好等。
2.錄用資料：包括聘僱合同、徵募來源（管道）、管理經歷、外語能力和水平（聽、說、讀、寫）、特殊技能（特長）、執照（證照），以及對企業有潛在價值的嗜好（興趣）。
3.教育資料：包括學校名稱、畢業科系（專業領域）、學位名稱、畢業年份等。
4.工資資料：包括歷年職等紀錄、歷年薪資異動（加薪）紀錄等。
5.工作執行評價：包括歷年績效考核評等、個人長短處的評語。
6.工作經歷：包括行業別的經驗、以往的工作單位與部門、特殊培訓資料（課程內容）、輪調紀錄、懲罰紀錄等。
7.服務與離職資料：包括以往服務單位任職期間、離職原因、參加專業學會或社團等。

8.工作態度：包括出勤狀況、生產效率、提案件數等。

9.安全與事故資料：包括工傷或非工傷發生率。（王麗娟編著，2006：20-21）（**表5-9**）

表5-9　人才庫建檔資料

資料項目	內容	
個人基本資料	姓名、性別、籍貫、出生日（年齡）、身分證號碼、住址、兵役、健康情形、婚姻狀況、宗教信仰等	
現階段公司資料	聘僱日期、部門、職位、年資（不同部門的職位與任期）、薪資（歷年遞增金額）等	
職業經歷	過去從事行業的職務類別、每項工作（職位）的時間，工作變動紀錄（晉升、輪調）、工資成長情況	
現階段工作表現	工作績效考核成績及主管面談紀錄、獎懲紀錄、請假紀錄等	
個人技能與知識資訊	基本	教育背景、所習專業與專長等
	專屬	產業經驗、產品知識等
	訓練	培訓課程名稱、時數、外語能力、電腦工具使用種類、執照或持有的證書等
特別資訊	參加專業學會或社團、是否曾接受過表揚或獎狀等	
個人偏好或態度	嗜好（興趣）、生涯意願等	
其他	強項與弱項的評估、外調的限制、晉升的可能性等	

資料來源：丁志達（2015）。「人力規劃與人力合理化技巧班」講義。中華民國職工福利發展協會編印。

企業若想透過各項發展計畫培育優秀員工，必須先找到對的、有潛力的人才，如此組織才有機會培育優秀的人才，建立源源不絕的人才庫，進而建立企業長期的卓越績效。

結　語

企業在經營管理過程上，常會出現的難題就是所用人員在經過一段時間後會覺得似乎不太合用或不再勝任，其實這種問題之關鍵在於經營者

沒有實施人力盤點之故。但人力盤點一向是人力資源管理實務中最困難的任務之一，其中牽涉的變數頗多，除了企業本身之人力資源管理制度系統外，也與組織整體之策略及發展方向息息相關。因而，企業除了致力營造一個友善、正向的工作與組織氣氛外，讓員工鑲嵌（embeddedness）在工作與組織之中，更重要的是完備工作分析，落實人力盤點，責任義務明確規範，機密權限確實控管，建立一套完善的人事遞補計畫。同時，一般的企業常只是本著用人，而不知去育才或評估績效，導致資深的人力老化或本位主義的現象發生，影響了企業的發展及產生企業成長過程中的瓶頸。所以，企業經過人力盤點後，應協助員工補強欠缺的能力，才能讓員工及公司更具競爭力。

組織鑲嵌

鑲嵌（embeddedness）一詞最早來自於人類學，意指人類的經濟或生產性動機是鑲嵌在其所身處的社會關係當中，目的在追求資源效用的極大化。

工作與組織鑲嵌（job/organizational embeddedness），包括了連結、適配與犧牲三個構面。當個人與他所從事的工作與組織牢牢的綁在一起的時候，他人如何施力都無法拆散他們，即使心裡上對於組織當中的一些工作枝節與人員事物頗有微詞，但還是不影響員工的向心力與忠誠度。因此可以解釋為何有時員工即使不喜歡某個工作，待遇並不理想，但是還是願意留下來與公司站在同一線上。

資料來源：邱皓政（2012）。〈如何降低員工流動率？——360度的圓滿關係〉。《管理雜誌》，第452期（2012/02），頁77-79。

合理化員額規劃

法王路易十六（Louis XVI）問道：「這是叛變？」羅徹福寇·良寇特公爵（Rochefoucauld Liancourt）的回答是：「不是，陛下，這是革命。」

——佚名

人力合理化，旨在將組織的業務目標與員工的職涯目標相結合，以便兼顧到兩者（企業與員工）未來的發展與利益。成功的員額配置合理化，必須充分釐清專案目標，並取得相關單位及權責人員之共識。

一般組織變革大致可分為三層次：第一層次，係從組織使命、經營理念、願景、經營目標與策略、組織結構與層級，乃至部門功能完全打破，重新建構，然後再行檢討工作流程、資訊網路、管理制度及人員配置，形成組織整體變革，賦予組織新生命，使組織具有新面貌，形成一個全新戰鬥體，強化競爭力面對客戶；第二層次，係從經營目標與策略開始檢討起，然後進行組織重建與工作流程的合理化，進而著手工作分析與人力資源評估以及修訂管理制度以資配合，使組織能以新的團隊形象，裁併功能部門與層級、縮減不必要之工時、精簡無效人力，俾使組織體質更精實、效率更高、反應更快、發展更長遠；第三層次，係以員額配置為變革中心，重點為運用員額配置各種模式，評估現有員額配置及未來人力需求（**表6-1**）。

第一節　員額配置合理化

以往企業界只重視投資報酬率（Return On Investment, ROI），而忽略了管理報酬率（Return On Management, ROM），所以，企業經營一旦遇到困境，便以減肥（downsizing）方式來求得企業短期利益。然而，減肥並非萬靈丹，若規劃、執行不當，可能會造成更深遠的傷害（**圖6-1**）。

表6-1　「生命週期」各階段對人力資源管理功能的涵義

策略類型	意義	對人力資源管理功能的涵義				
		任用	績效評估	薪酬	人力資源發展	勞資關係
開創期	・力求生存	・招募優秀的技術和專業人才 ・招募開創性人才	・需與經營計畫相結合，且富彈性	・以基本薪資為主 ・講求公平	・甚少從事人力資源發展的活動	・建立勞資關係的基本理念與組織
成長期	・擴大產品市場的範圍 ・追求市場的占有率	・招募各種適當和有能力的員工 ・管理快速流動的內部勞動市場	・與企業成長的效標相結合，例如市場占有率	・基本薪資以外，依目標達成情形核發獎金	・人力資源發展日趨重要，需培養工作技能 ・加強中階管理的訓練	・維持勞資和諧 ・提振員工的動機與士氣
成熟期	・著重效率，降低成本	・利用水平流動和晉升，以提高效率	・依效率和邊際獲利來評估	・獎金辦法與效率和邊際獲利相結合	・加強訓練 ・發展管理人員培訓方案	・控制員工成本，並維持勞資和諧 ・提高生產力
衰退期	・準備結束營運 ・致力於創新，以求再成長	・縮減人力，並重新安置人力 ・將人力轉換至不同的事業單位 ・提早退休	・評估降低成本的效果	・獎金辦法與降低成本的效果相結合 ・節制各項福利支出	・對轉業者提供生涯規劃與支持性的服務	・提高生產力 ・工作規定的彈性化 ・工作保障相關問題的談判

資料來源：中國生產力中心（1999）。〈郵政公司化人力資源規劃之研究〉。郵政總局委託，頁壹-三-六。

一、員額配置合理化層面

為以較少的人員，提高更多附加價值的人力合理化策略，有兩種方法，其一是以機械化、自動化等進行設備投資的方法；另一是以業務改善、提高機器使用率、工作效率的方法（**圖6-2**）。

企業推行員額配置合理化，所涉及的層面很多，推行成功與否，決定於企業全體人員對工作合理化過程是否充分瞭解，是否全力配合。

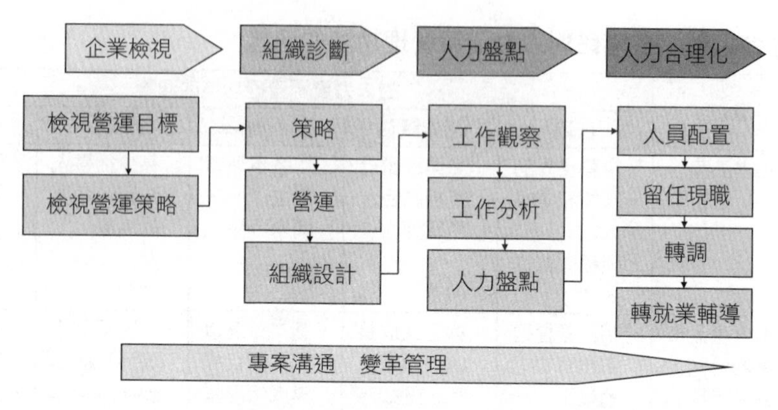

圖6-1　企業組織暨人力合理化規劃

資料來源：丁志達（2015）。「人力規劃與人力合理化技巧班」講義。中華民國職工福利發展協會編印。

員額配置合理化的意涵包括：

1.在規模層面，合理化追求最適規模（rightsizing）而非最小規模（downsizing）。

2.在組織運作層面，合理化強調管理（management）而非管制（regulation）。

3.在組織對人力的看法上，合理化視人力為資本（capital）而非投入（input）。

因此，以合理化的觀點，重點在於同時兼顧投入面及產出面的平衡，一方面強調人力的運用，必須要有助於組織整體運作績效的極大化；另一方面，報酬率觀點所代表的，則是要求單位人力效用發揮的極大化，也就是說，當兩個組織的人力總產出相同時，人力規模較小的組織，則擁有較高的人力資本。因此，員額合理化的真正意涵，即是「單位人力投入的效用極大化」，組織所投入的每一單位人力，都必須要設法合乎組織運作真正的需要，並且經由有效的管理獲得最有效的運用，減少浪費（張秋元，2009：76-82）。

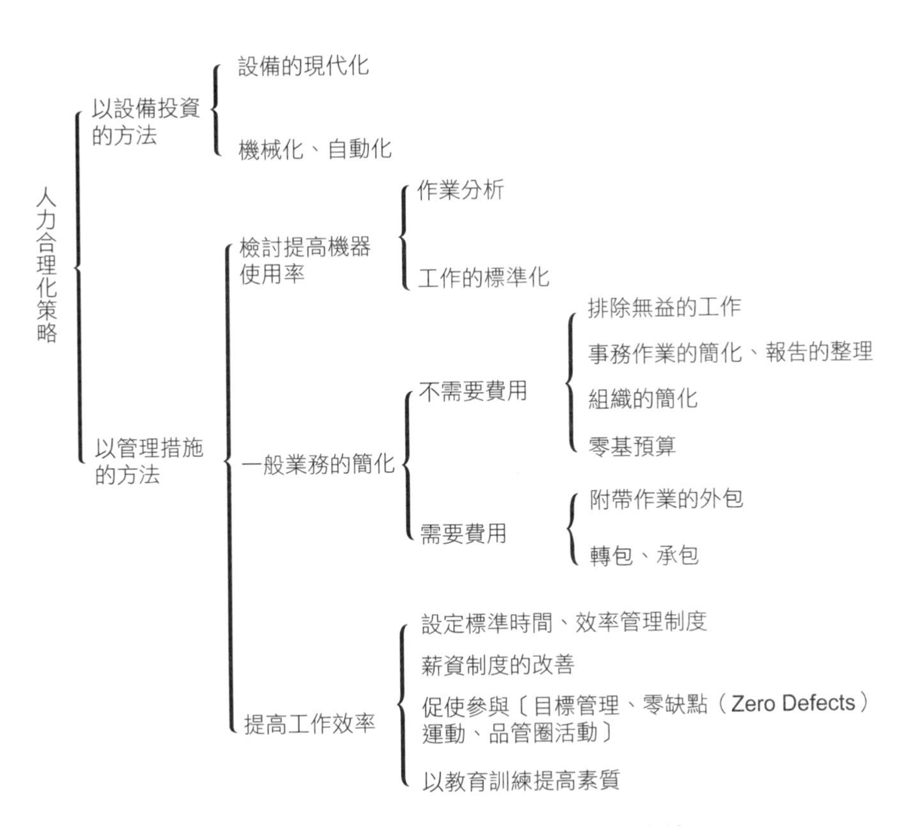

圖6-2　人力合理化策略的實施方法

資料來源：丁志達（2015）。「人力規劃與人力盤點」講義。中華人事主管協會編印。

組織精簡

組織精簡（downsizing），係指有計畫地縮減組織中的職位或工作。在企業管理的文獻中，又稱為「減肥」（to cut out the fat）或「整簡」（to get lean and mean）。企業組織，常以組織精簡為手段，希望達到減少經常費／人事費的支出、降低組織官僚化程度、增加決策速度與品質、促使溝通更為順暢、培育更恢弘積極的企業精神和提高組織的生產力。

資料來源：江岷欽（1993）。〈論組織結構之精簡〉。《人事月刊》，第16卷，第6期（1993/06），頁10。

二、員額評估的方法

透過許多人力資源管理專家之努力，有許多員額評估的方法大多已形成完整架構，使評鑑工作有所遵循。

歸納員額評估各種方法，大致可以分為以下三大類：

(一)以「人」為核心之評鑑方法

評鑑時以「人」為評估之對象，調查並瞭解組織成員擔任之任務內涵及工作時數多少，並查核其適任之程度，除了工時之客觀數量調查外，也包括了人力素質之主觀判斷，屬於投入面之資料分析，例如工時調查、人力盤點、人才評量均屬此類型的方法。

(二)以「工作」為核心之評鑑方法

評鑑時以「工作」為評估對象，以由上而下的方式核對執掌配置適切性，並確認有多少需完成之執掌或任務，及完成每一種任務所需之標準工時為何。根據所需之總工時推算人力，屬於工作流程面之資料分析。例如，部門執掌調查、組織目標及價值鏈之交叉分析、作業流程改善與分析、標準工時調查、動作時間研究等，均屬於此類型之方法。

(三)以「資料」為核心之評鑑方法

評鑑時以組織內部對各種與員額相關之經營資料或投入及產出之數據為準，運用較靜態之資料分析，以判斷與員額相關最密切之變數為何，並藉由該變數之變化趨勢預測或推估最適之組織員額規模，屬於產出面之資料分析。例如，檢核點人力預測法、迴歸模型人數預測法、參數模型人工之智慧預測法、以財務資料為根據的損益兩平分析法、價值鏈分析法等，均屬此類評鑑方法。

以上各類方法的施行，各有其不同之考量及其優缺點。故其採行應

視不同情境而有所調整。

員額評估方法之設計，除了應涵蓋以人、工作或資料為核心三大類型之方法外，也應充分考慮組織長短期需求、人力投入及產出效益、產業特性及人員特質，及由上而下之功能執掌配置，及由下而上之員工現場工作負荷及工時分析等變數。採用多元之員額評估方法，實較能替企業提供一思緒完整且周延之員額評估做法，以供其目前及未來在員額之配置及運用上之參考依據（楊百川，1999/11：2-3）（**表6-2**）。

表6-2　員額配置合理化研究進度規劃

進行時間 \ 執行程序	週別												
	1	2	3	4	5	6	7	8	9	10	11	12	13
1.確定員額配置合理化目標	▬												
2.確定未來之目標、經營策略及經營範圍	▬												
3.檢討現行各單位組織結構		▬											
4.現存人事法令及制度盤點		▬	▬										
5.組織結構對員額配置合理化之影響、衝擊及處理之構想			▬	▬									
6.宣達及傳播員額配置合理化專案			▬	▬									
7.員額配置合理化動態配合措施				▬									
8.員額配置合理化質與量問題研議					▬								
9.選擇員額配置合理化方法與工具						▬							
10.員額配置合理化研究實施					▬	▬	▬	▬	▬	▬	▬		
11.與工作小組討論初稿並審查												▬	
12.結案報告——組織及人力資源極大化													▬

註：本專案預計可在13週內完成。
資料來源：精策管理顧問公司。

三、員額合理化的原因

合理化員額管理，係指組織人力的投入與配置和組織目標、任務、組織結構及成本負擔等因素之間呈現平衡的狀態，因而使組織在最低限度的人力投入下，達到最大的績效產出。所以，企業員額合理化有下類的幾點主要原因：

1.經濟不景氣，員額合理化將讓公司減少人事成本支出。

2.股價表現不佳，獲利衰退，員額合理化將使公司運作起來更有效率。

3.用員額合理化來解決人事「末位淘汰制」問題，提升員工生產力。

4.企業轉型，員額合理化讓公司能夠為客戶提供更好的產品和服務。

5.技能／技術提升，需對部分人員素質的汰舊換新。

員額合理化並非人員精簡或裁員，而是藉合理化的過程、教育訓練，每位工作者對其本身工作內容、任務、工作方法、工作流程使用的設

個案6-1　企業減肥　剔除組織肥肉

事實上，每家企業都有肥肉，顯而易見的徵兆多到數不清，例如，總部停車場車位一位難求，或員工自助餐廳大排長龍。大家都知道，企業總部並不負責製造或銷售，只負責管理。但景氣好時，幕僚部門特別容易「變胖」，資料蒐集人員、報告撰寫人員、程式分析師之類的人力增加，他們的工作大多是整理。連研發部門也免不了出現冗員。

經濟成長期間，經營者會撒錢在當時看似好點子的各種不重要計畫上。隨著衰退逼近，企業必須重新嚴格訂出優先順序。鑑於企業在成長循環中自然會變胖，趁衰退時甩開肥肉沒什麼不好。但領導人可別做得太過頭，什麼都刪，把不該刪的都刪掉了。

資料來源：于倩若編譯（2008）。〈威爾許答客問：企業減肥　服務品質不減〉。《經濟日報》（2008/02/25），A8版。

表6-3　員額合理化考慮的因素

類別	內容
經營者的經營哲學及管理理念	・經營者是否有正確的管理理念 ・經營者的社會責任感
部門功能分析	・部門功能重新界定 ・部門結構 ・部門與部門之工作關係
組織外在環境	・法令規章 ・人力資源市場狀況 ・社會文化的壓力
職位工作檢討	・工作量及工作負荷統計研究 ・職位工作流程研究〔消除／合併／簡化／重新配置（擴大化或豐富化）〕
工作（職位）間之流程研究	・消除／合併／簡化／重新配置（擴大化或豐富化）
工作方法電腦化處理	・人員重新訓練 ・工作知識、技能之轉換
設備之改善分析研究	・現有人員與現有設備分析研究 ・購置新設備與人力精簡之間的效益分析
現有員工安置問題	・冗員處理 ・裁員（考慮公司的管理哲學） ・訓練第二職業技能（考慮公司財務負擔） ・不足人員的補充（對外招聘／內部轉調）

資料來源：林政惠。「工作分析與組織設計」講義，頁19。

備工具，進一步認識、研究並加以改良，以提高效率，並且透過自己或他人的協助，使每一個人的才華充分發揮，以提高個人對公司的貢獻度（**表6-3**）。

第二節　員額合理化的運用

員額合理化與員工是否努力無關，而與企業要「活下去」有關。有關員額合理化的有效運用措施有下列方法可採用（**表6-4**）。

表6-4　組織精簡的趨同模式與轉向模式

趨同模式	轉向模式
1.漸進的精簡與重組	劇烈的精簡與重組
2.溫和的精簡策略	嚴苛的精簡策略
3.重組的目標，在強化原有之組織任務與策略——將原來的事做得更好	重組的目標，在重訂新的組織任務與策略——做與原來迴異的事
4.高層管理、科技及系統皆稱穩定	高層管理、科技及系統皆有變遷
5.強調較低層級、較不激進的精簡途徑	強調較高層級、較為激進的途徑
6.強調白領階級的變遷，依序為工作、科技及結構	強調白領階級的變遷，依序為結構、科技及工作
7.組織精簡引導組織重組	組織重組引導組織精簡
成功條件	**成功條件**
1.使用較少密集溝通	需用較多密集溝通
2.需用較少象徵行動	需用較多象徵行動
3.組織間關係並不需要	需用組織間的關係
4.強調穩定與控制	強調彈性與適應
5.內部取向	外部取向
6.效率標準	效能標準

資料來源：江岷欽（1993）。〈論組織結構之精簡〉。《人事月刊》，第16卷，第6期（1993/06），頁12。

一、運用既有人力實施措施

1.適當分配專業人員工作，使才盡其用，提高其工作意願。

2.建立專業人員考核與升遷制度，對成績優良與經驗豐富者，予以優先拔擢，以激勵服務熱誠。

3.加強在職人員訓練，培養第二專長，以因應自動化、電腦化、工作發包及工作方法之改善。

二、人員培訓計畫

1.訓練之類別及人數需配合業務之需要及人力需求之預測。

2.訓練之內容需配合各部門業務發展及技術改進之方向。

3.訓練之設計需考慮所需師資，本公司訓練機構可能容納之人數及社會尚可提供之人力來源。

三、用人費用之分析與預測

1.用人成本在總成本所占比率是否適當，可用以測定既有人力運用是否經濟有效而合理。

2.根據用人成本之預估，以測定未來所需增加人力之限額。

四、運用既有人力實施措施

1.依據核定年度預算員額及人力之預測，決定每年所需增補之各類各級人員。

2.加強內部具有潛能的發掘，培植成為主管人員及各類專業人員。

3.配合社會上專業人才之育成及人力市場之供需，在羅致方面預先做適當之安排。

4.與各大專院校及就業輔導機構密切聯繫，加強宣傳，以吸引優秀青年來應徵。

5.加強偏僻地區建教合作，以便就地取材，補充偏僻地區人員之不足。配合企業用人當地化政策，遴選投資地區的居民子弟培植為基層技術人員。

6.人員羅致應符合職位最低標準之要求並應採取公開甄試方式。

7.中、高級職位員額應盡可能由內部人員補充升任。

8.各單位應於平日建立人力盤點制度，研究高職位出缺次一級人員可能遞補之人選，以及因而產生之空缺及職位數，並自基層做起。

9.改進遴選技術，建立各項標準測驗（如各類工作之技能測驗、性向測驗、體能測驗等），作為遴選人員之工具。（**圖6-3**）

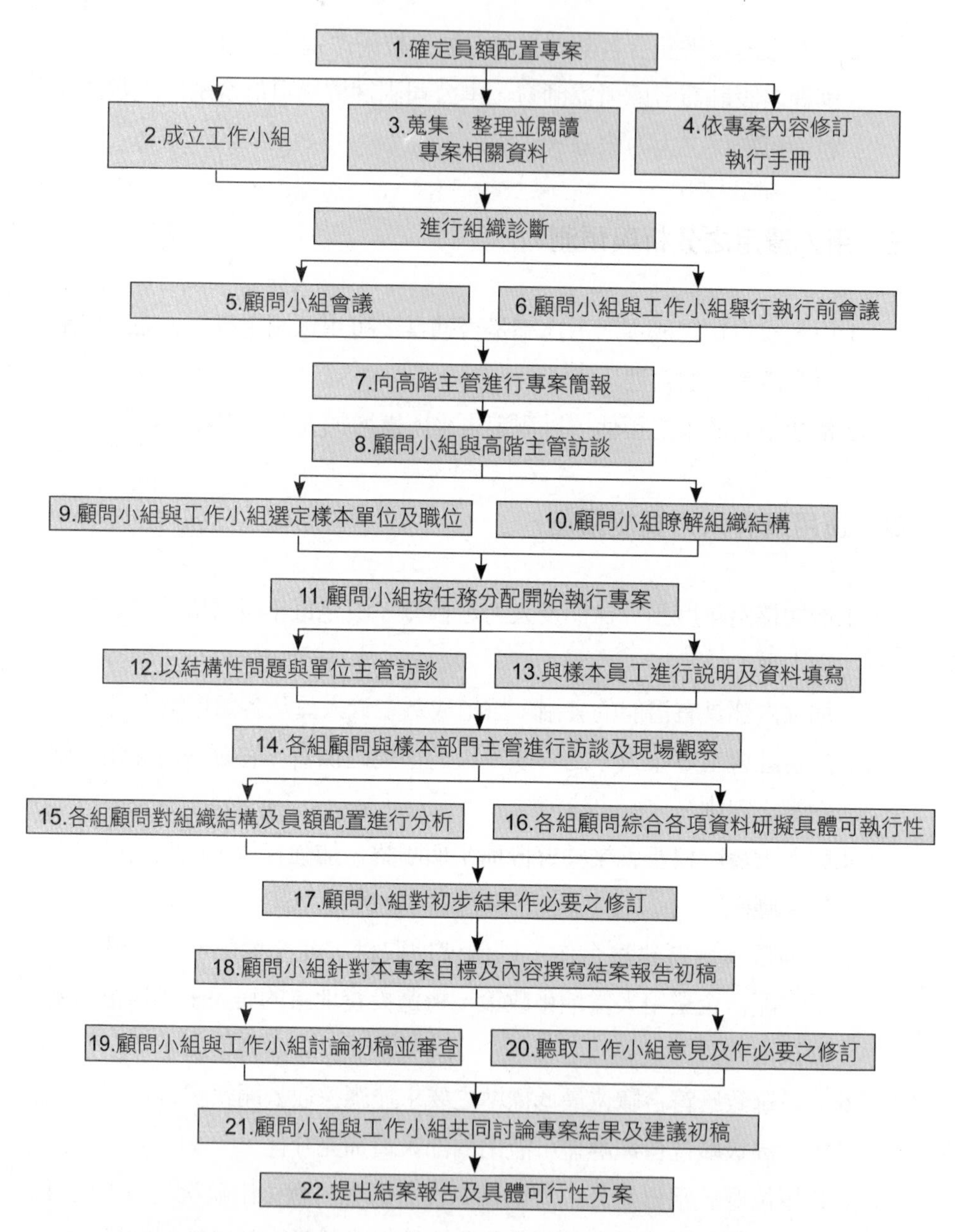

圖6-3　員額配置合理化工作項目及具體實施流程

資料來源：精策管理顧問公司。

第三節　裁員不是萬靈丹

人力資產是知識經濟時代企業永續經營的基礎，因此，企業以裁員手段追求員額合理化，應從策略性人力資源規劃的角度，通盤考量人力資產流失的危機與對企業長期績效成本與對未來競爭力的衝擊。2001年3月，思科（Cisco Systems）總裁錢伯斯（John Chambers）宣布大型裁員之後坦承：「這是我這一輩子做過最糟糕的事。」他說，思科從時速六十五英里，下降到零成長，甚至負成長的情況，僅發生在兩個月之內！全世界沒有多少企業會發生這種事。

個案6-2　微軟裁員

美國微軟公司7月17日宣布，今（2014）年將裁員18,000人，占總人力的14%，這是微軟創立三十九年來最大規模裁員，除了精簡新併購的諾基亞手機事業，微軟本身也將進化為雲端運算和行動裝置介面友善的軟體公司。微軟宣布裁員後，股價在那斯達克股市開盤上漲1.7%，來到每股44.84美元。

今年2月才上任的微軟執行長納德拉在17日給員工的電郵中說，公司需要改變，以便「更靈活和快速」。納德拉瞭解微軟面臨的挑戰，試圖控制成本和人力。

納德拉上週在給員工的備忘錄中勾勒公司「瘦身」計畫。他的目標是把微軟從一個以個人電腦軟體為核心事業的公司，轉型為銷售能提高個人和企業生產力的線上服務、應用軟體（apps）和裝置的公司。納德拉必須提升微軟與谷歌（Google）和蘋果（Apple）公司的競爭力，目前這兩家公司主宰了以行動裝置為中心的運算新時代。

納德拉上週把微軟品牌重新定位為「在行動優先、雲端優先世界裡的生產力和平台公司」。

微軟2014年4月以72億美元併購諾基亞，使微軟總人力增加25,000人，達到127,000人。微軟將裁掉諾基亞與微軟重疊的人力，估計約12,500人。這部分裁員早在意料之中，微軟達成併購交易時即承諾，在完成購併後的十八個月內，每年減支6億美元。根據彭博報導，主要裁員對象為微軟的業務員、行

銷人員和工程師，第一批是西雅圖地區的1,351人。微軟從即日起開始裁員，大部分被裁員工將在六個月內接到通知，全部裁員預計在明年（2015）6月底完成。

微軟表示，將在未來四季提報11億到16億美元的裁員稅前支出。微軟上次大幅裁員是在2009年，前執行長巴默裁掉5,800人。FBR資本市場公司分析師艾維斯說，微軟有必要在未來幾年成為更精簡和更精打細算的科技巨擘，在雲端和行動事業的成長和獲利之間取得平衡。

資料來源：編譯田思怡、記者江碩涵（2014）。〈創立後最多 微軟裁員1萬8千人〉。《聯合報》（2014/07/18），A21國際版。

對企業主而言，要因應經濟衰退是個難題。下列是幾家著名企業在經濟衰退時所採取不裁員的政策做法（**表6-5**）。

一、減薪度難關

2001年，美國911事件之後，航空業很慘，長榮航空也慘賠，10月開始，副協理以上主管取消職務津貼，隔年1月開始實施助理副課長以上員工暫時減薪，高階主管最高還減薪到三分之一。但是，半年後景氣復

表6-5　人事精簡需有同理心

1.明確訂出人事精簡的去留標準。
2.提出優惠的資遣方案。
3.調查自願配合精簡名單。
4.個別訪談並輔導。
5.讓被精簡的員工有較長的適應期。
6.若主管發現屬下表現不佳，在半年前就提醒該員要提升競爭力，讓該員即早心理調適。
7.企業要有危機意識，建立接班人計畫，即早物色新主管進行培訓。
8.領導人不應只思考利潤中心，可思考與員工建立合夥制。

資料來源：林由敏口述，袁宗瑜整理（2010）。〈讓員工好「薪」情的獎酬設計〉。《能力雜誌》，總號第657期（2010/11），頁58。

甦，公司錢賺回來了，長榮航空就宣布把原本減薪的薪水全部補回去給員工。長榮集團總裁張榮發說：「公司開始賺錢了，做人頭家（台語：老闆）不能貪心。」

但是沒有幾年，2008年開始，金融風暴襲捲全球，不少企業實施無薪假，年終獎金也不看好，但是長榮集團堅持不裁員、不減薪，以撙節開支，度過難關（張榮發口述，吳錦勳採訪，2012：145）。

二、縮短工時

一百二十年前，德國化工集團巴斯夫公司（BASF）創立於德國路德維希港（Ludwigshafen），它擁有自己的煤、石油和天然氣資源。

在2008年，全球性金融危機中，巴斯夫受到的影響頗大。巴斯夫為了保證不裁員的策略，宣布採取彈性工作制，減少加班和縮短工時等方式，以避免公司以經營環境改變為理由進行裁員。同時，巴斯夫也利用其一體化生產方式的優勢，員工可在不同產能利用率的生產裝置之間實行輪調。巴斯夫首席執行官賀斌傑（Juergen Hambrecht）說：「我們希望透過這些努力，即使在艱難的經濟環境中仍能保持其在化工行業中的領導地位。」

三、擴展業務

美泰（Maytag）集團生產自動販賣機的附屬企業迪西那可（Dixie-Narco），在可口可樂（Coca-Cola）突然大量削減訂單時，就出現營運危機。迪西那可隨即調整生產線的過剩人力，以找出降低成本、改善品質以及簡化製程之道。結果迪西那可成功超越大量裁員的競爭對手；世界著名化妝品雅詩蘭黛（Estée Lauder）創辦人蘭黛夫人在1930年代經濟蕭條時創辦公司，因為她發現景氣不好時，婦女反而想買更多口紅；咖啡連鎖店星巴克（Starbucks）成立於1970年代初期，利用1990年到1991年的那次經濟衰退期間，成功運用經濟不景氣最需要關注的焦點客戶原則，因此，奠

定該公司1992年順利上市的基礎；當1991年中西航空（Midwest Airlines）倒閉時，西南航空（Southwest Airlines）就有機會進占芝加哥機場，而其廉價機票在旅客缺錢時特別受到歡迎。這些典範明示企業，不必自怨自哀，善用經濟衰退期打底，才能在經濟復甦時大顯身手（林怡靜譯，2001/04：135-136）。

四、無薪假

無薪假，不是法律名詞，更不是雇主可以恣意為所欲為的權利。由於精明的雇主，對每一次經濟景氣的趨勢無法掌握判斷，害怕一旦裁員後，訂單忽然蜂擁而來而「望單」興嘆，因而採取的「兩手策略」，勞工放假，雇主只給基本薪，保有未來使用「人力」的籌碼。但行政院勞工委員會（2014年2月17日升格為「勞動部」）為保障勞工權益，仍訂有「因應景氣影響勞雇雙方協商減少工時應行注意事項」，以及「勞雇雙方協商減少工時協議書（範例）」與員工簽訂書面協議，以避免無謂勞資爭議。如果雇主「以拖待變」落空，雇主就會祭出「裁員（資遣）」這道「類固醇」的猛藥來自我「脫困」，讓員工「流離失所」，領失業金度「苦日子」（**表6-6**）。

第四節　資遣員工作業

「資遣」是法律名詞，「裁員」是資遣名詞的通俗說法，而「優退」則是裁員的一種「人性尊嚴」的另一種說詞，都是屬於「失業人口」，只是申請「優退」的員工可以領到比《勞動基準法》、《勞工退休金條例》規定給付較高基數的資遣費而已，但企業在對外界說明資遣員工時，一般都使用「人力精簡」這個名詞來維持公司良好的「企業形象」。

表6-6　因應景氣影響勞雇雙方協商減少工時應行注意事項

行政院勞工委員會（以下簡稱本會）為因應事業單位受景氣因素影響，勞雇雙方協商減少工時時，保障勞工權益，避免勞資爭議，特訂定本注意事項。

1.事業單位受景氣因素影響致停工或減產，為避免資遣勞工，經勞雇雙方協商同意，始得暫時縮減工作時間及減少工資。
2.事業單位如未經與勞工協商同意，仍應依約給付工資，不得片面減少工資。
3.勞工因雇主有違反勞動契約致有損害其權益之虞者，可依勞動基準法第14條規定終止勞動契約，並依法請求資遣費。
4.事業單位如確因受景氣因素影響致停工或減產，應優先考量採取減少公司負責人、董事、監察人、總經理及高階經理人之福利、分紅等措施。如仍有與勞工協商減少工時及工資之必要時，該事業單位有工會組織者，宜先與該工會協商，並經與個別勞工協商合意。
5.事業單位實施勞資雙方協商減少工時及工資者，就對象選擇與實施方式，應注意平衡原則。
6.勞雇雙方協商減少工時及工資者，對於按月計酬全時勞工，其每月工資仍不得低於基本工資。
7.勞雇雙方終止勞動契約者，實施減少工時及工資之日數，於計算平均工資時，依法應予扣除。
8.事業單位實施減少工時及工資之期間，以不超過三個月為原則。如有延長期間之必要，應重行徵得勞工同意。事業單位營運如已恢復正常或勞資雙方合意之實施期間屆滿，應即恢復勞工原有勞動條件。
9.勞雇雙方如同意實施減少工時及工資，應參考本會「勞雇雙方協商減少工時協議書（範例）」，本誠信原則，以書面約定之，並應確實依約定辦理。
10.事業單位與勞工協商減少工時及工資者，應依「地方勞工行政主管機關因應事業單位實施勞雇雙方協商減少工時通報及處理注意事項」，確實通報事業單位所在地勞工行政主管機關。
11.勞工欲參加勞工行政主管機關推動之短期訓練計畫者，雇主應提供必要之協助。
12.事業單位於營業年度終了結算，如有盈餘，除繳納稅捐及提列股息、公積金外，對於配合事業單位實施減少工時及工資之勞工，於給予獎金或分配紅利時，宜予特別之考量。
13.事業單位或雇主未參照本注意事項辦理，致有違反勞動法令情事者，依各該違反之法令予以處罰。

資料來源：行政院勞工委員會（中華民國100年12月1日勞動2字第1000133284號函）。

個案6-3 雀巢公司裁員的做法

雀巢總公司因策略因素決定將台灣分公司撤回美國總部，它給了台灣分公司一年的緩衝時間，並委派台灣分公司對於員工能力的養成和資遣問題加以規劃。

消息一發布後，雀巢台灣分公司每位員工皆被告知公司一年後將撤廠。而雀巢公司處理上，採積極地為每位員工找尋工作機會，培養員工第二專長，為的是讓員工有更好的前途和發展。

從本個案中可以窺見，妥善的人力資源策略，即使公司要關閉，也可以讓員工認同並銘感於心。

資料來源：楊苓欣（2002）。〈造就內外顧客滿意的人力資源策略〉。《能力雜誌》（2002/05），頁111。

一旦公司經過人力盤點，發現冗員過多以及財務結構與競爭力低落，逐漸成為顯而易見的經營問題時，通常企業當局首先想到的解決方法便是裁員。不過，企業主需要警惕的是，如果裁員不是深思熟慮的結果，極可能產生許多始料未及的副作用。

企業要面對棘手的裁員抉擇，決定保留哪些員工，管理專家布蘭佳（Ken Blanchard）建議經理人，先裁掉工作態度不良的員工，因為惡劣的工作態度往往導致士氣的低落，進而影響其他同事，而員工士氣在公司艱難時期常是最難維持的。首先資遣工作態度差的員工，就可以避免許多不必要的謠言，以及會讓其他員工感到難受，進而侵蝕對公司的信任，且削弱生產力（管理雜誌編輯部，1999/4：20）。

一、合法的裁員條件

《勞動基準法》第11條規定，「非有下列情事之一者，雇主不得預告勞工終止勞動契約：

個案6-4 長榮化旗下福聚能　宣布裁員70人

李長榮化工轉投資的太陽能事業福聚能公司2014年8月10日宣布，因全球多晶矽產能過剩，市價偏低導致營運虧損，為減少營運支出，將資遣70名員工，未來一至兩個月內將全面停產。

吳衛晉指出，今年上半年多晶矽來到20元美金後，公司啟動一系列控制成本、拉升產能舉措，原本預期太陽能產業今年需求大幅成長。未料，第二季面臨美國「雙反」（反壟斷、反傾銷）制裁，及中國大陸裝置量稍微延遲，整個產業並沒有像許多調研機構一樣樂觀，公司因此被迫降低產能。

至於未來是否再度裁員？福聚總經理吳衛晉僅說，目前縮減產能都是為了開源節流，如果未來多晶矽價格持續低迷，可能還將因應市況進一步對外說明。

吳衛晉說，福聚上半年產量為326噸，預計在兩個月內逐步降至0噸。本月10、11日將分別裁員45名與25名員工，此後公司尚有240多位員工。

他強調，目前每個月公司還有少量產出，包括減產及裁員都是節流方式，將以最低的營運資金努力度過困難。

資料來源：邱莞仁（2014）。〈長榮化旗下福聚能 宣布裁員70人〉。《聯合報》（2014/09/11），產業・策略AA2版。

一、歇業或轉讓時。

二、虧損或業務緊縮時。

三、不可抗力暫停工作在一個月以上時。

四、業務性質變更，有減少勞工之必要，又無適當工作可供安置時。

五、勞工對於所擔任之工作確不能勝任時。」

如果企業要資遣不適任員工，必須要能證明員工無法勝任其工作。但是企業所指的績效排名最後3%員工，並不符合此一定義。因為最後的3%只能說明他們在團隊中相對表現較差，但卻無法證明無法勝任該工作。所以，企業在裁員之前，必須仔細權衡裁員的利弊得失。有人曾問奇異電氣（GE）前任執行長傑克・威爾許：「你一生中做過最困難的決定

個案6-5 經理養病中…飛來解僱被判無效

在人力仲介公司任財務經理的傅姓女子，因健康出問題，被公司以工作條件變更、無法勝任工作為由資遣，法院以傅女並非無意願工作，認定公司解僱違反勞基法，判她勝訴，除回復工作權，停職期間的薪資也應照付。

桃園地院調查，傅姓女子七年前到一家人力仲介公司擔任財務經理，工作六年後健康出現問題，公司同意讓她休養，財務經理找人暫代，不到兩個月，公司另聘他人擔任財務經理，並以電子郵件告知她「業務性質變更、無法勝任工作」，將她資遣。

她認為公司趁她生病，故意找理由叫她走路，打官司主張勞資關係存在。

法院審理時，這家公司指出，傅女擔任的是專業性高階經理人職務，業務停頓會影響公司運作，董事會決議解聘，並未違法。

法官認定，業務變更終止勞動契約時，必須在沒有其他工作可安置情形下才能解僱，這家公司未做其他工作安排，不符法令。

法官認為，公司無法證明傅女不能勝任工作，且傅女積極表達留任意願，並接受其他工作的安排，沒有「無意願」的問題，認定公司解僱違反勞基法。

資料來源：呂開瑞（2014）。〈經理養病中…飛來解僱被判無效〉。《聯合報》（2014/10/14），社會A8版。

是什麼？」威爾許的答覆是：「毫無疑義，每個領導者所面對最困難的決定，就是要員工走路。這件事非常困難，你永遠不能讓這件事令員工措手不及，永遠必須讓他們隨時澈底明瞭眼前的處境。即使到了當面告知的那一刻，要求人們離開你的公司，依舊是極為艱難。」

二、資遣通報制度

《就業服務法》第33條第一項規定：「雇主資遣員工時，應於員工離職之十日前，將被資遣員工之姓名、性別、年齡、住址、電話、擔任工作、資遣事由及需否就業輔導等事項，列冊通報當地主管機關及公立就業服務機構。但其資遣係因天災、事變或其他不可抗力之情事所致者，應自被資遣員工離職之日起三日內為之。」此為我國施行資遣通報制度之法源依據。

如果是大量裁員，更應依據《大量解僱勞工保護法》的規定，於實施的六十天前遞交解僱計畫書通知主管機關及相關單位或人員，並公告揭示（**表6-7**）。

三、資遣之定義

資遣必然是勞動契約消滅。勞動契約消滅或可歸類為下列十大原因：

1.當事人合意終止：如《民法》第482條規定：「稱僱傭者，謂當事人約定，一方於一定或不定之期限內為他方服勞務，他方給付報酬之契約。」

表6-7　申報大量解僱勞工的人數規定

本法所稱大量解僱勞工，指事業單位有勞動基準法第十一條所定各款情形之一、或因併購、改組而解僱勞工，且有下列情形之一： 一、同一事業單位之同一廠場僱用勞工人數未滿三十人者，於六十日內解僱勞工逾十人。 二、同一事業單位之同一廠場僱用勞工人數在三十人以上未滿二百人者，於六十日內解僱勞工逾所僱用勞工人數三分之一或單日逾二十人。 三、同一事業單位之同一廠場僱用勞工人數在二百人以上未滿五百人者，於六十日內解僱勞工逾所僱用勞工人數四分之一或單日逾五十人。 四、同一事業單位之同一廠場僱用勞工人數在五百人以上者，於六十日內解僱勞工逾所僱用勞工人數五分之一或單日逾八十人。 五、同一事業單位於六十日內解僱勞工逾二百人或單日逾一百人。 前項各款僱用及解僱勞工人數之計算，不包含就業服務法第四十六條所定之定期契約勞工。

資料來源：《大量解僱勞工保護法》第2條（民國103年06月04日修正）。

2.勞工自動請辭：如《勞動基準法》第15條規定：「特定性定期契約期限逾三年者，於屆滿三年後，勞工得終止契約。但應於三十日前預告雇主。」「不定期契約，勞工終止契約時，應準用第16條第一項規定期間預告雇主。」

3.勞工被迫辭職：如《勞動基準法》第14條第一項規定，有關可歸責於雇主之情形，勞工得不經預告終止契約。

4.雇主裁員解僱：如《勞動基準法》第11條規定，非有五款情形之一者，雇主不得預告勞工終止勞動契約。

5.雇主懲戒解僱：如《勞動基準法》第12條第一項規定，如有可歸責於勞工之情形，雇主得不經預告終止契約。

6.勞工自請退休：如《勞動基準法》第53條規定，勞工如有工作十五年以上年滿55歲或工作二十五年以上或工作十年以上年滿60歲者，得自請退休。

7.強制退休（命令退休）：如《勞動基準法》第54條規定，勞工非有年滿65歲（對於擔任具有危險、堅強體力等特殊性質之工作者，得由事業單位報請中央主管機關予以調整。但不得少於55歲）或心神喪失或身體殘廢不堪勝任工作之情形，雇主不得強制其退休。

8.定期契約期滿：如《勞動基準法》第18條規定，依第12條或第15條規定終止勞動契約或定期勞動契約期滿離職者，勞工不得向雇主請求加發預告期間工資及資遣費。

9.勞務給付目的完成：如《民法》第489條第一項規定，當事人之一方，遇有重大事由，其僱傭契約，縱定有期限，仍得於期限屆滿前終止之。

10.勞工死亡：如《民法》第6條規定，人之權利能力，始於出生，終於死亡。勞工死亡，勞動契約自然消滅。

當公司在決定裁員名單時，一定要讓部門主管共同參與，並且將遴

選的條件對員工說明，降低不確定性，也讓員工有心理準備，提前尋找合適的工作機會（遲守國，2010/03：71）。

四、資遣費之規定

依據行政院主計總處對解僱（資遣）的名詞定義，係指雇主因業務縮減、更換生產方法、裝置自動化設備、工作場所遷移或毀損、原料不足、季節工或臨時工屆期等原因，依規定對受僱員工終止勞動契約，而非故意損害員工權益者，包括資遣或優惠資遣。

《勞動基準法》對資遣勞工的規定條文如下：

(一)勞動基準法第16條（雇主終止勞動契約之預告期間）

雇主依第11條或第13條但書規定終止勞動契約者，其預告期間依下列各款之規定：

1.繼續工作三個月以上一年未滿者，於十日前預告之。
2.繼續工作一年以上三年未滿者，於二十日前預告之。
3.繼續工作三年以上者，於三十日前預告之。

勞工於接到前項預告後，為另謀工作得於工作時間請假外出。其請假時數，每星期不得超過二日之工作時間，請假期間之工資照給。

雇主未依第一項規定期間預告而終止契約者，應給付預告期間之工資。

(二)勞動基準法第17條（資遣費之計算）

雇主依前條終止勞動契約者，應依下列規定發給勞工資遣費：

1.在同一雇主之事業單位繼續工作，每滿一年發給相當於一個月平均工資之資遣費。

2.依前款計算之剩餘月數，或工作未滿一年者，以比例計給之。未滿一個月者以一個月計。

(三)勞動基準法第20條（改組或轉讓時勞工留用或資遣之有關規定）

事業單位改組或轉讓時，除新舊雇主商定留用之勞工外，其餘勞工應依第16條規定期間預告終止契約，並應依第17條規定發給勞工資遣費。其留用勞工之工作年資，應由新雇主繼續予以承認。

(四)勞動基準法第14條（勞工得不經預告終止契約之情形）第三項

第17條（資遣費之計算）規定於本條終止契約準用之。

另《企業併購法》第16條第一項規定：「併購後存續公司、新設公司或受讓公司應於併購基準日三十日前，以書面載明勞動條件通知新舊雇主商定留用之勞工。該受通知之勞工，應於受通知日起十日內，以書面通知新雇主是否同意留用，屆期未為通知者，視為同意留用。」第17條規定：「公司進行併購，未留用或不同意留用之勞工，應由併購前之雇主終止勞動契約，並依勞動基準法第16條規定期間預告終止或支付預告期間工資，並依同法規定發給勞工退休金或資遣費。」

《就業服務法》第68條對雇主違反資遣通報規定者，逕處新臺幣三萬元以上、十五萬元以下罰鍰，其中並無協商或改善之機制。

《大量解僱勞工保護法》已有資遣通報之規定，且依《就業保險法》而規劃辦理之就業服務三合一作業流程，被資遣員工申請失業給付，經由公立就業服務機構之就業諮詢、推介就業及安排參加職業訓練，以及政策賦予公立就業服務機構與職業訓練機構扮演「區域運籌中心」角色功能，結合區域公私資源，落實社區化就業促進目的，被資遣勞工之再就業及轉業輔導，都有特別法予以協助、保護，已確保可落實協助其再就業之意旨，也可達到資遣通報之目的（許金龍，2008/07：68-74）。

第五節　裁員管理體系

有效的人力精簡，應該以最適規模為目標，進行精簡之前，必須先進行人力盤點，決定人力有節餘空間的部門或單位，以及認定組織面對未來挑戰必須具備的人才，使組織的人力在經過裁減後，仍能契合未來發展。因此，所謂最適規模，即為因應組織發展所需要投入的最低人力規模，是相對而非絕對的概念，是以建立「小而美」而非「小即美」的組織為考量。

2009年，台積（TSMC）的「裁員事件」，讓當年的蔡力行執行長黯然「下台」，「老帥」張忠謀只好再度掌旗親征，透過回聘及加發獎金的方式圓滿解決紛爭，才平息了員工醞釀組織「工會」來對抗資方的

個案6-6　裁軍連3波　金門10萬大軍只剩4千人

國防部的裁軍「精粹案」11月1日正式完成，國軍編制員額數從二十七萬五千減為二十一萬五千。海軍陸戰隊的兩棲蛙人，「特勤」與「偵搜」各裁減一中隊，過去號稱十萬大軍的金門，從精實案起大幅縮編，精粹案完成後僅剩四千多人；而漢聲電台四名今年入圍金鐘獎的主持人，月底都面臨裁員命運。

精粹案是十餘年來，繼精實案、精進案後的第三波裁軍，自民國100年起逐步削減，到民國100年11月1日完成。

裁軍員額大致按照三軍人數比例分配。海軍陸戰隊的兩棲蛙人，「特勤」與「偵搜」各裁減一中隊。陸戰隊原有三個旅，減為兩個，海軍總部與左營軍區大門衛哨，改由憲兵負責。陸戰儀隊也由指揮部的兩個警衛排兼任。

陸軍方面，過去號稱十萬大軍的金門，由於戰略地位改變，從精實案起就大幅縮編，精粹案完成後僅剩四千多人。曾經是「第四軍種」的聯勤，併入陸軍，特有的「飛駝」軍徽也走入歷史。

軍事發言人的職缺，原本也要裁撤，由政戰局副局長兼任。但外界質疑國軍組織龐大，發言人幾乎二十四小時待命接電話，堪稱「全軍戰備等級最

高的部隊」，最後決定保留，但政戰局被分配到裁減一個少將缺，副局長由兩人減為一人。

原名「軍中廣播電台」的漢聲電台，在精粹案完成後，除了台北總台以外，全台十多個分台與轉播站，一共只剩六個人。漢聲老員工感嘆，2014年金鐘只有四項入圍、無人得獎，創下歷年最差，原因是前途無「亮」，衝擊士氣。軍中還有人自嘲，精粹案可以改稱精「瘁」案。

精粹案結束後，國防部將緊接著推動第四階段「勇固案」，內外批評聲不斷，認為不可能如官方宣稱「只減人力，不減戰力」，只是為裁而裁、替政府兌現募兵支票。

質疑聲浪此起彼落，國防部改口說勇固案還在評鑑與整備，2015年下半年才會執行。但對最引人關注的全軍員額總數，國防部至今仍未提出。

資料來源：程嘉文（2014）。〈裁軍連3波 金門10萬大軍只剩4千人〉。《聯合報》（2014/10/20），QA11綜合版。

「火苗」，印證了裁員是一把「雙刃劍」，企業使用這把劍，本來要傷害員工，反而傷到自己，所以，謹慎、小心使用這把「雙刃劍」為妙。否則，企業多年建立、標榜的企業文化，以「志同道合」來「投靠」陣營的員工，將會一夕幻滅。

一、裁員管理六大體系

美國知名投資理財專家羅伯特‧艾倫（Robert G. Allen）認為：「幾乎沒有什麼商業事件比裁員更可怕，你可能會因此失去人員、士氣，甚至整個組織。」那麼，如果裁員不可避免，怎樣裁員才能減少不必要的「勞資對立」呢？值得深思（**圖6-4**）。

裁員管理體系可分為下列六大類，步步為營，如履薄冰，戰戰兢兢，才能水到渠成，以正面消息上媒體版面。

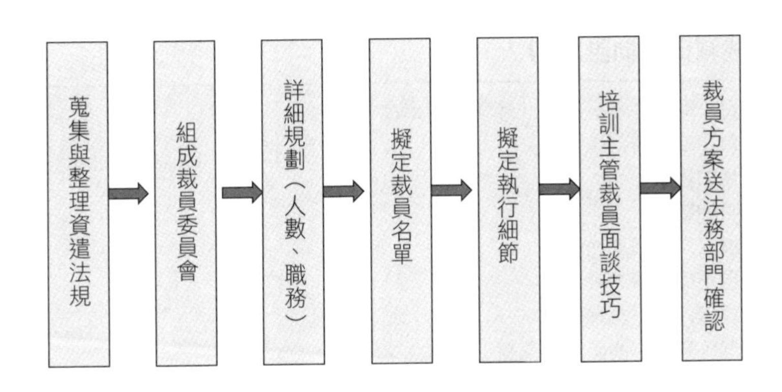

圖6-4　裁員規劃流程

資料來源：丁志達（2011）。「裁減資遣處理實務」。中華民國勞資關係協進會編印。

(一)確定是否必須裁員

從營運效益的角度，企業裁員不用質疑，但要考慮是否合法。企業除了「裁員」這一招式，是否還有更好的替代裁員方案來應對經濟的不景氣或經營的虧損（**表6-8**）。

(二)制定裁員計畫

《勞動基準法》立法的目的是規定僱傭之間有關勞動條件最低標準。雇主因不景氣或經營的虧損影響下不得不裁員時，企業可能已財務拮据，但雇主必須要想到以前你在「事業興隆」時，這些即將「走投無路」的員工替你「賺了多少錢？」、「購置多少豪宅？」將心比心，不要虧待這些「老臣」，他們的「青春」已一去不復返。《易經》上說：「積善之家，必有餘慶；積不善之家，必有餘殃。」否者，就是「沒有良心」的企業主，謹記之，東晉文學家陶淵明說過的話：「此亦人子也，可善遇之！」的推己及人的做人處事的道理。

表6-8　裁減資遣向誰開刀？

- 績效不佳（無法勝任）的人（達到質的契合）。
- 閒置人員（達到量的契合）。
- 健康不佳的員工。
- 技能過時的員工。
- 沒有發展潛力的員工。
- 工作表現不如同儕的員工。
- 幕僚管理職人員／業務人員。
- 三高族群（高齡、高年資、高薪）。
- 拒絕變革者。
- 組織中的特定部門或崗位的員工。
- 組織改組多餘的人力。
- 可外包職種的員工。
- 新進基層人員。
- 移工（移住勞工）。

資料來源：丁志達（2011）。「裁減資遣處理實務」。中華民國勞資關係協進會編印。

(三)遴選「裁員名單」

遴選「裁員名單」是門大學問，在阿爾伯特・哈伯德（Elbert Green Hubbard）的《致加西亞的信》書上說：「只有當公司不景氣、就業機會不多的情況下，整頓才會出現較佳的成效——那些不能勝任、沒有敬業精神的人，都會被擯除在就業的大門之外，只有那些勤奮能幹、自動自發的人才會被留下來。」但是不能勝任、沒有敬業精神的人，在企業裡的成員是極少數的，有更多「無辜」的員工也會被這波裁員潮捲襲而去。所以，要對鎖定對象成員中的「單親家庭」、還有要他奉養的「長輩」、家中有「精神障礙者」，請手下留情，這也是雇主「積德」的最大回報。

(四)妥善安置被裁員工

公司必須要替這些被裁掉的員工做一些就業指導，即所謂離職前的「協助方案」。例如，2001年，當網路泡沫產生時，思科（Cisco）在裁員期間，設立了一個內部的過渡期間網站，向被裁員工提供各種實用訊息。網站內容包括：思科顧客合作廠商等四百多家的徵才訊息，員工可以將自己的履歷表公布在網站上供用人單位查詢；另外，該網站還提供諮詢服務，如怎麼撰寫履歷表、怎麼接受面試等。

(五)裁員面談

學者羅伯特・湯生（Robert Townsend）說：「請人走路的時候，不必做得太冷酷。找出一個合理且能使他維持自尊的理由，譬如說他的專長能力公司現在卻不需要了；或者公司在進行職務調整，他的專長已經轉到別的職務去了等這些理由，通常是合理的。如果你不傷害他的自尊，他就可以很快離開到別的公司去，不帶創傷。」這就是面談藝術。

(六)開展心理疏導

企業裁員時，對被資遣員工所給付優渥資遣條件，其實是做給在職員工看的。因此，企業要有完整的「劫後餘生」的溝通方案，讓不走的人留得安心。懂得尊重被裁員工，將贏得留任者的心。

裁員是對企業和員工影響重大的一件事，而且沒有簡單容易的做法。公司在思考要不要裁員時，必須平衡「怎麼做對員工最好？」以及「公司如何能夠成功生存下去？」的問題。

個案6-7 致離職員工函

離職同仁，您好：

企業如人生，有順境，有逆境，過去兩年，受全球景氣下滑的影響，早年的快速成長與獲利表現，已不復見，但在追求成長過程中，公司組織與人力，曾一再巨幅擴大，於今市場急速變化，競爭日劇的環境下，經營策略理念必須因應調整，以提升運作之有效性，確保公司之永續經營。

近來，雖採各種節流措施，奈何全球景氣持續低迷，市場壓力不減反增，際茲非常時期，無論為宏碁成敗謀，或為中國企業前途計，進一步精簡組織，縮減人力，已是刻不容緩。

傳統與文化，理智與感情，在此一作業過程中，不時浮現，令人遲疑，惟念宏碁企業，上對國家社會，下對社會投資大眾之責任，勢在必行的道理已至明顯，對於執行過程，則力求審慎，一切以離職同仁利益為優先考慮的因素，期將影響降至最低。

為掌握最有利的謀職時機且讓心理獲得適當調適，公司特以優於勞基法多發一個月薪資的方式來處理。

振榮除衷心感謝您過去對公司的貢獻之外，亦鄭重的向您致歉，雖然不敢奢望您的諒解，但卻要強調在全球資訊業一片組織緊縮聲中，我們唯有面對此一事實，莊敬自強，振榮願代表全體管理階層坦承不能未雨綢繆預先調整策略方向，以致無法創造公司合理利潤之經營責任，並願以負責之態度及時更張，期能安然度過此一困境，我們需要您的合作，請支持我們，耑此

敬祝　健康

宏碁關係企業董事長施振榮

資料來源：周正賢（1997）。《施振榮的電腦傳奇》，頁247-248，聯經出版。

第六節　裁員的思維與做法

企業發動組織變革，透過裁員大破大立，容易；要讓士氣提升，很難。「同理心」是站在對方的立場來想一想全套「裁員管理體系」的合理性與周延性，因而，在裁員當道時，人資人員「任重道遠」，這些即將被

個案6-8 裁員的思維

有些企業堅持不論景氣與否絕不裁員的政策，它並不是因為具有高尚的情操或悲天憫人的胸懷，而是成本因素（資遣費、再聘僱成本、氣憤不平員工可能提出的訴訟管理等）。

西南航空（Southwest Airlines）執行長詹姆斯·派克（James Parker）曾發表一份令許多執行長戰慄的聲明：「我們願意承受損失，即使股價因而下跌，我們也要保障員工的工作。」這家公司確實降低許多成本，但並非以裁員方式達成。事實上，成立三十多年來，包括歷經能源危機、大蕭條及波斯灣戰爭，西南航空從未以裁員來降低成本。

資料來源：丁永祥整理（2010）。〈降低成本方法論——想Cost Down嗎？〉。《管理雜誌》，第428期（2010/02），頁90。

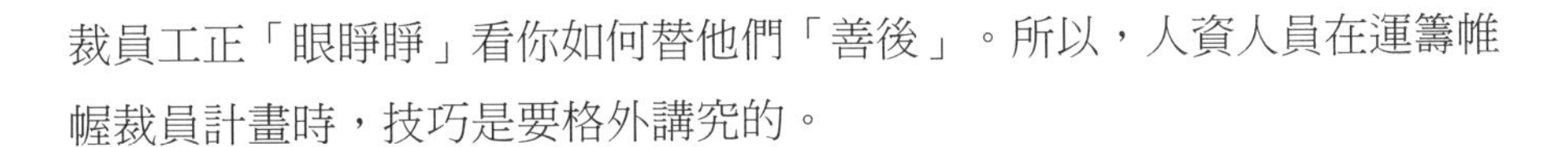

裁員工正「眼睜睜」看你如何替他們「善後」。所以，人資人員在運籌帷幄裁員計畫時，技巧是要格外講究的。

1.公司如果在沒有虧損狀況下裁員，建議你向公司爭取較高的資遣費給付標準。
2.參考同業間資遣費給付的標準。
3.資遣費應按年資、年齡在《勞動基準法》規定的給付標準下，酌量增加給付的比例。中、高齡失業者，因恰好是家庭子女教育費負擔最重的時期，多給付一些資遣費（如企業財務負擔允許下），幫助這些離職員工度過較長待業期間的生活困境。
4.瞭解法律對資遣員工的金錢補償規定真諦，《勞動基準法》規定是「最低標準」（第一條）。每家企業體質不同，資遣條件給付也就會不同。
5.不要欺瞞員工，不要嚇唬員工，裁員規定在網站上大家都能找到資訊，如果「依法辦事」，人資人員已無專業可言，人資人員要多一份「憐憫之心」。
6.計算資遣費的明細要用書面寫清楚或口頭說明白，坦然面對員工的質疑。

7.對經營者不合理的裁員策略，人資人員必須要有分寸的「據理力爭」，才不會公司在經營一帆風順時，人資人員口口聲聲為「員工服務」，一旦公司經營逆轉須裁員時，卻馬上變臉成為「劊子手」，落井下石。

8.對政府補助失業者的各項措施要清楚地告訴那些被裁員工，讓他們對「原東家」失望無助時，能求得政府的協助，幫忙他們度過個人職涯的黑暗期。

9.人資人員要教導主管裁員面談的技巧，才不會各主管各彈各的調，讓被資遣的人踏出公司大門後，直奔當地勞工局申訴或到法院遞狀子，讓在職者「暗笑」或「暗助」離職者的事後抗爭行動，使留下來的員工再下一波被點名裁掉時，獲得較好的「補償金」。

10.被裁員者離開企業後，要把他當「客人」看待，裁員牽涉到員工的生活、自尊，所以不能採取「公事公辦」的態度，等閒視之。他日，有其他企業來詢問先前被資遣者個人就業徵信調查時，應針對其人在工作上的優點「美言幾句」，除非犯錯被開除者，否則，裁員不是員工的錯，被裁員工是無辜的。

裁員本身並不能為企業帶來真正的再生。只有將裁員與其他組織變革措施，如重新確立組織戰略、調整組織結構、改革考核與薪酬制度、再造組織文化和生產流程等結合起來，才能真正使企業走出困境，脫胎換骨，再度實現輝煌騰達的經營業績。

學者在大量的文獻中提出裁員負面效果的例證：「每一位裁員邊緣走過一遭的員工，都象徵著一項創新機會的夭折、一項新收入來源的消失，或是棄創新的服務機會於不顧；裁員是為了解決今日的問題而阻撓未來成長的做法。」儘管裁員無法有效地解決問題，卻絲毫不影響它的流行；股市分析師的熱情歡迎，是裁員維持不墜的主因。對於進行裁員的公司，股市分析師幾乎都以正面的態度回應，反應在企業的股價上（Russell

表6-9 被裁員的輔導措施

1.人格特質或職業適性能分析，讓這些被裁員者重新審視自己的特質。 2.提供履歷表撰寫與面談技巧的課程。 3.推薦專業的職業媒合顧問公司、人力銀行網站，或是相關產業的人事主管，縮短求職的時間。 4.提供工作表現的證明文件或主管的推薦信。 5.提供政府相關資源的資訊，如申請失業補助金的程序、職業訓練的管道、國保與健保的相關措施。 6.協助申請急難救助貸款。 7.非專業的心理輔導（由具有心理輔導相關專業訓練的人資部門員工執行）。

資料來源：遲守國（2010）。〈好聚好散 把傷害降到最低：資遣作業的總體檢〉。《管理雜誌》，第429期（2010/03），頁73。

L. Ackoff；引自黃佳瑜譯，《工商時報》，2001/06/12）（**表6-9**）。

除了裁員外，企業尚有各種不同的做法。如人事凍結遇缺不補、優退優離方案、降低勞動條件減時減薪、不續聘派遣員工、取消錄取延後報到、特別休假和無薪假的執行等。雖然這些人力緊縮的作為，固然可以紓解企業所面臨短期之經營壓力，卻只是治標而不能治本。如從企業長期經營的角度來看，更減損企業最重要的資產──「人」，企業雖瘦身，卻也「傷身」，結果可能影響企業形象、員工士氣及凝聚力之外，更可能誘發員工兼差等情形，造成工作績效降低。一旦市場復甦，更會造成員工進用斷層、人力青黃不接的現象。

組織成功，主要來自三大要素：財源、物資和人力資源。當企業在採取人力精簡措施時，需要判斷哪些是值得保留的人才，力求無損企業重要人力資本。因為，人才培育實屬不易，一旦裁減人力不當，等景氣好轉後，重新培育人才的成本將會更大。

個案6-9 高教105大限　轉介失業教授到產業

民國105學年大專新生數預估將驟減二萬多人。教育部長吳思華面對高等教育的「一〇五大限」，表示要勇敢掀開壓力鍋，把大學倒閉潮導致的教授失業，變成「高級人力重新分配」的轉機，將在2014年底前成立專案辦公室，轉介適合教師到產業界，協助產業升級，創造雙贏。

高級人力重新分配方案包括由企業成立研究中心，教育部轉介適合的教師轉職到研究中心，協助企業研發；二是獎勵輔導教師創業；三是輔導教師轉進公部門，比如文化部、交通部需要專業的文史工作者、觀光產業規劃人才；四是海外辦學，協助教師到海外授課研究。

各大專院校現都嚴陣以待105年新生數驟減的「虎年海嘯」，次年兔年新生數還要再減一萬多人，兩年共少三萬多新生，可能造成二千多名大專教師失業。吳思華表示，要把大學數從現在的一百六十二所，減至較符合經營效益的一百所左右，估計將有一萬四千多名教師失業。

吳思華談到，大學退場做法上有三種可能的規劃，包括提前退場、合併、轉型。

資料來源：林秀姿（2014）。〈高教105大限 轉介失業教授到產業〉。《聯合報》（2014/011/02），頭版。

結　語

降低成本和精簡人事，固然是維繫公司的必要條件，但是如果沒有開發新產品和新客戶、公司終究難逃關門的命運。因而有些學者認為，其實很多企業必須仰賴企業再造或縮減企業經營規模才能度過難關，最主要的問題即起因於，企業人力資源規劃未能配合企業成長或發展所導致的策略失當。例如，一開始企業如能根據公司未來發展的需要和策略，妥善進行人力資源的調配，透過一些臨時人員及工作外包等更具彈性的用人方式，以因應季節性及起伏不定的人力需求，那麼這些大規模裁員的後遺症和付出高成本的優惠離職計畫，都是可以避免的（柯惠玲，1998/11：17）。

Chapter 7 人事成本分析

有誰認為自己的工作只是賺錢的手段，便是在汙衊自己的工作；一個人若是能將他所做的事，視為對人類的服務，那他所付出的勞力和他本人，都會因此更加高貴。

——前哈佛大學校長羅威爾（Abbott Lawrence Lowell）

管理大師彼得・杜拉克說：「沒有任何一個組織的資源是無限的。」在現代社會競爭激烈，強敵環伺的環境之下，如何成功控制人事成本已然成為企業管理的新課題。假設這裡有一家毛利10%的公司，如果它各種行政人員占了12%的成本，那裁減掉25%的行政人員（總成本的3%），就等於利潤加3%。企業家總是一心注意顧客（這種做法當然是對的），以致忘了看看自家後院也有增加一大筆利潤的機會（Bob Fifer著，江麗美譯，1998：158）。

第一節　成本概念

長久以來，薪資向來是企業損益表上最大的一項支出，因此，多年來，經營企業想降低成本，必然先從薪資著手。在《反敗為勝：汽車巨人艾科卡自傳》（*Iacocca: An Autobiography*）書上說，1914年，當時的平均工資為一天2.5美元，亨利・福特（Henry Ford）卻付給他的工人5美元。福特不是要對工資水準表達意見，而是想要建立起一群中產階級消費者，他們可以買得起福特汽車（Ford Motor）所生產的汽車。目前，美國勞工運動在工人待遇方面有很大的收穫，然而其代價呢？比方說，克萊斯勒（Chrysler）每年為員工支付超過6億美元的醫療福利，相當於每部生產的汽車和卡車要分攤600美元。對較小型的車輛，單單員工的醫療福利就占去售價的7%。又如自動調整的生活費津貼及帶薪假期等其他福利，以使美國勞動力跟日本和歐洲勞工比起來非常不具競爭力（Lee Iacocca、

用人費

用人費，係指一個企業組織對直接或間接從事生產的人員所支付的報酬，及因為使用勞力所發生的維持及管理費用。此法乃分析以往各年度（至少是三年，愈久愈趨正確）員工平均薪資及用人費比率，並預估未來各年度（以計畫年度為依據）員工平均薪資及用人費比率，以求得未來合理之人力需求。

資料來源：趙其文（2001）。〈現代人事行政的策略性作為——人力規劃〉。《人事月刊》，第33卷，第2期（2001/08），頁15-16。

William Novak合著，傅馨譯，2004/06：65）。

一、什麼是成本？

成本（cost），乃是為了獲取收入，而支付的支出。在會計上的解釋是：「為了獲取利益所發生的支出。」對製造業而言，成本就是為了製造產品所支付的各項支出，但其構成因素，可分為材料成本、製造費用和人工成本。

提到「成本」，大家很容易聯想到它屬於會計的概念範疇。例如：歷史成本、取得成本、實際成本、機會成本、沉沒成本、重置成本等成本術語，這些成本概念有許多在人力資源方面也可以應用得上（**表7-1**）。

二、歷史成本和重置成本

歷史成本（historical cost）和重置成本（replacement cost）這兩個概念，在人力資源管理工作的成本核算中是非常重要的。歷史成本，是指為獲得某一項資源而實際付出的代價，又稱原始成本。重置成本，是指重置

表7-1　成本的內容

分類	說明
生產階段成本	如使用材料、人工及水電費、修繕費、設備折舊等費用。
行銷費用	如參展、廣告、型錄、旅費、運費、出口費、郵電等。
管理費用	如薪資、文具、印刷品、訓練費、福利費、雜項費等。
研究費用	研發部門研發產品的材（物）料、技術引進費用、貼圖等。
財務費用	公司在營業活動中，因借款而支付的利息。

資料來源：高昆生（1999）。〈成本的觀念——成本習性與運用〉。《環宇雜誌》，第889期（1999/11），頁10。

現在擁有的或使用的某項資源所必須付出的代價。

實支成本（outlay cost）和應付成本（imputed cost）是歷史成本和重置成本的組成部分。實支成本，是指獲得或重置某一項資源而必須發生的實際現金支出。然而，應付成本則不包括實際的現金支出，所以，它不會出現在財務紀錄中，但是，這樣的成本也意味著一種犧牲，通常是指機會成本（opportunity cost）。例如，一個熟練工人花費一定的時間去培訓一個見習生，那麼熟練工人在此期間放棄掉的產品的生產量所給企業帶來的效益就構成了應付成本。

三、人力資源成本

彼得・杜拉克說：「人力資源是組織中最重要的資產……，人力對組織而言是資源而非成本」。

人力資源成本，是指取得和重置人員而發生的費用支出，包括人力資源的歷史成本和人力資源的重置成本。人力資源的歷史成本，是指為取得和開發人力資源而付出的代價，通常包括招募、選拔、錄用、安置和適應性培訓的成本；人力資源重置成本，是指目前重置人力資源應該付出的代價，例如，如果某人離開公司就會發生招募、選拔和培訓的重置成本。重置成本既包括為取得和開發一個替代者而發生的成本，也包括由

於目前受僱的某一員工的流動而發生的成本，例如資遣費用（諶新民主編，2005：275-276）。

四、用人費率

依據《公營事業機構員工待遇授權訂定基本原則》第二項規定：「各事業機構編列年度用人費預算時，應考量其營運目標、預算盈餘、營業收入、用人費負擔能力及政策因素；其用人費比率，以不超過最近三年（前二、三年度決算及前一年度預算）用人費占其事業營業收入之平均比率為原則。」

人事費用率是人工成本結構性指標之一，它表示在一定時期內企業生產和銷售的總價值中用於支付人工成本的比例，同時也表示企業員工人均收入與勞動生產率的比例關係、生產與分配的關係、人工成本要素的投入與產出關係。其公式為：

人事費用率＝人工成本總額／銷售收入×100%

它說明了：

1.人工成本的投入產出比例。
2.從業人員報酬在企業總收入中的份額。
3.從業人員人均報酬與勞動生產率的對比關係。
4.可以方便地用於國際比較。

談到企業的人力成本，一般人馬上想到的就是員工薪資。從員工的觀點來看，月薪是員工每月付出心力的所得；從企業的角度來看，薪資是取得員工職能（competency）的對價成本。但人力成本絕非僅有薪資一項，還包含社會保險、福利支出、管理費、培訓費用、電腦軟體授權、器材、場地、營運的水電費等，這些的其他費用也該計算進去（**表7-2**）。

個案7-1 公營事業機構用人費用決算

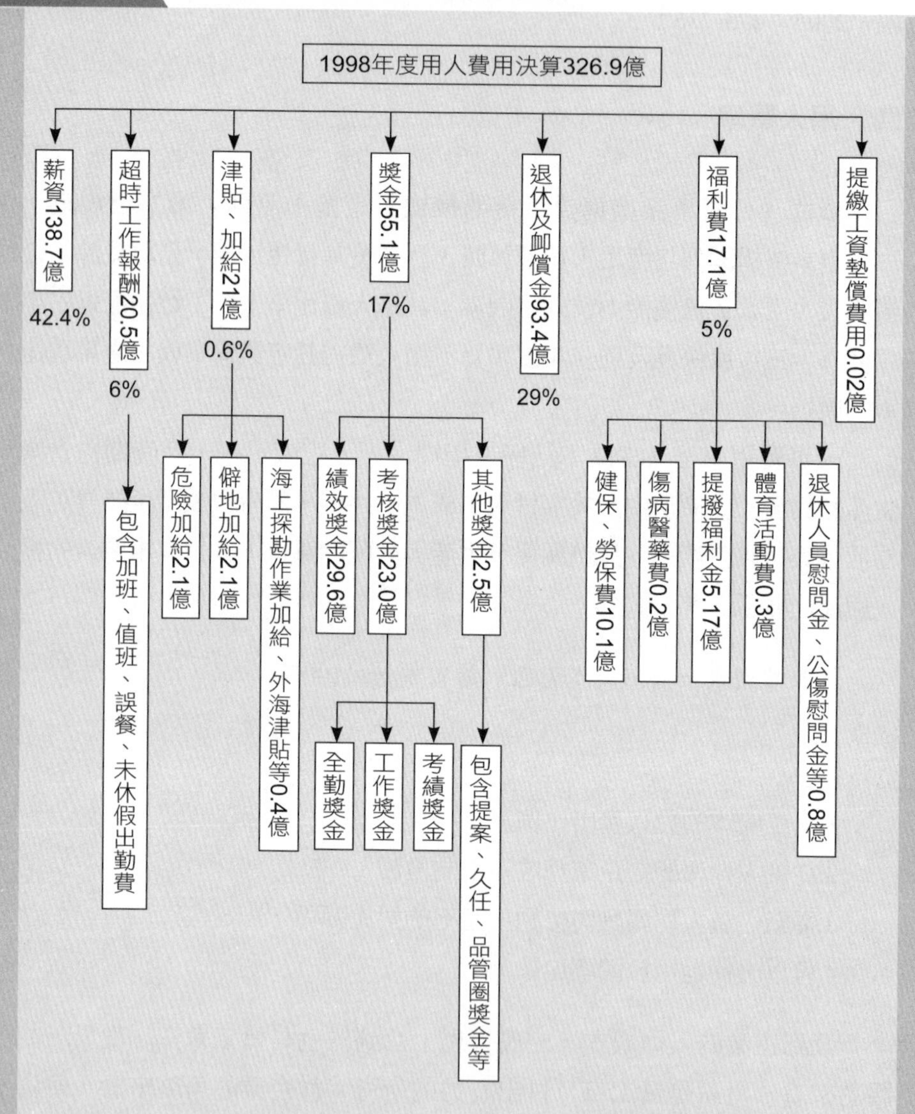

資料來源：中國石油公司／引自顏安民（1999）。〈用人費用面面觀〉。《石油通訊》，第575期，頁34。

表7-2　用人費率分析法

附加價值＝用人費＋租金＋利息＋折舊＋稅捐＋利潤 附加價值率＝附加價值／營業收入 勞動分配率＝用人費用／附加價值 主管單位依公司過去3-5年之資料及同業比較，核定未來之附加價值率及勞動分配率 預算年度之附加價值＝預算營業收入×核定之附加價值率 預算年度用人費＝預算之附加價值×預算年度之勞動分配率 預算年度之用人人數＝預算用人費／預算之平均薪資

資料來源：吳秉恩。「人力資源發展研習班」講義。中華企業管理發展中心編印，頁1-24。

五、財務管理

財務管理是企業組織的重要功能之一，企業組織的任何活動都會與財務發生關係。良好的財務管理是企業生存的保障，也可為企業增加可觀的收入，而「財務報表分析」更是企業經營不可或缺的一項重要工具。

在財會觀念，資產負債表（balance sheet）內容是表示決算日最後的存量；損益表（income statement）則是表示這一會計期間的流量。例如：早上還有5個橘子，每個10元，今天又以150元買進20個，結果到了晚上只剩下6個，那麼今天共吃掉多少錢？又剩下的6個價值多少？吃掉多少錢，就是損益表上的成本，剩餘6個的價值是資產負債表上的存貨餘額。以平均法計算成本為：平均成本＝（期初成本50元＋本期進貨150元）÷（期初量5個＋進量20個）＝8（元），所以平均成本為8元，本期吃掉成本：8元×｛（5個＋20個）－6個｝＝152元，所剩下的6個的成本為：8元×6（個）＝48元。（高昆生，1999/11：10）

六、財務四大報表

公司營運最後的結果都會呈現在財務報表，因此認識財務報表是瞭

解公司營運最好的方式。財務報表中有四大報表：資產負債表（balance sheet）、損益表（income statement）、現金流量表（cash flow statement）及股東權益變動表（statement of stockholders equity）。

(一)資產負債表

它表達某一時點公司財產的配置情況。主要構成為資產、負債及股東權益三大部分。另外，應收帳款、存貨、固定資產、長期投資等都是重點，妥善管理可使資金活化，更可降低成本、增加營收。

(二)損益表

它所表示的是公司一段時間的獲利情況。主要分為五個部分：營業收入（銷貨收入）、銷貨成本、營業費用、營業外收入支出和淨利。有了這五大部分，就能夠針對每一個部分的來源做分析，深入探討數字背後的問題，並找出解決辦法。

(三)現金流量表

資金是公司的血液，景氣低迷時，現金至上是公司存活關鍵。現金流量表可以分為三部分：營業活動之現金流量（最重要）、投資活動之現金流量、融資活動之現金流量。

(四)股東權益變動表

它說明當期股東權益的變化情況，其中包含了企業股本的變化情況，例如法定盈餘公積、董監事酬勞、員工紅利、現金，或是股票股利分配情形。變動表內詳細記錄了股東權益的增加或是減少，投資人可從中觀察相關股東權益問題。

職場上，工作者若能瞭解財務報表中的每一個項目數字背後的意義

及可能產生的問題，並找出可能的解決之道，可以讓公司更進步、更健全（鄭絢彰，2010/03：64-66）。

第二節　人力資源會計

國際商業機器公司（IBM）創辦人湯瑪士・華生（Thomas Watson Sr.）說：「你可以搬走我的機器，燒毀我的廠房，但只要留下我的員工，我就可以有再生的機會。」道出了人力資源對企業生存與發展的重要性。

人力資源會計（human resources accounting）是人力資源管理與會計學的結合。它是組織運用會計學的概念和方法，為了管理與核算的目的而對組織的人力資源進行全面性評價和計量，並將有關訊息提供給相關人的過程和做法。透過計量人力資源管理活動對組織的經濟貢獻，可以向組織的管理當局提供制定決策的依據，同時也可以向外部關係人報告組織人力資源的價值，使他們瞭解組織的實際資源狀況和經營績效。

一、人力資源成本法

人力資產（human asset）不同於固定資產（fixed assets）必須在購入後按年攤銷，人力資產會有增值或貶值，端賴企業如何培育與安置，若人力資產以成本看待，則將忽略對人性的的尊重與發展（許瑞庭，1999/05/12）。

人力資源成本法（human resources cost accounting）是按照傳統會計評價資產的一般方法，根據投入人力資源的各種成本來對人力資源的價值進行計量。

人力資源成本法，主要包括歷史成本法（the historical cost

method）、重置成本法（replacement cost method）和機會成本法（opportunity cost approach）三種。

(一)歷史成本法

歷史成本法計量人力資源時與運用歷史成本法計量企業的實物資產的處理方法基本一致。其程序為歸納有關人力資源方面的各項開支，包括人力資源規劃、招聘、培訓等費用，將它們記入人力資源資產的價值，然後在預計的員工服務期間內對人力資源資產進行攤銷。對於數量少、成本高的高層管理人員和重要的專業技術人員，可以按人設置帳戶進行計量；對人數多、成本低的基層員工可以按班組、工廠或工種等每一類別來設置帳戶，統一進行計量。員工的工資報酬作為資產的維護費用來處理；員工離職或退休時將攤分剩餘的部分轉入成本。當因知識和技術更新而引起的員工所具有的某種工作能力陳舊過時無法發揮預期作用時，可將這一部分資產作為損失處理。儘管歷史成本法還有一些缺陷，但它仍是目前人力資源會計中應用最廣泛的會計處理方法。

(二)重置成本法

為了克服歷史成本法存在的缺陷，一些學者提出了重置成本法替代歷史成本來計量人力資產。重置成本法，指的是目前錄用能夠提供同樣服務的新員工取代原有員工所需要花費的成本。重置成本，包括：新員工的招聘成本、培訓成本和使用新員工達成原有員工的現有工作水平期間所損失的價值。

重置成本法在一定程度上彌補了歷史成本法的某些不足，在評價人力資產時考慮到了幣值變動因素，因此，評價結果與歷史成本法的結果相比更接近實際計價，而且使各種人力資源之間具有可比性。但是採用重置成本相當於用目前的成本對歷史成本進行更新，故它仍不能反映出人力資源的實際經濟價值。同時，重置成本法在人力資源價值計量中的主觀性也

比較高。

(三)機會成本法

機會成本法依據的是經濟學中的機會成本概念，即任何一項資產的價值都應該與其可能的機會成本相等，因此，把企業員工如果離職將給企業帶來的經濟損失作為人力資源價值計算的基礎。

運用機會成本法相當於在企業內部建立一個內部人力資源市場，員工的機會成本透過各個部門的管理人員對所需要的員工的競價來確定，報價最高的管理者獲得該員工，這一最高報價就是員工的機會成本，並作為該員工入帳的價值。由於運用機會成本法在實際操作上存在著很大的困難，因此在實務中應用得比較少。

二、人力資源價值法

人力資源價值法（human resource value approach）是透過人力資源對企業的經濟價值來反映企業的人力資源狀況。為了更準確地反映企業所擁有的人力資源的實際經濟價值，人力資源價值法採用人力資源的產出價值來對人力資產進行計量，主要包括未來收入現值法和經濟價值法。

(一)未來收入現值法

這種方法是由賀曼森（Hermanson）在1964年提出的，其特點是計算出企業員工在未來五年的預期工資收入的淨現值，折現率可以按照該企業最近時期的資產收益率來計算。然後再用一個所謂的效率係數對上述的淨現值進行調整，最後所得到的結果就是員工的價值。

(二)經濟價值法

經濟價值法（economic value method）的理論依據是在生產規模相

同，使用的生產設備相同的情況下，兩個企業的獲利能力產生差異的原因，主要是他們所擁有的人力資源素質的不同、人員組織方式的不同和人力資源管理效率的不同所致。因此，同樣條件下的兩種企業之間獲利能力差額的現值，就是該企業人力資源經濟價值的數量。這種方法的主要問題是企業的獲利能力具有不確定性，因此，由此得到的人力資源的價值估計比較主觀（張一弛編著，1999：344-348）。

數據資訊乃是管理之基礎，企業在制定招募、任用、重置、訓練發展、組織調整、團隊工作、接班人選定、績效評估等決策時，必須藉助人力資源會計以提供完整的決策資訊。

第三節　招聘成本

招聘成本，就是在員工招聘工作中所花費的各項成本的總稱，包括在招募和錄取員工的過程中招募、選拔、錄用、安置以及適應性培訓的成本。而招聘成本評估，係指招聘過程中的費用進行調查、核實，並對照預算進行評估的過程。招聘核算是對招聘的經費使用情況進行度量、審計、計算、記錄等的總稱。通常核算可以瞭解招聘中經費的精確使用情況，是否符合預算，以及主要差異出現在哪個環節上（**表7-3**）。

一、招募成本

招募成本是為了吸引和確定企業所需內外人力資源而發生的費用，主要包括招募人員的直接勞務費用，直接業務費用（如招聘洽談會議費、差旅費、代理費、廣告費、宣傳資料費、辦公費、水電費等），間接費用（如行政管理費、臨時場地及設備使用費、人資部門篩選求職者的時間成本、部門主管面試求職者的時間成本、人資部門與部門主管討論人選

表7-3　招聘評價指標體系

指標	量化指標
一般評價指標	1.補充空缺的數量或百分比 2.及時地補充空缺的數量或百分比 3.平均每位新員工的招聘成本 4.業績優良的新員工的數量或百分比 5.留職至少一年以上的新員工的數量或百分比 6.對新工作滿意的新員工的數量或百分比
基於招聘者的評價標準	1.從事面試的人數 2.被面試者對面試質量的評級 3.職業前景介紹的數量和質量等級 4.推薦的候選人中被錄用的比例 5.推薦的候選人中被錄用而且業績突出的員工比例 6.平均每次面試的成本
基於招聘方法的評價指標	1.引發的申請的數量 2.引發的合格申請的數量 3.平均每個申請的成本 4.從方法實施到接到申請的時間 5.平均每個被錄用的員工的招聘成本 6.招聘的員工的素質（業績、出勤等）

資料來源：George T. Milkovich & John W. Boudreau (1994). *Human Resource Management.* Richard D. Irwin, p. 311／引自諶新民主編（2005）。《員工招聘成本收益分析》，頁271-272。廣東經濟出版社。

的時間成本、求職者資料審核與背景調查的時間成本等）。

招募成本（招募成本＝直接勞務費＋直接業務費＋間接管理費＋預付費用）既包括在企業內部或外部招募人員的費用，又包括吸引未來可能成為企業成員人選的費用，例如，提供在校生獎學金或寒暑假到工廠的實習機會。

二、選拔成本

選拔成本，係由對應聘人員進行鑑別選擇，以便做出決定錄用或不

錄用這些人員時所支付的費用所構成。在某一企業中選拔成本取決於僱用人員的類型及招募方法等若干因素。被選拔人員所擔任的職務越高，選拔的過程越長，成本就越大。

一般情況下，選拔成本主要包括以下幾個方面：

1.初次口頭面談，進行人員初選。
2.填寫申請表，並匯總候選人員資料。
3.進行各種書面或語言測驗，評定成績。
4.進行各種調查和比較分析，提出評論意見。
5.根據候選人資料、考核成績、調查分析評論意見，召開負責人會議討論決策錄用方案。
6.最後的口頭面談，與候選人討論錄用後的職位、待遇等條件。
7.獲取有關人資背景調查證明資料，通知候選人體檢。
8.體檢，在體檢後通知候選人錄用與否。

以上每一步驟所發生的選拔費用不同，其成本的計算方法也不同。例如：

選拔面談的時間費用＝（每人面談前的準備時間＋每人面談所需時間）×面試者工資率×求職者人數

三、錄用成本

錄用成本，是指經過招募選拔後，把合適的人員錄用到某一部門（單位）中所發生的費用。錄用成本主要包括體檢費、搬遷費和旅費補助費等由錄用引起的有關費用。這些費用一般都是直接費用。從企業內部輪調、升遷來填補職缺的員工，一般不會發生錄用成本。

四、安置成本

安置成本，是為了安置錄用員工到具體的工作崗位上時所發生的費用。一般有各種行政管理費用、為新人提供工作所需的裝備條件，以及錄用部門因安置人員所損失的時間成本而發生的費用構成（**表7-4**）。

表7-4　聘僱成本計算表

【（每月薪資＋福利）×達到百分百表現前所需要的月數】
＋人事經理花在聘僱過程中所需的薪酬
＋聘僱過程所需要的空間費用
＋新人講習
＋訓練
＋顧客的轉移
＋體驗
＋學習過程中的錯誤和損失的機會
＋徵才時所需的費用
＋新人尚未任職前所損失的生產力
＋人事委員尋才時所損失的生產力
＋廣告費
＋獵人公司費用
＋未能做其他工作所損失的成本
＝聘僱一名員工真正的成本

資料來源：保羅・史托茲（Paul G. Stoltz）著，莊安祺譯（2001）。《工作AQ：知識經濟職場守則》，頁193。時報文化出版。

第四節　培訓成本

新進員工進入公司後需要的訓練成本，以及資訊部門為新進員工準備軟、硬體設備的時間與各項前置作業。還有新進員工從試用晉升到能貢獻生產力的階段所需的時間和成本。

一、適應性培訓成本

適應性培訓成本，是企業對上崗前的新生在對企業文化、規章制度、基本知識、基本技能等方面進行培訓所發生的費用。適應性培訓成本由培訓和受訓者的工資、培訓和受訓者離開工作崗位期間的人工損失費用、培訓管理費用、資料（講義）費用和培訓設備折舊費用的組成。適應性培訓成本公式如下（王麗娟編著，2006：166-167）：

{〔（負責指導工作者的平均工資率×培訓引起的生產率降低率）＋（新員工的工資率×培訓人數）〕×受訓天數}＋教育管理費＋資料費用＋培訓設備折舊費用

二、發展成本

取得成本與維護成本，只是反映勞動法律與勞動市場的起碼成本，光靠這兩項成本只能維持企業的日常運作，如果要永續經營，企業就必須隨時因應市場的需求而改變。

改變有兩個意義，一個是員工都會衰老，企業要永續經營，員工一定要有接班人；另一個是現在的企業競爭激烈，今天當紅的主流產品，不能保證明天也一定賺錢，故產品、製程、設備、方法、工具都會改變，連帶的員工的知識、技能與行為也會跟著改變，故如何守成與創新，「以主流的獲利，投資創新的未來，待創新變成未來的主流，再投資下一個未來的創新。」就這樣，企業生生不息，才能轉動永續經營法輪，故員工必須接受不斷地培訓與能力發展。培訓有助員工現任工作的效率提升，發展則是對企業與員工的未來未雨綢繆的投資，例如：主管技能培訓、新技術移轉承接、才能管理（talent management）。

訓練著重現在，發展放眼未來，這些都需要企業現在就投入可觀的

成本，才能在未來看到成效，這項成本就歸類為發展成本。在知識經濟的時代，發展成本會越來越被重視，企業如何善加利用，以發揮組織效益，也是人力資源要思考的一大考驗。

第五節　維護成本

把人找進來只是企業看到的第一項人力成本（取得成本），打從員工報到的第一天，公司就開始為他們投保勞保、健保、團保和提繳退休金，同時提供部分補助或完全免費的午餐，遠地的則提供交通車，有的還提供宿舍、員工育樂中心、冬夏制服、員工旅遊補貼等等。各種福利津貼項目琳瑯滿目，不管是免費還是部分補貼，從公司的角度都是成本的支出，這些支出我們將它歸類為「維護成本」。

一、取得成本

企業為了生存，必須以某種價格向人力市場爭取能夠創造具競爭力產品的人才，這就是企業一般所謂的薪資，我們把它歸類為「取得成本」，它與人力市場的實價有正向的關聯。加班費亦可視為取得成本的一種延伸，因月薪的計算是以員工每月符合《勞動基準法》正常工時的費率，加班則是正常工時的延長，兩者的給付都是「使用員工」的對價報酬。至於為了招募員工所發生的其他費用，例如：人力銀行年費（仲介費）、登報費、廣告費、員工介紹獎金、獵人佣金等，亦可歸類為取得成本，這些成本可視為取得人力的前置成本，與薪資不同的是，薪資是直接付給員工，這些前置成本則是分給不同業者，但從人資的觀點來看，這些都是取得人力的必要支出。

二、激勵成本

有了取得成本、維護成本與發展成本，還不夠。因為現在的企業，為了吸引優秀人才，若光靠提高月薪，從長遠看來只是飲鴆止渴的權宜之計，最有效的方法就是讓員工認股，成為公司的股東，一起為企業打拚，一旦公司獲利，員工的持股不只有紅利可分，還有股票的價差利得，一舉兩得，這是實質的好處；無形的優點則是員工向心力的提升及潛能的激發。故這類以激發員工向心力與潛能的成本都可視為「激勵成本」（孫童培，2004/10）。

第六節　離職成本

對很多企業來說，最可觀的還是失去優秀人才所耗費的機會成本。如果離開的是一位優秀業務員，從他離職、新人遞補到新人達到他過去相同水準，這段時間可能損失的高額業績。假使是優秀的研發人才離開，公司也將面臨失去新產品可能問市而帶來的潛在營收。

一、重置成本

招聘工作是整個人力資源工作的起點，其效率的高低直接影響著員工的素質。因此，對招聘工作的評價不能僅僅侷限於招聘這一獨立的階段。招聘成本不僅招聘過程中實際發生的各項費用，還包括因招聘不慎使得員工離職給企業帶來的損失，即離職成本，以及重新再組織招聘所花費的費用，即重置成本。

二、離職成本

離職成本，可以分為直接成本和間接成本兩個部分。

(一)直接成本

直接成本是透過檢查紀錄和準確估計時間和資源可以被量化的成本，主要包括：

1.由於處理離職帶來的管理時間的額外支出。
2.資遣費支付。
3.離職面談的成本支出。
4.臨時性的加班補貼。
5.策略性外包成本。
6.應給付的工資和福利。

(二)間接成本

間接成本要比直接成本高很多，主要包括：

1.新人入職前，因空缺未遞補，公司損失的生產力。
2.遞補人員學習過程中的低效率成本。
3.資產的潛在損失。
4.顧客或公司交易的損失。
5.員工士氣降低。
6.銷售戰鬥力下降。
7.離職者建立的人脈。

因為一名員工的自願離職，公司裡上上下下所付出的代價都是難以估算的！（謝佳宇，2012/05：37）

個案7-2 台糖2005～2009年用人費用與員工生產力比較

單位：千元／新台幣

項目／年度	2005	2006	2007	2008	2009
實際員額數	4,944	4,213	4,255	4,254	4,211
營業收入	33,471,721	34,769,926	36,765,081	37,082,863	32,821,029
員工生產力	6,770	8,253	8,640	8,718	7,794
用人費用總額（不含退休、資遣、恤償金）	5,797,428	5,320,310	5,069,995	4,956,552	5,234,779
用人費率（不含退休、資遣、恤償金）	17.32%	15.30%	13.79%	13.37%	15.95%

資料來源：楊錦榮（2010）。〈台糖公司人力資源策略〉。《台糖通訊》（2010/06）。

第七節　勞動法規的人事成本

工資為勞工的工作報酬，亦為勞工及家屬主要經濟來源，所以工資保障非常重要。《勞動基準法》（以下簡稱《勞基法》）是規定雇主應給予勞工有關勞動條件的最低標準，違者會受處罰。

一、工資給付相關規定

(一)工資

謂勞工因工作而獲得之報酬；包括工資、薪金及按計時、計日、計月、計件以現金或實物等方式給付之獎金、津貼及其他任何名義之經常性給與均屬之。（《勞基法》第2條第三款）

(二)平均工資

謂計算事由發生之當日前六個月內所得工資總額除以該期間之總日數所得之金額。工作未滿六個月者，謂工作期間所得工資總額除以工作期間之總日數所得之金額。工資按工作日數、時數或論件計算者，其依上述方式計算之平均工資，如少於該期內工資總額除以實際工作日數所得金額百分之六十者，以百分之六十計。（《勞基法》第2條第四款）它是計算給付勞工退休金及資遣費的計算依據。

(三)非經常性給與

《勞基法》第2條第三款所稱之其他任何名義之經常性給與，「係指左列各款以外之給與。

一、紅利。

二、獎金：指年終獎金、競賽獎金、研究發明獎金、特殊功績獎金、久任獎金、節約燃料物料獎金及其他非經常性獎金。

三、春節、端午節、中秋節給與之節金。

四、醫療補助費、勞工及其子女教育補助費。

五、勞工直接受自顧客之服務費。

六、婚喪喜慶由雇主致送之賀禮、慰問金或奠儀等。

七、職業災害補償費。

八、勞工保險及雇主以勞工為被保險人加入商業保險支付之保險費。

九、差旅費、差旅津貼及交際費。

十、工作服、作業用品及其代金。

十一、其他經中央主管機關會同中央目的事業主管機關指定者。」

（《勞基法施行細則》第10條）

二、預告工資

雇主依《勞基法》第11條或第13條但書規定終止勞動契約者，「其預告期間依左列各款之規定：

一、繼續工作三個月以上一年未滿者，於十日前預告之。

二、繼續工作一年以上三年未滿者，於二十日前預告之。

三、繼續工作三年以上者，於三十日前預告之。

勞工於接到前項預告後，為另謀工作得於工作時間請假外出。其請假時數，每星期不得超過二日之工作時間，請假期間之工資照給。

雇主未依第一項規定期間預告而終止契約者，應給付預告期間之工資。」（《勞基法》第16條）

三、資遣費

雇主依《勞基法》第16條終止勞動契約者，「應依下列規定發給勞工資遣費：

一、在同一雇主之事業單位繼續工作，每滿一年發給相當於一個月平均工資之資遣費。

二、依前款計算之剩餘月數，或工作未滿一年者，以比例計給之。未滿一個月者以一個月計。」（《勞基法》第17條）

四、積欠工資墊償基金制度

依據《勞基法》第28條第一項規定，雇主發生歇業、清算或宣告破產時，勞工被積欠之工資未滿六個月部分（墊償工資金額是按照實際工資計算，紅利、獎金、差旅費、加班費等都不能申請墊償），經勞工請求未獲清償者，就可以向勞保局申請積欠工資墊償，經勞保局查證屬實，即可

將積欠的工資代墊給勞工，勞保局再向雇主請求於規定期限內，將墊款償還積欠工資墊償基金。

積欠工資墊償基金的收入來源，是依各雇主所僱勞工之勞工保險投保薪資總額的萬分之二點五（原為萬分之五，自民國85年7月1日起降為萬分之二點五），計算其應提繳該基金之數額（由雇主全額負擔）。例如，一家公司所有員工投保月薪總額是一百萬元，雇主每個月就應該提繳兩百五十元到積欠工資墊償基金，金額雖然不大，卻可提供勞工保障。

五、職工福利金條例

《職工福利金條例》第2條第二款規定：每月營業收入總額內提撥百分之○・○五至百分之○・一五，作為職工福利金的運用（支出）。

六、全民健康保險法

依據《全民健康保險法》第27條規定，被保險人及其眷屬的保費負擔，由單位負擔百分之七十。

七、勞工保險法

《勞工保險法》第13條第一項規定，本條例中華民國97年7月17日修正之條文施行時，保險費率定為百分之七點五，施行後第三年調高百分之零點五，其後每年調高百分之零點五至百分之十，並自百分之十當年起，每兩年調高百分之零點五至上限百分之十三。（按民國104年1月起保險費率調至百分之十）

《勞工保險法》第15條規定，被保險人（勞工）普通事故保險費由投保單位負擔百分之七十。

八、職業災害保險費率

《勞工保險法》第13條第二項規定，職業災害保險費率，分為行業別災害費率及上、下班災害費率二種。保費由雇主全額負擔。

職災費率是「上下班」（固定費率，0.06%）和「行業別」（視行業職災風險有不同費率）兩種加總。其中行業別費率最低的是研究發展業，僅0.03%，最高的是水上運輸業，達1%；目前上下班和行業別合算的整體平均費率約為0.21%，每三年調整一次（許俊偉，2014/10/29）。

九、就業安定費

依據雇主聘僱外國人從事《就業服務法》第46條第一項第八款至第十款規定之工作應繳納就業安定費，雇主聘僱外國人每人每月（日）繳納數額依工作類別及分類規定，從一千九百元（每日六十三元）至九千四百元（每日三百一十三元）不等（**表7-5**）。

十、有薪假

(一)《勞工請假規則》規定

勞工請婚假（八天全薪假）、喪假（依親等不同有三至八天全薪假）、公假（全薪假，其假期視實際需要定之）、病假（未住院者，一年內合計不得超過三十日，工資折半發給）、公傷病假期間（全薪假）。

(二)《勞動基準法》第38條規定

勞工在同一雇主或事業單位，繼續工作滿一定期間者，每年應依下列規定給予特別休假（有薪假）：

1.一年以上三年未滿者七日。

表7-5　雇主聘僱外國人工作應繳納就業安定費數額表

<table>
<tr><th colspan="3">工作類別及分類</th><th>雇主聘僱外國人每人每月（日）繳納數額</th></tr>
<tr><td rowspan="2">海洋漁撈工作</td><td colspan="2">屬漁船船員工作</td><td rowspan="2">一千九百元（每日六十三元）</td></tr>
<tr><td colspan="2">屬海洋箱網養殖漁撈工作</td></tr>
<tr><td rowspan="2">家庭幫傭工作</td><td colspan="2">由本國人申請</td><td>五千元（每日一百六十七元）</td></tr>
<tr><td colspan="2">由外國人申請</td><td>一萬元（每日三百三十三元）</td></tr>
<tr><td rowspan="9">製造工作</td><td colspan="2">屬一般製造業、製造業重大投資傳統產業（非高科技）、特定製程及特殊時程產業</td><td>二千元（每日六十七元）</td></tr>
<tr><td rowspan="3">屬製造業特定製程產業（其他產業）</td><td>提高外國人核配比率百分之五以下</td><td>五千元（每日一百六十七元）</td></tr>
<tr><td>提高外國人核配比率超過百分之五至百分之十以下</td><td>七千元（每日二百三十三元）</td></tr>
<tr><td>提高外國人核配比率超過百分之十</td><td>九千元（每日三百元）</td></tr>
<tr><td colspan="2">屬製造業重大投資非傳統產業（高科技）</td><td>二千四百元（每日八十元）</td></tr>
<tr><td rowspan="3">屬製造業特定製程產業及新增投資案（高科技）</td><td>提高外國人核配比率百分之五以下</td><td>五千四百元（每日一百八十元）</td></tr>
<tr><td>提高外國人核配比率超過百分之五至百分之十以下</td><td>七千四百元（每日二百四十七元）</td></tr>
<tr><td>提高外國人核配比率超過百分之十</td><td>九千四百元（每日三百一十三元）</td></tr>
<tr><td colspan="3" style="display:none"></td></tr>
<tr><td rowspan="3">營造工作</td><td colspan="2">屬一般營造工作</td><td>一千九百元（每日六十三元）</td></tr>
<tr><td rowspan="2">屬重大公共工程營造工作</td><td>舊案（工程主辦機關收取投標單期間或簽訂工程契約在中華民國九十年五月十六日以前）</td><td>二千元（每日六十七元）</td></tr>
<tr><td>新案（工程主辦機關收取投標單期間或簽訂工程契約在中華民國九十年五月十六日後）</td><td>三千元（每日一百元）</td></tr>
<tr><td>機構看護工作</td><td colspan="2">長期照顧機構、養護機構、安養機構、財團法人社會福利機構、護理之家機構、慢性醫院或設有慢性病床、呼吸照護病床之綜合醫院、醫院、專科醫院</td><td>二千元（每日六十七元）</td></tr>
<tr><td rowspan="3">家庭看護工作</td><td colspan="2">被看護者或雇主為依社會救助法所核定之低收入戶或身心障礙者生活補助費發給辦法領有低收入戶生活補助者</td><td>六百元（每日二十元）</td></tr>
<tr><td colspan="2">被看護者或雇主為依中低收入老人生活津貼發給辦法核定領有中低收入老人生活津貼或依身心障礙者生活補助費發給辦法領有生活補助者</td><td>一千二百元（每日四十元）</td></tr>
<tr><td colspan="2">被看護者或雇主非具以上身分</td><td>二千元（每日六十七元）</td></tr>
<tr><td>外展看護工作</td><td colspan="2">屬依法設立或登記之財團法人、非營利社團法人或其他以公益為目的之團體，且最近一年內曾受地方主管機關委託辦理居家照顧服務者</td><td>二千元（每日六十七元）</td></tr>
<tr><td>備註</td><td colspan="3">繳納數額以新臺幣為單位。</td></tr>
</table>

資料來源：《雇主聘僱外國人從事就業服務法》第46條第一項第八款至第十款規定之工作應繳納就業安定費數額表。（民國103年3月30日生效）

2.三年以上五年未滿者十日。

3.五年以上十年未滿者十四日。

4.十年以上者，每一年加給一日，加至三十日為止。

(三)《勞動基準法》第50條規定

女工分娩前後，應停止工作，給予產假八星期；妊娠三個月以上流產者，應停止工作，給予產假四星期。前項女工受僱工作在六個月以上者，停止工作期間工資照給；未滿六個月者減半發給。

(四)《性別工作平等法》第15條規定

雇主於女性受僱者分娩前後，應使其停止工作，給予產假八星期；妊娠三個月以上流產者，應使其停止工作，給予產假四星期；妊娠二個月以上未滿三個月流產者，應使其停止工作，給予產假一星期；妊娠未滿二個月流產者，應使其停止工作，給予產假五日。產假期間薪資之計算，依相關法令之規定。受僱者姙娠期間，雇主應給予產檢假五日（薪資照給）。受僱者於其配偶分娩時，雇主應給予陪產假五日（薪資照給）。

十一、加班費

《勞動基準法》第24條規定，雇主延長勞工工作時間者，其延長工作時間之工資依下列標準加給之：

1.延長工作時間在二小時以內者，按平日每小時工資額加給三分之一以上。

2.再延長工作時間在二小時以內者，按平日每小時工資額加給三分之二以上。

3.依第三十二條第三項規定，延長工作時間者，按平日每小時工資額加倍發給之。

十二、退休金支付

勞工退休金是一種強制雇主應給付勞工退休金的制度，分為新、舊制兩種。舊制依《勞動基準法》辦理；新制依《勞工退休金條例》辦理。民國94年7月1日以後到職勞工僅能適用《勞工退休金條例》（新制）的退休規定。

(一)《勞動基準法》第56條規定

雇主應按月提撥勞工退休準備金，專戶存儲，並不得作為讓與、扣押、抵銷或擔保之標的；其提撥之比率、程序及管理等事項之辦法，由中央主管機關擬訂，報請行政院核定之。《勞工退休準備金提撥及管理辦法》第2條規定，勞工退休準備金由各事業單位依每月薪資總額百分之二至百分之十五範圍內按月提撥之。

(二)《勞工退休金條例》第14條之規定

雇主應為第7條第一項規定之勞工負擔提繳之退休金，不得低於勞工每月工資百分之六。

結　語

企業的人力資源部門，不能再從傳統「人事行政」的角度，緊抱《勞動基準法》相關法規，將員工成本化，把員工當做生產單位的一部分來看待，而是要把員工當成企業資本的一環，配合組織企業的策略布局，主動進行人力需求規劃與人才延攬培育，提升人員全球競爭力，進而提升組織企業全球化的資本價值（邱浩政，2012/03：48）。

Chapter 8 人力資本與人才評鑑

經濟資本存在銀行中，人力資本存在腦袋中，其概念更對人力資源管理理論與實務帶來深遠的影響與衝擊。

——麥可・波特（Michael E. Porter）

在知識經濟時代，投資人力資本（human capital）是競爭力提升之關鍵，人力資本之所以稱為資本，係在於人可以轉化為企業競爭力，成為企業的獲利來源。台塑集團創辦人王永慶說，一家企業最重要的東西，第一是人才，第二是人才，第三還是人才。美國密西根大學（University of Michigan）商學院教授諾爾・提區（Noel M. Tichy）經過二十五年的研究指出，成功的組織之所以會贏，是贏在領導人不斷地培育組織上下的每個層級的領導人。所以，人才的投資是企業生存的不二法門（**表8-1**）。

為了在人才戰爭中取得勝利，企業必須利用各種策略性人力資源管理活動來吸引（attraction）、活用（leverage）及留住（retention）人才。以國際商業機器公司（IBM）為例，IBM的人力資源管理目標即在吸引、

表8-1　落實高效人才管理5大關鍵

關鍵	說明
溝通（communication）	落實專案，與所有參與者溝通是非常重要的，並且要注意什麼時候溝通，怎麼溝通？例如：與所有高階主管溝通為什麼要執行人才管理？為何要支持專案？溝通高階主管應扮演的角色，被發展者與被發展者的主管應扮演什麼的角色？
職責（accountability）	確保所有參與者瞭解自己的職責與角色，人才管理不只是人力資源部門的工作。
技巧（skills）	讓執行此專案的相關人等，具備應有技巧，例如：主管應該具備指導的能力。
制度連結（alignment）	人才管理專案必須與組織原有的制度搭配。
衡量（metrics）	組織必須思考如何衡量人才發展的成效，訂出領先指標與成果指標。

資料來源：呂玉娟（2010）。〈林妍希談高效人才管理5大關鍵〉。《能力雜誌》，總號第655期（2010/09），頁24。

激勵與留住業界第一流的人才，以其落實公司的策略，達成組織的最終願景（**表8-2**）。

表8-2　企業培養人才做法

- 要資深人員負起栽培人才的責任。
- 嚴格規定「準時」提交績效評鑑。
- 鼓勵別人接手你的計畫（也就是，分派工作）。
- 鼓勵所有階層的人，待得越久，要逐漸負擔更多的工作。
- 鼓勵員工參與任何階層的決策。
- 安排各種討論會，讓員工可以親近管理階層。
- 鼓勵員工自由表達自己的想法，無論就業務或私人問題。
- 絕對要有許多冒險行為。永遠設法超越界線，做出改革。
- 一定要讓員工明白，如果他們努力承擔責任，就可以創造自己想要的環境。給大家彈性與勇氣，給他們機會負責將工作完成。
- 給人們自己做事的能力。如果你有不同的意見，讓他們有權與你討論。
- 重視績效評鑑制度。建立一個雙向的檢討制度，讓評鑑者與受評者雙方都填寫同一份問卷。
- 幫助人們瞭解你們的需要什麼，如何成長。不要假設他們都知道。
- 要人們負責完成自己的工作。不要讓任何東西生瘡化膿。
- 邀請較低階層的員工參與上一級主管的會議，讓他們可以從旁學習處理某些狀況。
- 讓員工自己定義自己的工作，設定自己想扮演角色。
- 公開表示你重視自動自發的精神；讓員工隨時瞭解狀況。
- 讓員工經常更換團隊。
- 一年一次，和每位員工碰個面談談，討論他們想做什麼事，做哪些事。努力找出人們喜歡什麼，設法順應他們的要求。
- 必須讓人們天天都很清楚自己所處的位置，而不只是在評鑑的時候。
- 要非常願意給人另一次機會（有些看起來不是很成功的人，或許只是位置或角色不對）。
- 積極幫助人們「夢想」，並讓它變得好玩。
- 要知道員工是在尋求經理人的協助，以發展自己的事業生涯。
- 利用你自己服務客戶的機會，進行一對一指導。
- 要確保所有經理人都是「打氣的人」，他們會說：「你可以辦到！你可以辦到！」。

資料來源：大衛·麥斯特（David H. Maister）著，江麗美譯（2003）。《企業文化獲利報告：什麼樣的企業文化最有競爭力》，頁237-239。經濟新潮社。

第一節　人力資本

人才管理（talent management）主要為了獲取和留住優秀人才而規劃、實施的一系列整體性的人力資源管理活動。換言之，人才管理的核心仍然是人才的吸引和保留問題。它一方面力圖引起許多組織的注意，不能只在吸引人才和僱用人才方面做出巨大的努力，但是卻忽略留住人才的問題；另一方面，它也提醒各種組織，21世紀的人力資源需求預測，以及滿足組織未來人力資源需求的方法已經不同於以往（劉昕，2010/01：27）（**圖8-1**）。

伴隨知識經濟（knowledge-based economy）時代的來臨，組織所擁有的智慧資本（intellectual capital）成為決定競爭優勢的關鍵因素，人力資本又是智慧資本的關鍵核心（**表8-3**）。

用人理念	員工價值	人力資源職能
人才	員工＝資本	・以價值創造為核心，關注知識和戰略 ・學習型組織、知識管理、團隊合作 ・員工發展、員工關係、企業文化……
人力	員工＝資產	・以流程為核心，關注效率和效能 ・電子工作流（e化） ・工作分析、薪酬設計、績效管理、組織架構
人事	員工＝成本	・以事務處理為核心，關注資源和時間 ・招聘、培訓、薪資、福利、考勤……

圖8-1　組織戰略中「人」的定位

資料來源：常勇（2014）。〈人才供應鏈管理，讓企業「荒年」不慌〉。《人力資源》，總第373期（2014/01），頁75。

表8-3　人力資本跨境移轉

層級	說明
第一層	基層的無技能工（non-skilled labor）。
第二層	低技能工（low skilled labor）或操作工，就是一般國家社會所謂「移工」所指述的，跨境移動人力的基本內涵。
第三層	技術工（skilled labor）或所謂專業人員以上人力，則是一般人力輸出國家在公共行政管理上必須施以工作准證（job post permission）管理的國際化人才。
第四層	科技人力（technologist or technician）則多半是人力輸出國家政府會要求列管的知識科技人才。
第五層	行政經營人力（executives），乃行業專家或系統專案經理以上的通才，一般在全球化過程中乃隨同投資而移轉的高階人才。

資料來源：林建山（2010）。〈人才發展加值四加二方程式〉。《能力雜誌》，總號第655期（2010/09），頁28。

一、人力資本定義

在新經濟時代，無形資產的重要性已超越了有形資產，而其中的關鍵之一就是人力資本。人力資本的概念源自經濟學，此一名詞早在經濟學之父亞當・史密斯（Adam Smith）在1776年所著的《國富論》（*The Wealth of Nations*）一書中即曾提及。到了20世紀60年代，諾貝爾獎經濟學家西奧多・威廉・舒爾茨（Theodore W. Schultz）提出人力資本（human capital）的概念，定義為人的能力價值。進入21世紀全球化知識經濟時代，狹義的人力資本，指的是經濟社會之中直接關聯於個人個體知識與技能的生產能力，至於廣義的人力資本定義，指的是所有個體的群組總合生產能力。

2015年2月，微軟（Microsoft）公司市值已超過七千億美元。但在微軟還是一家小公司時，微軟創辦人比爾・蓋茲（Bill Gates）就曾說過：「失去最優秀的二十位核心人才，微軟就不再是重要的公司。」市值曾高達五千八百億美元的思科系統（Cisco）總裁約翰・錢伯斯（John Chambers）也認為：「一位最優秀的軟體工程師能寫出比一般工程師十

倍有用的程式，為公司創造五倍的利潤；一位世界一流的工程師加上五位同事的產值，超過了二百位一般的工程師。」如此的觀點也說明了「核心人才是企業最重要的資產」這句話的道理（**表8-4**）。

表8-4　成功的人才管理指標

1.招募成效增加20%（意指投入成本與找到適當的人選比較）。 2.個人成長計畫的完成率有85%的人完成。 3.升遷人才到位率（Promotion readiness）增加40%。 4.外部招募的比率減少35%。 5.近一年升遷主管的考績與過去比起來，增加35%。 6.主管管理評鑑的不適任率降低30%。 7.公司三個重要職缺（關鍵人才）的流失率（turnover）比同業平均值低30%。 8.參與公司人才計畫的行銷團隊（sales & marketing team），為公司帶來比過去多1,500萬美元的銷售額。

資料來源：陳錦春（2010）。〈高績效人才管理8大步驟〉。《能力雜誌》，總號第655期（2010/09），頁70。

二、核心人才管理

過去跨界人才需求大多是因為企業面臨瓶頸或危機、需要組織變革或轉型，因而才會從異業挖角人才擔任高階主管，以帶動公司領導變革的轉型。例如，IBM在20世紀90年代初期面臨經營危機，因而從食品製造業（納貝斯克公司）挖角路・葛斯納（Louis V. Gerstner）進行變革與轉型。人才管理在國際上日益受到重視，其原因主要在於人口結構的變化、經濟全球化以及與知識型工作與知識型員工的新發展有關。

核心人才在早期是指表現優異的最高階主管（Chief Executive Officer, CEO），逐漸轉變為強調有能力對企業之現在及未來績效表現做出重要貢獻的高階管理者；而奇異公司（GE）前執行長傑克・威爾許則針對各事業單位主管的績效（performance）進行評估，藉以區分出A、B、C三種不同表現的員工。表現最傑出的A級員工，績效必須是事業單位中的前20%；B級員工是中間的70%；C級員工是後10%，並以活力曲線（vitality curve）來呈現這種人才分類的概念，其中A級員工將得到B級員工二到三倍的薪資，至於C級員工則可能遭到淘汰。由此可知，人才必須具備績效與潛力（potential），以目前的績效為基礎，配合上本身具有的潛力，方能進一步對企業未來的績效做出重大的貢獻。所以近期的核心人才，是指工作年資五年以上，在公司績效表現是前20%而且有潛力的A級核心人才（**圖8-2**）。

三、人才管理的ADR模式

台塑集團創辦人王永慶說：「人才就在自己身邊，所以求才應該從企業內部去找。」核心人才管理（talent management）就是企業要有系統

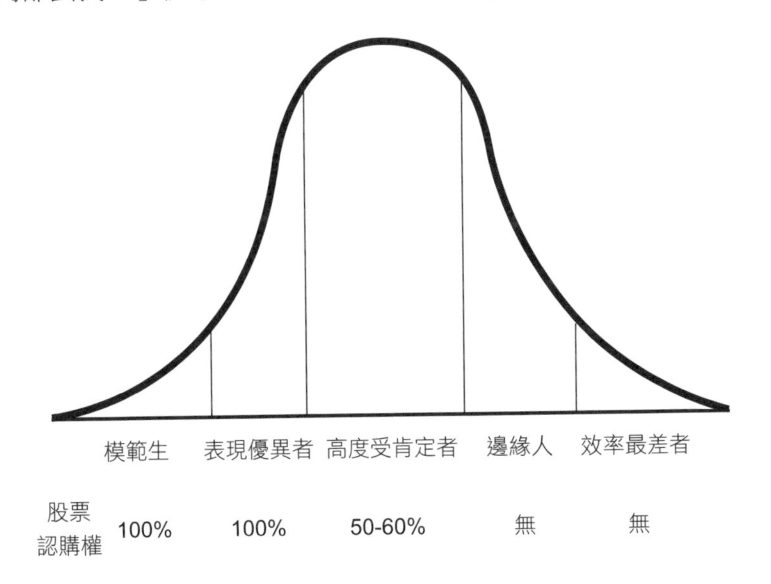

圖8-2　奇異表現評量表

資料來源：勞勃・史雷特（Robert Slater）著，袁世珮譯（2000）。《複製奇異——傑克・威爾許打造企業強權實戰全紀錄》，頁47。美商麥格羅・希爾國際出版。

的吸引（attraction）、開發（development）與留任（retention）具有特殊能力的員工，亦即所謂核心人才管理的ADR模式，以創造公司更高的價值。

(一)核心人才吸引

在核心人才吸引方面，主要是探討核心人才的規劃與任用（招募、遴選與安置）。

1.從核心人才的自己培養，轉移為向外招募各級核心人才，以充實公司的核心人才庫。例如，豐泰集團（Feng Tay Group）、喬山健康科技（Johnson Health Tech）與巨大機械工業（Giant）等，為了擺脫代工宿命，以創新設計建立自己品牌，大舉動向異業徵才，以尋求企業的創新轉型與突破。

2.從有空缺才找人，轉移為任何時刻都在招募核心人才。早期的企業是以職位為中心的招募方式，亦即在職位有空缺時才進行招募，現

個案8-1 花旗銀行人才盤點

人才盤點（talent inventory）一直是花旗銀行高度重視的課題，花旗銀行高階主管每年會針對每個部門的接班人計畫進行討論，確認哪些人才具備能力及潛力，可以擔任花旗銀行未來的領袖。

花旗銀行將接班人區分為兩類：隨時可以接班的（succession plan）及兩年內可以接班的（ready in 2 years），並給予必要培養發展機會。

除了部門接班計畫外，花旗銀行同時也會對整個公司進行人才盤點，確認哪些人應該被列入高潛力員工（high potential talents），並對這些人才的個人發展計畫進行討論，以採取適當的行動計畫。

資料來源：行政院勞工委員會職業訓練局編輯小組（2009/12）。《第五屆人力創新獎案例專刊：人資創新　企業起飛》，頁10。行政院勞工委員會編印。

今則是企業隨時都在招募核心人才，而不是核心人才等公司有空缺再招進來。

3.從有限管道招募核心人才，轉移為多元管道的招募，以使公司能網羅不同來源的核心人才。

4.從遴選核心人才轉移為遴選與促銷並重，亦即在招募核心人才的同時，也將公司介紹給核心人才，使其瞭解公司並受到公司的吸引。

(二)核心人才開發

在核心人才開發方面，主要是探討核心人才的訓練、學習與生涯發展，如果是在多國籍企業中，提供給核心人才的生涯發展管道更多，例如跨國工作機會、跨部門工作輪調或升遷等，因此，有可能不是按照固定的組織層級晉升。

1.從以正式化訓練的方式，轉移為以多元學習方式開發核心人才。早期多以工作中訓練（On-Job Training, OJT）的方式自行開發所需的核心人才；現今強調核心人才的自主多元學習方式，經由本身內在的自我驅動力，學習工作所需的專業能力。

2.從部門擁有核心人才，轉移為公司擁有核心人才。早期核心人才屬於公司內各部門。現今則強調公司核心人才庫的思維，所有的核心人才由公司統籌規劃運用，以完成各部門相關任務的推動。

3.從績效不佳者受訓，轉移為著重核心人才開發。早期是在公司實施績效評估後，針對績效不佳者實施訓練，因此有不少訓練資源是使用在績效不佳者的身上；現今則著重核心人才的開發，以使訓練資源的運用更有效率。

(三)核心人才留任

在核心人才留任方面，主要是探討薪酬、績效評估與員工關係。

1.從制式薪資轉移為核心人才市場價值薪資。早期著重在明確且固定的薪資結構制度，所有公司內的人員的薪資等級均維持在公司的薪資結構內；現今則對核心人才有高度的需求，而且其所創造的價值也非常高，因此對核心人才強調差異化薪資，更重要的是薪資必須符合市場價值。

2.從硬體環境設備的建構，轉移為提供核心人才喜歡的工作環境。早期著重在生產或工作環境硬體設備的配置與建構，且以強調產量與生產效率為主；現今則強調提供核心人才喜歡的工作環境，並重視環境中人際互動等組織行為，因為優質的工作環境能提高核心人才的敬業貢獻度（engagement），而具有高度敬業貢獻度的核心人才會展現活力（vigor）、奉獻（dedication）、專注（absorption）等三種特質，具體的表現為降低離職率與缺席率，提高工作績效、組織獲利率、顧客滿意與顧客忠誠，由此可見優質工作環境的重要性（張火燦、許宏明，2008/07：15-21）。

企業在進行核心人才管理時，首先應確認哪些人是核心人才，而且必須不斷的吸引人才到公司來，然後再針對這些人進行開發。因為未來企業將面對更為激烈的國際化競爭環境，為了提高本身的競爭力，核心人才的開發是不容忽視的重要課題。

四、差異化人才策略

差異化人才策略，就是要找出組織內具關鍵性的重要職務，然後再有策略地加以管理。先鎖定這些關鍵性職務，透過人才管理來派任這些職務，就有機會發揮最大的優勢。

很多企業花了大量資源，試圖讓擔任非策略性職務、平庸的員工進步，那其實無妨，但是會大大損害生產力。比較理想的做法是，為扮演關鍵策略性角色的績優員工，提供資源、發展機會，以及他們所追求的報

人才盤點的觀念

人才盤點的觀念，其實有點像庫存盤點的概念一樣。人才盤點的目的是要讓公司、各部門掌握公司目前的人才分布狀況，以便採取適當的因應對策。就好像庫存管理系統、物料需求計畫一樣，一方面要知道手中的庫存狀況（即人才分布狀況），另一方面也要瞭解未來可能需要的人才（人員編制預估表），這樣負責人力資源的人員，才能有所依據地去執行人才招募、訓練、儲備等等的相關人力資源規劃工作。

資料來源：顏明祥（2000）。〈人才盤點與人才培育〉。《資訊經理人》，第48期（2000/07），頁26。

酬，這就是差異化人才概念的基本原理。因而，人才策略指出下列的幾個觀念：

1.人才策略最重要的是要為企業在市場創造競爭優勢。
2.要讓企業展現出不同的外在行為，就必須調整內在的作業方式。
3.要成功執行策略，企業必須針對個人的過人之處，量身訂做程序和行動，而人才就是用來發揮公司所長的工具。
4.有些企業會設法打贏人才爭奪戰，也就是延攬到職場上最優秀、最亮眼的人才，希望藉此獲得成功。這種做法固然不錯，但很容易模仿。與其嘗試去贏得人才爭奪戰，不如把重點放在如何運用現有人才來贏得人才戰爭。要做到這一點，就要更妥善管理人力，也就是說，要以更完善、更明智的方式做到人才的差異化，而不是一心一意只想挖到更好的人才。

每家企業對一流人才的渴望都同樣強烈，而為了找出並留住這些人才，也都採取了不同的人才策略。例如，谷歌（Google）相信傑出科技人

才的價值比平庸的工程師高出許多倍，因此堅持只僱用萬中選一的佼佼者。谷歌的邏輯是：一流的人才只想與一流人才共事，因為這樣的同事才能刺激思考並加速學習。所以，谷歌的聘僱流程是一場耐力大考驗，求職者必須經歷為期長達數週的一連串面試，以確保最終錄取的是優秀的人才，這也是吉姆·柯林斯在《從A到A⁺》清楚點出企業成功的最大關鍵，就是找到對的人才，分析一連串影響職務關鍵績效的職能，再以一致且與工作有關的能力為基礎進行評估，甄選出符合企業文化與公司策略目標的人才（大師輕鬆讀編輯部，2009/10：2-3）。

五、向供應鏈管理學習

人才管理的核心在於滿足組織未來的人才需求，但是在這方面，很多組織往往存在兩類的誤區，一種是根本不去制定計畫來預測並設法滿足組織未來的人力資源需求，另外一種儘管訂了計畫，但是這種計畫卻延續了20世紀50年代就出現的那種基於穩定商業環境的人才開發與管理策略。由於當今的企業環境已經變得更加不確定，因此採用以前的那種環境下制定出來的人才管理戰略，無疑是既無效、也危險的。

任職於美國賓夕法尼亞大學沃頓商學院（The Wharton School -University of Pennsylvania）人力資源中心的彼特·卡派禮（Peter Cappelli）主任，2008年在《哈佛商業評論》（*Harvard Business Review*）的文章中指出，供應鏈管理與人才管理存在很多相通之處：預測產品需求類似預測人才需求；找到成本最低和速度最快的產品生產方法，類似於找到成本有效性最高的人才開發方法；將生產過程的某些部分外包，類似於從企業外部直接僱用而非內部培養；確保按時交貨，類似於做好接班人計畫，確保人才的及時到位；產品在整個供應鏈中的流動（削減阻礙產品推進的瓶頸、加快加工過程、改進預測能力從而避免出現不匹配的現象），類似於組織內部的人才管道管理（如何對員工進行開發，確保他們不斷獲得知識與經驗，不斷取得進步）。因此，關於人才管理的最富有創造力的方法恰恰來自供應鏈管理和營運管理（劉昕，2010/01：28）。

在企業經營組織架構上，每位員工的確都不可或缺，但並不是每個員工都同等重要，甚至績效不佳員工會成為企業的包袱，帶來負面的影響。

第二節　智慧資本

透過知識管理的實施，可以讓知識轉化為智慧資本。早在六萬年前，克羅馬農（Cro-Magnons）人和尼安德塔（Neanderthals）人曾經同時並存世界上，然後大約三萬年前，尼安德塔人消失了。為什麼一個種族倖存，而另一個種族卻滅絕了？兩者都使用工具與語言，但克羅馬農人有陰曆。很快地，他們就從過去的經驗中，找出時令與野牛、大角鹿、赤鹿遷徙模式的關聯，這種洞察力忠實的記錄在洞窟壁畫和馴鹿角上成組的二十八個刻痕上。為了肉食來源，克羅馬農人學會了只要等待某天到來，就可以帶著魚叉渡河。而尼安德塔人則是愚笨的浪費他們的人和稀有的資源去碰運氣，尋找獵物。他們拙劣的分配自己的資源，以致滅絕了（Leif Edvinsson、Michael S. Malone合著，林大榮譯，1997：7-8）（**圖8-3**）。

一、知識的結構

企業的成長與茁壯，有賴於知識的取得、整合、儲存、共享及妥善的運用。「創意是新貨幣，你看不到也摸不到，創意是無形的，並不代表它不存在，它就在那裡。」以全球知識游牧族自居，大力催生智慧資本的先驅者瑞典魯恩大學（Lund University）教授萊夫・艾文森（Leif

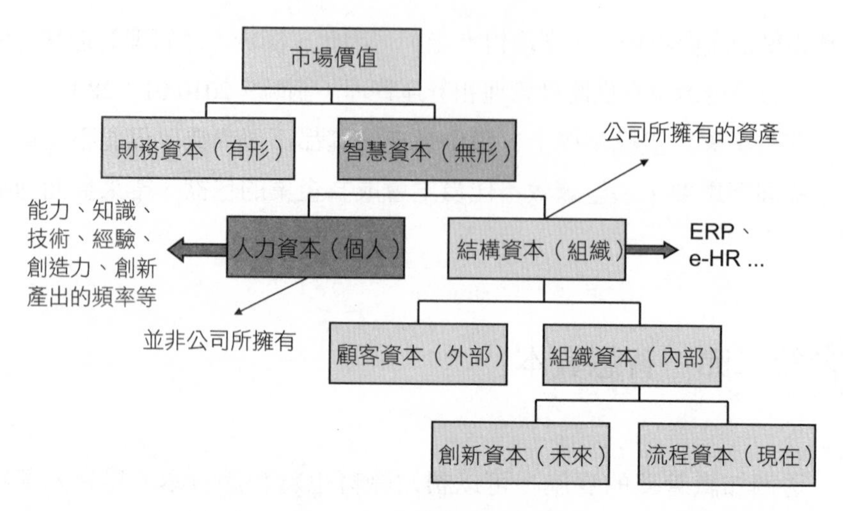

圖8-3　市場價值架構

資料參考：斯堪地亞（Skandia）市場價值架構／引自Leif Edvinsson & Michael S. Malone著，林大榮譯（1999）。《智慧資本》，頁82。臉譜出版。

Edvinsson）如是說（呂玉娟，2004/09：14）。

網景（Netscape）這家當年資本額只有1,700萬美元、員工僅50人的公司，在股票上市的頭一日，收盤價格就讓它的身價竄升到30億美元。而當年只有8億美元身價的微軟公司（Microsoft）在Windows 95作業系統問世之時，股票價格上漲到每股100美元以上，使得微軟比克萊斯勒汽車（Chrysler）和波音（Boeing）公司都更有價值。很明顯地，這些公司的真正價值無法用傳統的會計衡量準則來決定，它們的價值並非建立在磚頭和建築物，或甚至存貨上，而是建立另一個看不見的資產之上，那就是智慧資本。

大部分的智慧資本是存在於個人而非公司內部，例如經驗、技術以及創造力等，皆屬於個人所有的內隱知識，若公司沒有適當的加以管理，提供誘因或創造一個分享與交流的組織文化的話，將使得有關的知識只會一直保留在個人身上而無法為公司創造價值（陳文華，2005/11：142）（**圖8-4**）。

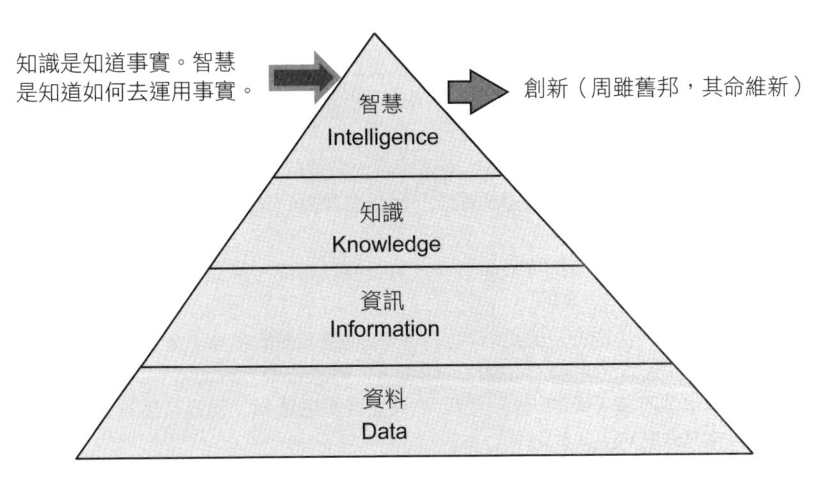

圖8-4　知識的結構

資料來源：丁志達（2014）。「選對人做對事」講義。財團法人自強科學工業基金會編印。

智慧資本是運用腦力的行為，而非知識和智力。資料、資訊、知識和智慧分別是人類學習過程的四層次，企業須有效管理與運用組織內外的知識，以萃取、形成出企業最重要的無形的資產。瑞典智慧資本公司（Intellectual Capital Sweden AB, ICAB）認為這些就是智慧資本，其概念隨著知識經濟時代應運而生，而且成為企業長期競爭力的條件與動力。智慧資本之重要，使得世界各個國家、企業與專家學者莫不積極投入研究（**表8-5**）。

二、智慧資本定義

1969年，經濟學家蓋伯瑞斯（John Kenneth Galbraith）首先提出智慧資本的概念，用來解釋公司市場價值與帳面價值的差額。目前有愈來愈多企業把「智慧資本」當作維持公司競爭優勢的主力，隨著企業對這項資產仰賴日深，怎麼運用公司所有員工的整體努力，以及怎麼讓每一位員工發

表8-5　知識管理的原則

1.知識管理需要投入龐大的人力及物力，因此是很昂貴的；但若不對企業的智慧資本做有效的管理，將來付出的代價會更大。
2.人腦和電腦各有所長，因此要有效的管理知識，必須結合人力與科技。
3.「知識就是力量」是人人都知道的觀念，因此企業推行知識管理是很政治性，需要有多次的遊說及協調才會成功。
4.知識管理需要專職的知識經理人，負責收集及整理知識、建立知識流通的資訊建設、監督及倡導知識的使用等等。
5.知識庫的架構以能快速維護及更新為宜，因為企業知識的累積十分快速，如果採用複雜的更新機制，延誤了時效，可能反而阻礙了「對的知識」的流通。
6.分享知識原本就不是人類的天性，因此要建立獎勵的機制，實質鼓勵員工分享知識，以建立開放的分享的企業文化。
7.知識管理同時也是在改善知識工作的流程。
8.知識的自由取用只是知識管理的第一步，要讓員工能注意到知識管理，並致力於知識管理，並且願意主動創造與分享知識。
9.知識管理的工作不是一個簡單的計畫（如建立一個知識庫），而是要持續不斷的進行下去。
10.知識管理需要有一個具體的知識合約，以規範員工的哪些知識是屬於企業的智慧資本，哪些知識是屬於員工自己。

資料來源：陳文華（2005）。〈知識管理〉。《經理人月刊》，第11期（2005/11），頁149。

揮最大潛能，很快就成為重要的經營要務。

智慧資本，並不是指一堆博士關在研究室裡埋頭苦幹，也不是指專利權、著作權之類的智慧財產（intellectual property），這只是智慧資本的一部分。智慧資本，是每個人能為公司帶來競爭優勢的一切知識、能力的總合。這和一般企業界熟悉的土地、工廠、設備、現金等資產有所不同。智慧資本是無形無相的，凡是能夠用來創造財富的知識、資訊、智慧財產、經驗等智慧材料，都叫做智慧資本（Thomas Stewart著，宋偉航譯，1999：1-2）。

智慧資本是什麼？它可以是「商譽」，或是一家公司的學習和適應能力等。大致來說，智慧資本可以有兩個形式：一是人力資本（融合了知

個案8-2 芬蘭經濟衰退　新總理怨賈伯斯

芬蘭新總理史杜普（Alexander Stubb）說，美國科技公司蘋果已故共同創辦人賈伯斯販售創新產品，搞垮了芬蘭兩大就業市場。史杜普說：「芬蘭有兩大國柱，一是資訊科技產業，一是造紙業。瑞典北歐聯合銀行總裁瓦盧斯說得好，他說智慧型手機iPhone打趴諾基亞（Nokia），平板電腦iPad打倒林業。」平板電腦普及後，出版商順勢推出電子書，使用紙本需求加速下降，打擊芬蘭造紙業。

史杜普說：「沒錯，賈伯斯搶走了我們的工作，不過情況已開始轉變。芬蘭林業正緩慢卻堅定地從造紙業轉向生質能源。資訊科技產業則朝遊戲軟體發展，不再只是像諾基亞手機那樣的硬體設備。」

資料來源：陳韻涵編譯（2014）。〈芬蘭經濟衰退 新總理怨賈伯斯〉。《聯合報》（2014/07/06），A13國際版。

識、技術、革新，還有公司個別員工掌握自己任務的能力，同時也包括了公司的價值、文化以及哲學）；一是結構資本（硬體、軟體、專利、商標，還有其他一切支持員工生產力的組織化能力，以及顧客資本——公司和關鍵顧客未來的關係）（圖8-5）。

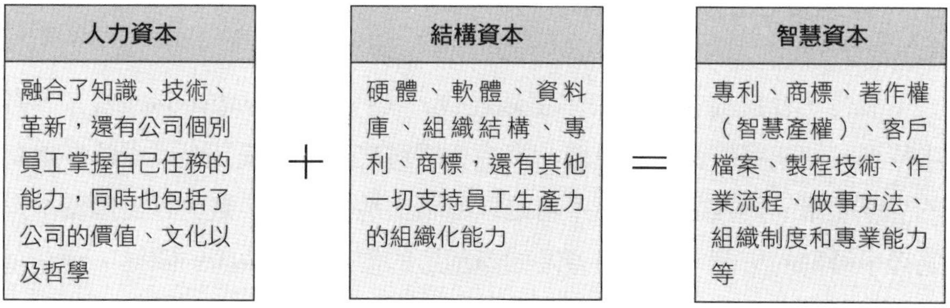

人力資本		結構資本		智慧資本
融合了知識、技術、革新，還有公司個別員工掌握自己任務的能力，同時也包括了公司的價值、文化以及哲學	＋	硬體、軟體、資料庫、組織結構、專利、商標，還有其他一切支持員工生產力的組織化能力	＝	專利、商標、著作權（智慧產權）、客戶檔案、製程技術、作業流程、做事方法、組織制度和專業能力等

圖8-5　智慧資本從何而來？

資料來源：丁志達（2014）。「選對人做對事」講義。財團法人自強科學工業基金會編印。

智慧資本的關鍵差異在於未來的獲利能力，看的不是歷史的成本，而是未來，也就是著眼於未來培育與增加價值的能力（**表8-6**）。

表8-6　智慧資本的策略規劃

策略規劃	說明
防禦性（defensive）	把個別公司原本就掌有的專利等智慧財權利，做好自我保護的工作。例如：專利申請、專利維護等，這是防止競爭對手趁機下手的重要盾牌。
成本控制（cost control）	專利是智財項目中最易展現價值，但也最為耗錢的投資，每一項專利在全球申請的成本支出，從25萬美元到50萬美元，這絕非中小企業能夠負擔的成本。企業應該選擇正確的技術申請專利，以降低成本支出。
利潤中心（profit center）	申請到手的專利，必須要邀請研發、業務、行銷等各部門專家主管共同體檢，找出對公司獲利有益的使用方式。
整合（integrated level）	讓智慧財與各部門的策略、活動等短、中、長期規劃相結合，跨越部門的自我核心，為創造企業組織整體利益而思考。
願景（visionary level）	這是智慧資本發揮的最高境界，讓智慧財成為企業成長的主力資本。

資料來源：陳禎惠（2004）。〈做好智慧資本的策略規劃：台灣企業應及早以智慧創造資本〉。《能力雜誌》，總號第583期（2004/09），頁60。

三、智慧資本的組成要素

彼得・杜拉克在《後資本主義社會》（*Post Capitalist Society*）一書中提到，知識將取代機器設備、資金、原料或勞工，成為企業經營最重要的生產要素。換言之，企業不再是以所謂土地、設備、廠房等實體資本作為競爭優勢的來源，無形資產及知識創造的價值將是決勝的關鍵，而在企業中所謂的無形資產及知識創造的機制，就是一般所稱的智慧資本（**表8-7**）。

智慧資本的概念可以定義為：經由人力資本和策略結構資本的結合，可以為未來的獲利創造出乘數效果，不論是個人、企業、還是區

表8-7　智慧資本的組成要素

要素	說明
人力資本	公司所有員工與管理者的個人能力、知識、技術以及經驗，都包括在人力資本之下，當然，這不只是以上幾種的總合而已，也必須能掌握變動仍頻繁的競爭環境中一個智力組織的動態，也就是組織的創造力和創新能力、員工和管理者的進步能力等。
結構資本	硬體、軟體、資料庫、組織結構、專利、商標，還有其他一切支持員工生產力的組織化能力。簡單的說，就是員工下班回家後，留在公司的所有東西，是人力資本的具體化、權力化，以及支援性的基礎結構，瞭解結構資本的一個方式，就是將其視為組織化、創新以及流程這三種資本形式的結合。組織化資本是公司針對系統、工具、增加知識在組織內流通速度，以及知識供給與散布管道的投資。創新資本則是指革新能力和保護商業權利、智慧財產，以及其他用來開發並加速新產品與新服務上市的無形資產和才能。流程資本則是工作的過程、特殊方法以及擴大並加強產品製造或服務效率的員工計畫。
顧客資本	表示一家公司跟顧客間的關係，衡量這種關係的強度和忠誠度，是顧客資本類科目的挑戰，其分類包括衡量滿意度、持久性、價格敏感度，甚至長期顧客的財務狀況。

資料來源：陳玟靜、柯玉雪、郭倍菁、陳晏甄、藍翎娟。〈智慧資本：學校與智慧資本的關係專題報告〉，http://eshare.stust.edu.tw/EshareFile/2010_6/2010_6_1da5ead3.doc

域，都必須充分發揮這種策略乘數效果的力量。

知識經濟時代中，無形資產的價值遠超過有形資產，而其中智慧資本的累積、衡量與管理，是牽引企業向前疾馳強有力的引擎。根據調查結果，我國資通訊產業的智慧資本可區分為：資訊科技應用資本、研究發展資本、人力資源資本、創新與創造力資本、決策與策略資本、顧客關係資本、企業網路資本、生產力與品質資本（**圖8-6**）。

第三節　職能標準

「知識」是指知道哪些；「職能」指的是有哪些能力；「工作經驗」指的是曾經做過的工作內容；「個人特質」是指性格價值觀等。

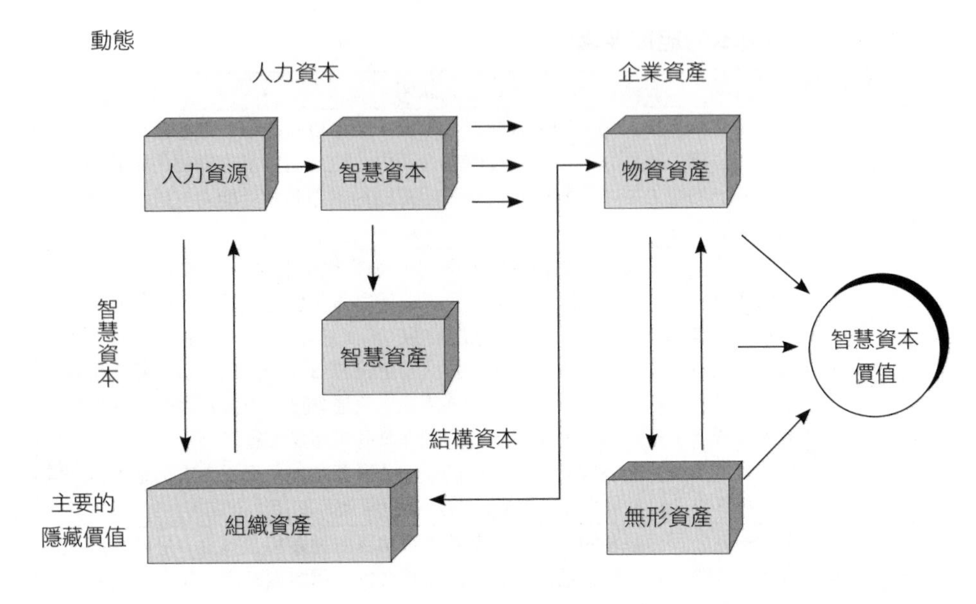

圖8-6　智慧資本管理模式

資料來源：Edvinsson, L. & Malone, M. S. (1997). *Intellectual Capital: Realizing Your Company's True Value by Finding its Hidden Roots*. U.S.: Harper Collins Publishers.（林大容譯（1999）。《智慧資本：如何衡量資訊時代無形資產的價值》。城邦文化）／引自韓志翔（2012）。〈留才蓄才雙管齊下　人才投奔敵營不恐慌〉。《能力雜誌》，總第字672期（2012/02），頁30。

職能辭典

職能辭典（competency dictionary）是個人應具備職能的定義，例如銷售企劃職能（評估現在與未來市場狀況，能使用這銷售評估資訊發展銷售計畫與目標）。即一項職務要能夠達成設定的目標，必須要具備的知識、技術、能力（KSAs）的項目，企業可以從重要的職務開始發展職能辭典，至某一程度後，可以藉由已發展職能辭典套用於相關相近職務上。

資料來源：蔡芬英，教育訓練體系與職能應用。

職能（competence）一詞，最早是由美國哈佛大學（Harvard University）的教授戴維・麥克利蘭（David C. McClelland）所提出的。他質疑過去以智力測驗甄選人才的方式，並認為智力不是決定工作績效的唯一因素，職能對於績效的影響程度遠大於智商（Intelligence Quotient），且職能可預測工作績效，不會因種族、性別或社經地位而異。例如，中華航空公司招考空服員時，特別強調希望找到1特質（樂於助人）、5力（適應力、耐力、親和力、協調力和外語能力）的服務團隊成員，這指的就是職能項目（**表8-8**）。

一、冰山模型

職能，泛指影響工作績效的知識、技能、態度、能力、自我概念或價值等特質。史班瑟夫婦（Spencer & Spencer），依據佛洛依德（Freud）的冰山原理（principle of the iceberg）提出了冰山模型（iceberg model）的概念，進而在其書中提出職能。史班瑟夫婦將職能分兩種屬性，一種是外顯特質（explicit trait）的，顯而易見，技巧、知識是能夠透過後天學習發展的，是為完成工作的基本條件；另一種則是內隱特質（implicit trait）

表8-8　人類擁有八種智商

類別	說明
言語語言智商	讓人藉以溝通。
數理邏輯智商	讓人得以瞭解和運用抽象的關係。
音樂韻律智商	讓人得以瞭解和創造聲音的意義。
視覺空間智商	讓人有機會將察覺到的印象加以轉換，或者憑記憶力加以重新創造。
身體律動智商	讓人以高度技巧來運用全身或一部分的身體。
自我認識智商	幫助個人區別各種情感，建立心智模式。
人際溝通智商	讓人得以認識、區別他人的情感和意向。
自然觀察智商	讓人得以分辨、歸類和善用周遭環境。

資料來源：美國著名心理學家及教育學家加德納（H. Gardner）／引自李右婷（1999）。《人力資源策略與管理》，頁295。華立圖書。

的，內在隱藏的部分，自我概念、特質與動機，是先天不易發展，但這樣的特質，卻是獲得成功的必要特質。

冰山模型強調一個人的職能，除了顯而易見的特質——水面上的冰山，還包括不易察覺與改變的部分——水面下的冰山。因此，職能是一個人所具有外顯特質與內隱特質的總合，這些特質包括五種型態，分別是動機（motives）、人格特質（traits）、自我概念（self-concept）、知識（knowledge）和技能（skills）（**表8-9**）。

知識和技能，是傾向於看得見以及表面的特質；動機、人格特質和自我概念，則是隱藏、深層且位於人格的中心能力（**圖8-7**）。

表8-9　外顯特質與內隱特質

特質	項目	說明
外顯特質	知識（knowledge）	它係指一個人在特定領域中所擁有的專業知識。好比說，外科醫生之對於人體的神經及肌肉的專業知識。但知識只能探知一個人現在能力所及的範圍，而無法預知未來可能涉入的狀況。
	技能（skills）	它係指執行有形或無形任務的能力。心理或認知技巧的才能，包括分析性思考（處理知識和資料、判斷因果關係、組合資料及計畫）和概念性思考（將複雜資料重新組合）。
內隱特質	動機（motives）	它係指一個人對某種事物持續渴望，進而付諸行動的念頭。這好比一位具有強烈成就動機的人，會一直不斷的為自己一次又一次設定具有挑戰性的目標，而且持之有恆的去加以完成，同時透過回饋機制不斷尋找改善的空間。
	人格特質（traits）	它係指一個人身體的特性及擁有對情境或訊息的持續反應。比方說，對時間的即時反應和絕佳的視力，是飛行員所必須具備的特質。
	自我概念（self-concept）	它係指一個人的態度、價值觀及自我印象。就如同自信，一個人深信自己不論在任何狀況下都可以有效地工作，這可以說是個人對自己自我概念的認定。

資料來源：萊爾・史班瑟和賽尼・史班瑟（Lyle M. Spencer & Signe M. Spencer）著，魏梅金譯（2002）。《才能評鑑法——建立卓越績效的模式》，頁17-19。商周。

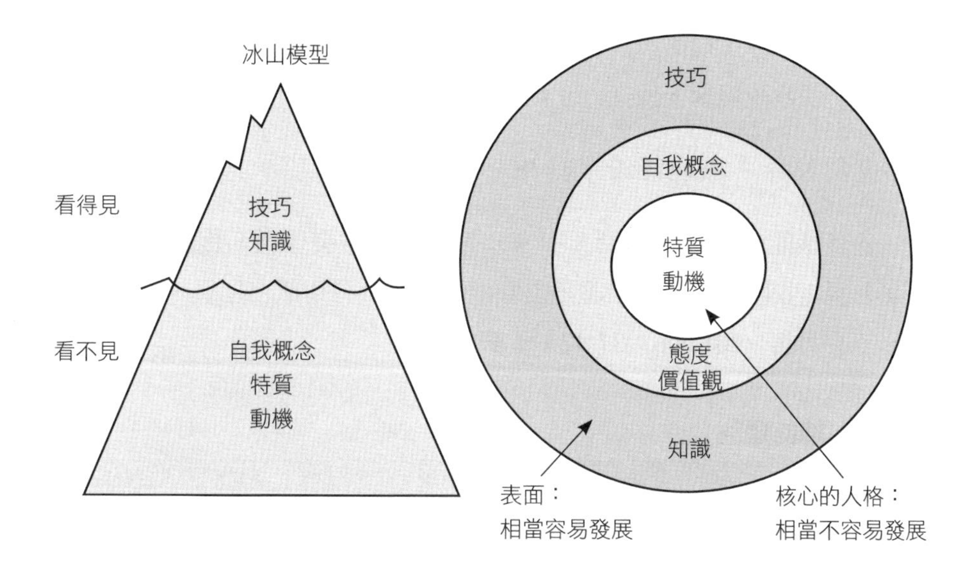

圖8-7　核心與表面的才能

資料來源：萊爾・史班瑟和賽尼・史班瑟（Lyle M. Spencer & Signe M. Spencer）著，魏梅金譯（2002）。《才能評鑑法——建立卓越績效的模式》，頁20。商周出版。

二、職能標準制度的內涵

職能標準制度是，促進人力資本投資及培訓認證產業發展的統合措施，包含三項主要具體功能的組合：

(一)訂定職能標準

界定所需要的人才類別，研析其需要具備哪些能力條件（知識、技巧、態度或其他特質等能力組合），將該能力組合予以具體規格化的描述。

(二)規劃設計學習路徑

要建構該項目標職能，個體宜先具有的學習力素質或資格限制條件為何，研究分析該職能養成所需的最適學習路徑，可以有多條路徑或分層次、分階段學習，規劃設計對應的學習系統，同時整合資源，建置可具體執行的學習系統能量，促進人才培訓服務業發展。

(三)規劃設計「職能認證」措施

各該職能的評量及鑑別、引導學習方向、激發學習、促進培訓認證產業發展。我國目前技術士證照之職能層級，共分甲級、乙級、丙級計三級。（游明鑫，2012/06：37-42）（**表8-10**）

表8-10　職能類別

類別	說明
核心職能	企業內每一個人都必須具備的特質或能力。
管理職能	依照管理階層的需要，需具備不同的管理能力，一般分為高階、中階與基層主管各自需要不同的管理能力。
工作職能	依照功能別、作業程序的不同而需具備不同的專業知識、技能與特質。

資料來源：于泳泓（2007）。〈現代財務長的新思維Part II——策略性人力資源管理：人力盤點〉。《會計研究月刊》，第261期（2007/08/01），頁117。

三、個人能力vs.角色要求

每個人在職場上扮演的角色必須適才適所。例如，一家公司可能要銷售單位的主管必須是個「成交高手」，而且善於激勵士氣；或者，它可能要求由擁有管理長才的人，來推動新的銷售管理制度。除非公司有明確的要求，否則主管可以自己斟酌任用他個人認為「適任」的人。

在決定職位人員時，企業可以從這個角色需要的是哪一種人才來思考：變革推手、某個領域的專家，或是可靠的執行者。

頂尖的企業會在組織內齊備上述三種人才，並且認知到——公司對某些角色的需求有可能隨著時間改變。由於角色會變化，公司必須適時評估擔任這個角色的人是否仍然適任（Vikram Bhalla等，廖建榮譯，2012/05：65）。

個案8-3 各行業別的特性與關鍵職能

行業	行業特性	關鍵職能	迷人處	有何準備	資料來源
服務業	待遇不高	熱忱、觀察細微、體貼、主動瞭解客人的需求	與人接觸，能創造立即的感動	認識自己，找到自己個性與技術上的優勢	嚴長壽／亞都麗緻總裁
科技業	競爭激烈，一刻不得閒	IQ（智商）加EQ（情商）	創新運用，促進世界聞名	加入快速變化的戰局，要有全力以赴的心理建設	宣明智／聯電榮譽副董事長
教育	教育理念可能和升學主義、家長期許衝突	要有熱情、愛心，把教育當志業，而非工作	永遠和年輕人在一起，心態常保年輕	要隨時讀書，吸收新知，加強專業能力與溝通能力	彭宗平／元智大學校長
醫療	屬於個人時間比較少	耐心、溝通（好的溝通能消弭大部分的醫療糾紛）	永遠在進步，對許多事情會越來越懂	功課要好，但也應弄清楚自己志向，比如是否對人關心；如果不是，就不建議當臨床醫師	柯文哲／台大醫院外科部加護病房主任
公務員	生活的需求簡單而有限，官僚體系往往是「官大的為準」，單調而缺乏變化	心細、效率、專業、責任	從最基層公務員一路做起，見證文官體系，也奉獻生命最精華時光，滿心歡喜，無怨無悔	凡事抽絲剝繭，化繁為簡，一分鐘要當二分鐘用，才有競爭力，也才有效率	陳美伶／行政院副秘書長
銀行	要花很多時間在工作上，沒時間多陪家人	英語以外，最好有第二外國語專長，還有金融專業	競爭讓你熱血沸騰，也能創造客戶最大價值，並超越自我	在校多參加企業活動，讓企業看到你的企圖心。要多參加社會活動，好比別人早知道自己要什麼	羅聯福／中國信託商銀董事長

行業	行業特性	關鍵職能	迷人處	有何準備	資料來源
法律人	看到人性的憂傷煩惱	邏輯思考清楚	加強英文，訓練邏輯能力	每個案子都是個故事	宋耀明／理律法律事務所資深律師
社工員	隨時都得在挫折中保持正向力量，比較辛苦	團隊工作、挫折容忍度、負責任、熱情	看見個案的生命改變	多讀社會學，不要只懂社工	紀惠容／勵馨基金會執行長
金融業	工時長、繁瑣、很多事需要親力親為，不如大家想的光鮮	足夠彈性及包容力、不要計較得失	能與一群素質很好的人一起共事	面試時展現足夠的企圖心。加強自己的說、寫能力，足以說服別人。有好的組織能力	管國霖／花旗銀行消費金融台灣區總經理
文化創意	台灣社會還看不到這行業的重要	豐富的五感體驗	天天可看到有夢，有理想的天使	開始學習生活吧	徐莉玲／學學文化創意基金會董事長

資料來源：給社會新鮮人的10封信。《聯合報》（2008/06/24-07/04），A4版。

職能模式在人力資源管理上已經廣泛被運用在人才遴選徵聘、接班人計畫、培訓發展與績效改進，並且被視為人力資源發展的基礎工具（**表8-11**）。

表8-11　三種團隊不同的選人考量

團隊大目標	解決問題	創造發明	執行任務
主要特質	信任	自主	明確
選人重要考量	・聰明 ・有常識 ・對人敏感 ・非常正直誠實	・腦筋靈活 ・能獨立思考 ・自動自發 ・不屈不撓	・忠誠 ・有危機感 ・有使命感 ・反應迅速 ・行動取向

資料來源：拉森（Carl E. Larson）、拉法斯托（Frank M. J. LaFasto）著，思穎譯（1996）。《追求卓越的團隊趨勢》。業強出版社。

第四節　人才評鑑

從人才管理與發展的角度，人才評鑑通常是透過一系列科學的手段和方法，對人的基本素質及其績效進行測量和評定的活動，也就是透過綜合利用心理學、管理學等多方面的學科知識，對人的能力、特質和行為進行系統、客觀的測量和評估的科學手段，作為企業組織招聘、選拔、配置和評價人才之依據（**圖8-8**）。

人才評鑑最常被運用的工具，包括：個人履歷、心理測驗（人格測驗、認知能力測驗、領導力測驗）、面談、評鑑中心、360度回饋等工具進行人才甄選與測評（鄭晉昌，2012/05：28-34）。

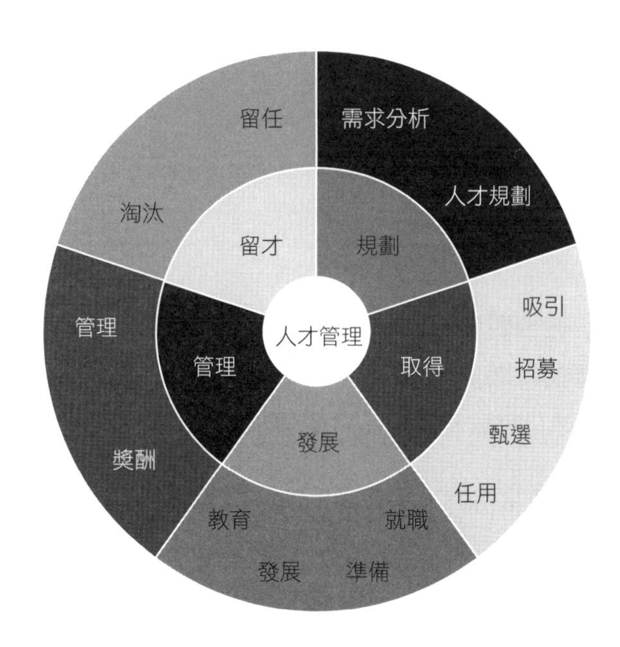

圖8-8　人才管理系統

資料來源：黃同圳（2012）。〈高績效人才管理的戰略與戰術〉。《能力雜誌》，總號第675期（2012/01），頁29。

一、履歷分析

個人履歷檔案分析是根據履歷或檔案中記載的事實，瞭解一個人的成長歷程和工作業績，從而瞭解其人格背景。

履歷分析對一個人今後的工作表現有一定的預測效果，個體的過去表現總是能從某種程度上表明他的未來職涯發展。這種方法用於人員評鑑的優點是較為客觀，而且低成本，但也存在一個疑點，例如：履歷內容的真實性。

二、紙筆測驗

紙筆測驗主要用於測驗基本知識、專業知識、管理知識、相關知識，以及綜合分析能力、文字表達能力等。紙筆測驗在測定知識面和思維分析能力方面的效度較高，而且成本低，可以大量地進行施測，成績評定比較客觀。

三、心理測驗

心理測驗是透過觀察人的代表性的行為，以瞭解其心理特徵，依據特定規則進行推論和數量化分析的一種科學手段，被廣泛用於人事之評鑑。它可分為標準化測驗和投射測驗兩種。

1.標準化測驗通常用於人事評鑑的心理測驗，包括：智力測驗、能力傾向測驗、人格測驗、領導力測驗、興趣測驗、價值觀測驗、態度評鑑等。這些評鑑工具使用方便、經濟、客觀等特點。
2.投射測驗適用於對人格、動機等內容的測量，它要求被測試者對一些模稜兩可或模糊不清、結構不明確的刺激做出描述或反應，透過對這些反應的分析來評斷被試者的內在心理特點。投射技術可以使受試者不願表現的個人特徵、內在衝突和態度更容易表達出來，因而在對人格結構、內容的深度分析上有獨到的功能。

四、面試

面試是透過測試者與受試者雙方面對面的觀察、交談、收集有關資訊，從而瞭解受試者的特質、能力以及動機的一種人事評量方法。面試按其形式的不同，可以分為結構式面試和非結構式面試兩種。

面談時，應避免採用非結構式面談，改用結構式面談。據統計，非結構式面談在預測員工在職表現的準確度僅20%，結構式面談則為50%，方能確保被試者都被詢問相同的問題，並避免面試者將訪談時間都用來確認自己的第一印象，而非抱持開放的心胸來瞭解被試者（齊立文，2006/03：19）。

五、360度回饋

360度回饋是一種多來源的一種評鑑技術。它是針對特定個人、包含受評者自己在內的多位評量者來進行評鑑。這種評鑑方法是企業界主要用來作為領導與管理發展的一種評鑑方法。

360度回饋適用於組織文化較為開放的機構中，對於過去過於保守的機構，其施測結果往往無法真實反應多位評量者的真實意見。

六、情境模擬測驗

情境模擬測驗，提供在標準化情境下觀察與評價領導潛質的機會，也是組織發現潛力人才較為有效的途徑與技術，可協助企業避免陷入經驗或直覺的選才方式，並在員工所具備的「硬能力」（基本能力、專業技

個案8-4 和泰汽車導入的360度回饋做法

360度回饋是一種「多元來源回饋」的評價法，其方法是由多位評鑑員來進行評估受評者，包括受評者自評、直屬主管、同事、部屬及顧客。評鑑者要對受評者的工作表現進行詳細的觀察與瞭解。

一、篩選通才的評鑑指標

和泰汽車在推動360度回饋來篩選通才，其評鑑指標包括：

1.課長級：團隊領導、計畫與組織能力、影響力、積極主動、客戶導向、人才培育。

2.經理級：領導統御、展開能力、影響力、積極主動、創新、策略性經營思考。

二、360度回饋流程

和泰汽車導入的360度回饋流程如下：

1.確立目標

瞭解評鑑的目標為何，決定問題的內容。

2.發展職能標準與主要行為

決定評鑑的職能標準及主要行為。若評鑑的目的是要瞭解主管訓練的需求，必須先訂定出一位優秀的主管人員應該具備的職能，如分析能力、溝通、發展部屬、影響力、創新等。不同企業會有不同的領導職能界定，需要根據公司情境來量身訂做。職能一旦確定後，再根據每項職能訂出主要行為。

3.根據職能標準與主要行為發展問卷

根據上述的職能及主要行為面向來發展問卷，題目可從職能的主要行為來挑選。由於是公司期望被評估者所應展現的行為，因此評量的標準較能符合企業所需。

4.選定受評者與評鑑者

應挑選能與被評者充分互動，有機會觀察其行為的評鑑者，包括直屬主管、同僚、部屬或顧客等。

5.溝通與訓練

告知受評者有關評鑑的目的，以及其對公司與個人的影響。讓參與者知道此一新的評量法，對他們的影響、運作的細節及作答的標準，讓他們對評鑑有公正的感覺，讓參與者接受度增加，也使360度回饋的成功機率增加。

6.執行評鑑
給評鑑者有充分的時間來完成所有問項。
7.計分及撰寫報告
根據評鑑表的職能項目予以計分，並做出較為完整的報告書。
8.提供回饋與發展行動計畫
適切地提供公開與客觀的回饋，告知受評者的優缺點，以及未來發展的方向與方法。

資料來源：韓志翔（2012）。〈人才評鑑連接職能 讓對的人在對的位置〉。《能力雜誌》，總號第675期（2012/05），頁55-57。

術等）之外，發覺出其他「軟能力」（組織能力、邏輯思考能力、概念化能力等），是一種可廣泛應用且具有高度信度及效度的測評工具（鄭瀛川，2012/05：36-41）。

目前已經開發使用的情境模擬測驗，主要有個案研究、口頭報告、籃中作業、無領導小組討論、角色扮演、管理遊戲、適時搜尋、工作樣本測試、情境判斷測驗等。但一般企業常用的情境模擬測驗，包括籃中作業、無領導小組討論、管理遊戲和角色扮演。

(一)籃中作業

將實際工作中可能會碰到的各類信件、便箋、指令等放在一個籃子中，要求被試者在一定時間內處理這些檔案，相對應地做出決定、撰寫回信和報告、制定計畫、組織和安排工作。考察被試者的敏感性、工作獨立性、組織與規劃能力、合作精神、控制能力、分析能力、判斷力和決策能力等。

(二)無領導小組討論

安排一組互不相識的受試者（通常為六至八人）組成一個臨時任務小組，並不指定任務負責人，請大家就給定的任務進行自由討論，並提出小組決策意見。測試者對每個受試者在討論中進行觀察，考察其決策、自信心、分析、口語表達、果斷力、組織協調、說服力、責任心、靈活性、情緒控制、人際敏感性、團隊精神、領導力等方面的能力和特質。

(三)管理遊戲

以遊戲或共同完成某種任務的方式，考察小組內每個受試者的管理技巧、合作能力、團隊精神等方面的特質。

(四)角色扮演

測試者設置一系列尖銳的人際矛盾和人際衝突等情境，要求受試者扮演某一角色，模擬實際工作中的一些活動，去處理各種問題和人際之間的矛盾。

角色扮演是以某種任務的完成為主要重點目標，讓受測者親身體驗問題狀況，藉由受測者的口語表達、行為反應，檢視受測者問題分析與解決、決策判斷、溝通說服與衝突處理等能力。

七、評鑑中心

評鑑中心是一種評鑑過程，透過多重評鑑工具，進行多元化的模擬演練，並透過專業評鑑員的觀察，對受試者的各項表現給予客觀的衡量及回饋，以從中判斷受試者的才能、特質、優缺點以及未來的潛力。因為評鑑中心平均效度高居所有評鑑方法之冠，廣受企業界所信賴（溫金豐，2012/05：44-50）。

人才評鑑需要界定清楚企業所需要的核心職能，並選擇適當的評鑑方法，進而展開員工個人發展計畫（individual development plan），以培養未來所需具備的核心職能，以及留任與激勵人才，方能達到人才管理的目的（韓志翔，2012/05：52）。

個案8-5 T型人才

美國鋁業公司（Alcoa）執行長柯菲德（Klaus Kleinfeld）表示，他要找的是「T型」人才。所謂的「T型」人才指的是，同時符合「T」字上面的「一橫」與中間的「一豎」兩種條件的人。「一橫」代表公司對人才開出的基本條件，例如分析能力、策略思考、國際經驗等；「一豎」則代表人才必須經歷過某些深刻的挑戰經驗，而且堅持到底走了過來。

柯菲德幾乎不在乎這些挑戰的經驗是什麼，可能是一個人年輕時在印度學了兩年瑜伽，也可能是其他的事情。重要的是，他願意捲起袖子去做一件事而且有毅力把它做完。

資料來源：《財星》雜誌／引自〈管理便利貼〉。《EMBA世界經理文摘》，第343期（2015/03），頁46。

第五節　跨國人才管理

一家企業的營運活動（如生產製造、研發設計、行銷業務、售後服務、採購等）分布在於兩個國家（地區）以上，這家企業便可稱為國際企業（international business）。因此，跨國人才是企業要在國際間進行擴張時最重要的關鍵，因為唯有擁有能夠開疆闢土的人才，才能夠為跨國企業成功的打天下，並且成功治理國際版圖（**表8-12**）。

一、全球人力職場的浪潮

隨著全球化潮流的風起雲湧，全球市場所蘊藏的商機與潛力，既是企業日後發展的命脈所在，卻也是龐大競爭壓力的源頭。2008年，一本名為《站在CEO高度看全球職場：全球150位頂尖執行長傳授你14堂工作與人生的EMBA課》的勵志書出版，書中訪談了150位各國企業執行長，分析整理出衝擊全球人力職場的五大浪潮，分別是全方位競爭、地球公民思

表8-12　全球中心模式

	本國中心	多中心	地區中心	全球中心
整體策略	全球整合	反應地主國市場	反應地主國市場與區域市場	反應地主國市場與全球整合
組織結構	產品別	地區別	產品別／地區別／矩陣型	網路型
公司文化	母國文化	地主國文心	區域文化	全球文化
人資決策者	總公司	地主國子公司	區域總公司	總公司與子公司合作
評估與控制	透過母國總公司	透過當地子公司管理	在地區的各個國家協調	與當地的標準和控制一樣的全球性
協調溝通	從總公司到當地子公司	子公司之間多，子公司與母公司之間少	子公司與總公司較少，地區間的子公司較多	子公司之間完全由總公司的網路系統連絡
人員任用	重要主管由母國人員擔任	重要主管由地主國人員擔任	重要主管由區域人員擔任	用人唯才，不分國籍
員工管理	母國經理	地主國經理	經理可能來自於地區內某個國家	最佳的人選分配到能發揮最佳效果的地方

資料來源：《台糖通訊》，第2026號，134卷，2期（2014/04-06），頁63。

想、多元人力市場、虛擬世界來臨、重整與重分配。

跨國經營，必須派人前往國外，而此人必須在文化適應上有相當的彈性，在領導上也能調整自己的風格，在管理能力上，更需要有全方位經營的潛力。從人力資源管理的角度來看，當企業準備開始在海外設立營運據點時，便必須開始思考跨國人才的問題，包括該派哪些人去負責海外營運據點的設立及營運管理工作，在海外當地據點的人力資源管理工作該如何進行。因而，跨國人才管理的重要概念，在於組織高層是否擁有全球化的經驗與視野，帶領上下階層面對這一波一波的職場浪潮及挑戰，這不僅是做法問題，也是心態問題（邱皓政，2012/03：44-51）。

面對全球化的競爭，如何將企業組織的願景與目標清楚溝通到每個層級，是經理人對跨文化員工整合、溝通、協調管理能力的成敗關鍵。跨國人才培訓成敗的關鍵，為自身是否具備赴海外工作的高度意願，進而給

表8-13　跨國經營人才的特質

特質	內容
掌握區域現況	對環境面知識能夠充分掌握，瞭解當地政治、經濟、法律及社會文化，同時對當地的產業特性、型態及趨勢也能夠瞭若指掌。
統合資源配置	具備決策面的才能，擁有創新的思維，能夠進行卓越的團隊領導，同時善於運用策略規劃，進行整合性的管理。
基本競爭條件	具備工具面的技能，如語言能力、資訊應用的能力、溝通談判技巧，及智財法務領域等也要多所涉獵。

資料來源：張寶誠（2005）。〈跨國經營人才的培育〉。《能力雜誌》，總號第591期（2005/05），頁11。

予行前、在職、回任訓練，同時關注派外人員家庭與工作問題，以免造成組織的損失（**表8-13**）。

二、處理國際性任務的類別

對於需要跨國人才的企業而言，雖可以直接甄選或挖角具有海外經歷的人才，但仍會藉由以實戰的方式來培育員工的跨國性才能，亦即指派員工參與企業的國際性任務（international assignments），讓員工在實際的任務中獲取第一手的海外經驗。

對於跨國企業而言，所需處理的國際性任務可區分為兩類：

1.需求導向：包括對海外據點的起始營運、技術轉移、推廣新產品、組織掌控等，母國企業會直接派遣總經理或總監等赴任。
2.學習導向的任務：包括對海外據點的管理訓練、知識轉移、企業文化與價值觀的宣導等，母國企業則會由相關部門的主管或員工前往，進行短暫性的差勤任務。（任金剛，2012/03：67）

如何在眾多員工中，篩選出最合適的人選，以配合將來工作的需要，及早積極培訓，是企業邁向跨國經營上很重要的一課。

三、信任與授權

人員派外工作，首重互信。國外環境複雜多變，許多決策無法事事請示，勢必授權。因此，母公司必須對駐外人員充分信任，充分授權，及時採取因時、因地制宜之行動是必然的做法。

然而，信任不是單方面的，派外人員必須值得信賴，公司方面才能充分授權。因此，公司在甄選派外人員之前，必須及早對他們深入觀察，考察其品格及對公司的向心力，同時在外派之時，也要對其前程與物質報酬有一定水準的承諾，以確保其忠誠度。外派人員操守不佳，或經營一半跳槽他去或就地自立門戶者偶有所聞，這對公司而言都會造成不小的傷害。

就外派人員而言，若欲其充分發揮才能，除了本身的文化適應力、管理上的全方位能力外，還必須對母公司的組織文化，乃至於權力結構有深入的瞭解。瞭解組織文化，在獨立決策時，一旦牽涉到價值判斷時才能有所拿捏；瞭解權力結構，才會知道由母公司各單位來的意見輕重衡量；在溝通協調，請求支援時也才能掌握關鍵重點。

有些企業由於策略上未能及早規劃，走向國際化的人力不足，不得不借重外聘人才。外聘人才客觀條件雖好，但在認同組織文化與價值觀這方面較為欠缺，往往造成美中不足的遺憾。因而，企業對外派人員必須及早儲備，不缺輔佐人才，始能鴻圖大展（司徒達賢，1999：113-120）。

結　語

在21世紀的激烈商場競爭中，人才素質與人才管理是企業致勝及永續經營的關鍵。人才管理必須與企業策略緊密結合。人才管理的起點是先釐清企業的願景，以及根據願景所訂的短、中、長期目標連結策略目

標，根據企業願景，沙盤推演要達到願景策略該怎麼走、必須針對這些未來人才的能力開出規格，需要多少人？這些人需要什麼特質？各階層主管需要多少人，從而展開人才管理。企業透過將對的人放到對的位置、做對的事，使人的效用達到最大化。同時，為了留住人才，企業必須為員工個別規劃其職涯發展計畫，並提供一個明確的晉升管道，讓員工知道只要有能力，不論年齡和工作年資都可以在組織內升遷與發展。

Chapter 9 企業再造與組織變革

我們無法駕馭變革，我們只能走在變革之前。

——管理大師彼得·杜拉克

歷史悠久的組織，往往安於現狀、緬懷過去的輝煌歷史，缺乏警覺心與危機感，因而對外界的變化漠不關心，並且抗拒改變。這是組織老化的一大特徵。但自從奇異電氣公司（General Electric）前總裁傑克·威爾許（Jack Welch）在上世紀80年代成功地完成奇異公司企業變革，進行組織扁平化，大量裁減人員，並進行企業文化再造，使得奇異公司成為全球最具競爭力的大企業。企業變革，挽回組織加速邁向衰老或敗亡的命運，這是企業領導人無可旁貸的責任。

管理學大師韓默（Michael Hammer）與錢辟（James Champy）在1990年提出破壞性的創造「企業再造」（reengineering the corporation），流程的變革之後，國內外諸多企業試圖利用「企業再造」作為企業轉型強化競爭力，提高經營績效的策略。2002年，由企管大師賴利·包熙迪（Larry Bossidy）與瑞姆·夏藍（Ram Charan）在《執行力》（*Execution*）一書中強調的「沒有執行力，哪有競爭力。」其堅持的重點就是「企業再造」要成功，一定要從「執行力」開始，使克有成（方素惠採訪整理，2002/06：92）（**表9-1**）。

第一節　企業再造

當公司順利發展，持續成長，反應開始遲緩，創新開始停滯。這是許多大型成熟的企業組織面對的艱困處境，也是成就百年基業的考驗關卡所在。1955年，《財星》（*Fortune*）首次進行美國500大企業排名，通用汽車（General Motors）高居榜首；截至2008年，仍盤據500大企業中的第4名。到了2009年6月，通用汽車在金融風暴重擊之下宣布破產，它衰敗之

表9-1　人力合理化的三項型態

人力精簡策略	勞動力減少	組織重設計	系統的策略
焦點	工作人員	工作及單位	企業文化 員工態度
對象	人	工作	現有流程
執行所需時間	快	中	持續性
達成的目標	短期效果	中期效果	長期效果
本身的限制	長期性的適應	快速的成效	短期的成本節省
例子	• 空缺不補 • 解僱 • 鼓勵提早退休	• 裁減部門 • 縮減功能 • 減少層級 • 工作重設計	• 簡化工作 • 轉變責任 • 持續地改進

資料來源：Freeman & Cameron／引自丁志達（2015）。「人力規劃與人力合理化技巧班」講義。中華民國職工福利發展協會編印。

快速讓人難以想像，還是管理團隊組織逐漸腐壞的毫無警覺教人不解。從帝國到企業，所有偉大的體制都可能從顛峰滑落，從不可一世淪為一蹶不振，然而體制的衰敗，有如疾病：初期難以察覺但是容易治療，後期容易察覺但是難以治療。企業也是如此，可能外表看來毫無異狀，然而內部已經問題叢生，正一步一步走向衰敗（大師輕鬆讀編輯部，2009/07：2）。

一、企業再造的意義

企業再造一詞經常與組織再造（organizational reengineering）、企業流程再造（Business Process Reengineering, BPR）混合使用。再造（reengineering）的定義是指：「根本的重新思考，徹底翻新作業流程，以求在企業的表現上獲得大躍進式的改善成本、品質、服務及速度等各項主要績效指標的表現，以用來建置最理想的新組織型態，取代現有組織型態，力求持續不墜。」因而，再造已經成為企業永續經營不可忽略的管理重點。

個案9-1 福特汽車的改造經驗

福特汽車的應收款部門過去曾用五百名以上的行政人員，之後卻發現馬自達汽車（MAZDA Motor）的同一部門卻只用了五名人員。

福特汽車進行一項分析，並歸結出其應收款與收貨程序不但過於複雜，且有很多重複作業。其長久以來的管理做法造成了這種複雜性以及工作分化。此外，例外成為成常規，才會需要更多人手，且零件商隨時都可送貨到福特汽車工廠倉庫。

顯然是應收款部門該進行流程改善的時候，福特汽車隨之進行該部門的重組。

資料來源：華倫・貝尼（Warren Bennis）和麥克・米薛（Michael Mische）合著，樵瑟譯（1998）。《大趨勢：21世紀的組織與重建》，頁63-64。海鴿文化。

IBM曾氣勢衝天，卻也因為決策轉折失準而遭遇困境，大幅變革之後才重拾動能。因而，企業為了因應市場快速變化及生存發展，莫不導入企業流程再造，企業重整（reengineering）、組織扁平化（horizontal organization）、企業資源規劃（enterprise resource planning）等策略；更不斷引進資訊科技（information technology）、電子商務（electronic commerce）、創新產品、開發新市場、顧客導向等措施，亦即推動變革管理（change management），維持競爭優勢，是當前極為重要的課題（蔡祈賢，2010/03：2）。

企業透過規劃、導入組織轉型，將部門功能劃分，責任歸屬及組織內部關係緊密串聯，以持續取得競爭優勢，並有效達成企業策略目標的成功。學者卡茲（Ray Katz）在《品質文摘》（*Quality Digest*）一書中曾寫到，「再造」一詞是用來說明經營上的一種具創意的積極做法，但卻廣被用來代表縮小規模的具體實現。縮小規模既不是創意又不積極，這是企業領導者想不出其他方法時的唯一選擇。事實上，「再造」代表以不同且更有效的方式來做事，不論有沒有既有的人員，並非一開始就一定要裁撤職務，也不一定會達到縮小規模（**表9-2**）。

表9-2　企業再造概念

1.不應該和自動化混為一談——因為如果努力的方向不對，就算把事情做得有效率，對企業也不會有什麼助益。 2.不是組織重整，也不是縮編——因為企業再造追求的是用更少投入達成更多產出，而不是縮減目前的規模。 3.不等於將組織「扁平化」——因為公司面臨的問題比組織是不是夠扁平還要來得更深遠，而且與流程有關，可不是表面的組織性問題。 4.可以把分散的流程整合起來——因而不需要層層官僚的組織型態。 5.和全面品質管理或其他類似方案完全不同——因為全面品質管理是透過持續漸進的改善來提升現有的作業流程，而企業再造則是將現有流程整個拋棄，代之以一個能創造三級跳改進績效的突破性流程。

資料來源：邁可・韓默（Michael Hammer）、詹姆斯・錢辟（James Champy）著，李田樹譯（2005）。〈重組流程，再造企業〉。《大師輕鬆讀》，第135期（2005/07/07-07/13），頁16-17。

二、企業再造的要素

企業再造，意味必須捨棄企業過去經營中所有的假設及傳統，改而發展出一個以流程為中心的新組織，創造三級跳的經營績效。克瑞格（Robert J. Kriegel）與派特勒（Louis Patler）在《主動出擊》（*If It Ain't Broke...Break It!*）一書中說：「未來正如變化莫測的巨浪向我們捲襲而來。在一波接著一波的衝擊當中，浪潮變得越來越凶，速度也越來越快。一切再也無法回歸『常態』，因為不可預測和易變才是它的常理。在這裡也沒有回頭的路可走，只有順應時勢才得以生存。易變產生更多的變易，而這正是它唯一不變的定律。海中的波浪將不會就此平息；它們只會變得更大、更猛、更急。」在瞬息萬變的經營環境當中，墨守成規的作為注定會遭受失敗。

《改造企業II》作者韓默（Michael Hammer）和史坦頓（Steven A. Stanton）說：「企業改造失敗的不能歸罪於運氣差，而是因為他們不知道自己在做什麼！」當企業到達巔峰時，便容易耽於組織慣性，慣性往往

來自過去的成功，而改變是要組織放棄過去認為是對的事情。

企業要再造成功，必須要有新觀點、新方法。企業再造要成功的五大要素為：

(一)大膽的遠見

成功改造的真正起始點，是對組織未來的大膽遠見，以及落實該遠見所需的熱忱。例如，迪士尼（Disney）樂園就打算透過重創其娛樂事業而重新取得主導地位。該公司是基於不僅想要提供娛樂，更希望成為娛樂代言人的熱忱。

(二)有系統的做法

改造是有系統的。其意義深遠且遍及整個組織，而非侷限在組織的單一問題、程序、工作、作業、職位或單位。顧客唯一關心的是最後的結果——接到手中的產品。在整個改造重組過程中，記得要常自問像諾斯壯百貨公司（Nordstrom）的創辦人約翰・諾斯壯（John W. Nordstrom）最喜歡問的一個問題：「我們的顧客真正要的是什麼？」

顧客服務不僅牽涉到接單，還包括整個一般規模組織的各個部門中所分發的各項作業：信貸、配銷、預估、營業、船務、企劃、交期排定、運輸、應收款與製造，這些作業通常是分屬不同單位的職責，而這些單位各自獨立且以不同的方式來處理並管理其負責的顧客服務工作。

(三)清楚的意向與指示

企業要進行一項持續的有系統變革，組織必須在一開始就有明確的意向，並瞭解到結果會有一個完全不同的公司風貌。企業改造需有高階主管的指示與支持；除此之外，沒有其他方法能確保所需資源是應用在規劃、管理、實行以及改造作業上。

(四)明確的方法

改造被視為管理的一部分，它涉及全員的過程時，明確的方法十分重要。改造過程的領導者與執行此過程的組織成員都需清楚每個步驟中要做的內容，如果沒有明確的方法，改造過程可能會導致混亂與永久傷害。

(五)有效可見的領導

企業再造必須要有卓越的領導。這項過程的領導者須具備創意、深遠的影響力、對公司業務的專業知識、過去有成功改造經驗的可靠性、賞識人才的能力（包括篩選適合實行重組作業的人員，以及給這些人正面與驅策性指導的能力）、無懈可擊的人格和正確的判斷力。如果改造過程的領導人沒有這些技巧與能力，改造上的努力將會大打折扣（**圖9-1**）。

企業再造當中最怕遇到員工的阻力，員工的行動慣性會對再造變革中產生不安全感。因而，企業再造需要求員工摒棄舊有行為，並採納新行為。改變行為可能是一大挑戰，有時會很痛苦；改造必須提供培訓，且須設立能培養新行為的機制；須加強溝通與科技的運用，這樣人員就能隨時取得所需的資訊；再造時，員工被要求開始一項艱鉅的過程，所以過程中的每一步，組織都須予以全力支持（Warren Bennis、Michael Mische合著，樵瑟譯，1998：26-36、182）（**表9-3**）。

第二節　變革管理

美國《華爾街日報》（*The Wall Street Journal*）曾針對王安電腦公司的經營困境評論說：「王安電腦公司的衰退，正是在快速發展的企業環境中，解困動作太遲緩的下場。」十九世紀末，美國康奈爾大學（Cornell

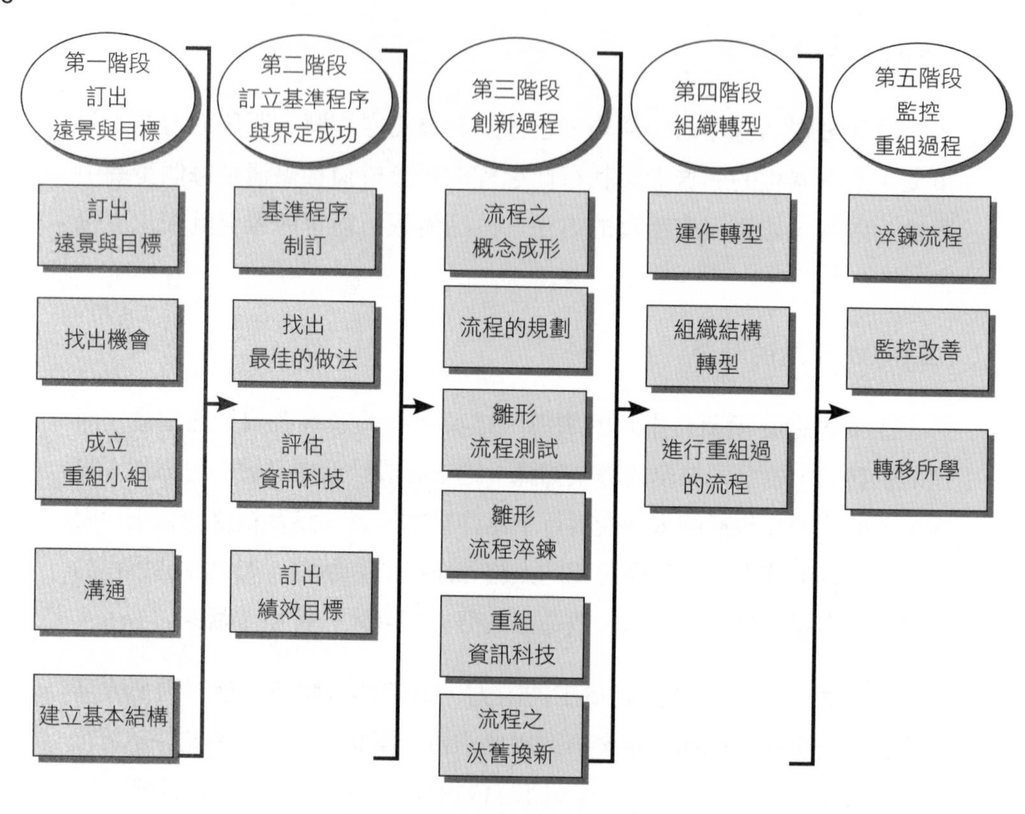

圖9-1　組織變革的五個階段

資料來源：華倫・貝尼（Warren Bennis）、麥克・米薛（Michael Mische）著，樵瑟譯（1998）。《大趨勢：21世紀的組織與重建》，頁81。海鴿文化。

University）曾進行過一次著名的青蛙實驗，提到：「假如你把一隻青蛙丟進一盆高溫的熱水中，牠會馬上跳出逃生，在此一狀況下，牠可能會燙傷，但卻不至於失掉生命；如果把青蛙放進冷水中，然後慢慢提升溫度，此時青蛙不僅不覺得有異狀，還可能覺得溫暖舒適而不願離開，等到溫度高到牠覺得不對勁的程度時，牠的神經已麻木，肌肉已失控，再也無力跳出，只有死路一條了。」所以，如果管理者與員工對不良環境之變化沒有十分敏感，企業最後就會像這隻青蛙一樣，被煮熟、淘汰了仍不知道。

表9-3　企業再造的特色

1.作業流程化繁為簡。
2.增加員工的工作內容，讓大家的工作都可以涵蓋各種面向。
3.組織成員獲得授權，不受控制。
4.組織不再強調個人表現，而是重視團隊績效。
5.組織結構從科層轉變為扁平。
6.專業人員成為組織的重心，而不是經理人。
7.組織運作改為配合整個作業流程，而不是配合部門的運作。
8.不再以做了多少事來評量績效與薪酬，改用作業成果作為評量的基礎。
9.經理人扮演的角色與目的，從監督者變為指導員。
10.組織成員不再需要取悅上司，轉而去取悅顧客。
11.組織的價值系統從傳統守舊，變成重視生產力。

資料來源：邁可・韓默（Michael Hammer）、詹姆斯・錢辟（James Champy）著，李田樹譯（2005）。〈重組流程，再造企業〉。《大師輕鬆讀》，第135期（2005/07/07-07/13），頁23-25。

由於經營環境的不斷變遷，因此，適度的組織變革是必要的。組織變革，是指組織為因應內外在環境競爭的因應衝擊及需要，而調整組織文化、策略、結構，以提升組織績效達成組織目標，並達到永續經營的目的。根據社會心理學家黎溫（Kurt Lewin）的變革模式，成功的變革需要經過解凍（unfreezing）、實施變革（change）、再凍（refreezing）三個步驟（**圖9-2**）。

一、變革的概念

2012年是IBM創業100週年，從1990年代初期遭逢鉅額虧損、瀕臨破產邊緣，經過三次變革轉型之後，才穩住產業領導者的地位。而在每一次策略轉型的時候，他們都會提出新的領導力模型，因為他們相信，領導力是推動方向盤、轉向正確道路的關鍵力量（李思萱，2012/01：41）。

change（變革）一字源於古法文changer，意味著彎曲或轉彎。變革的定義可以歸納具有幾項意涵。

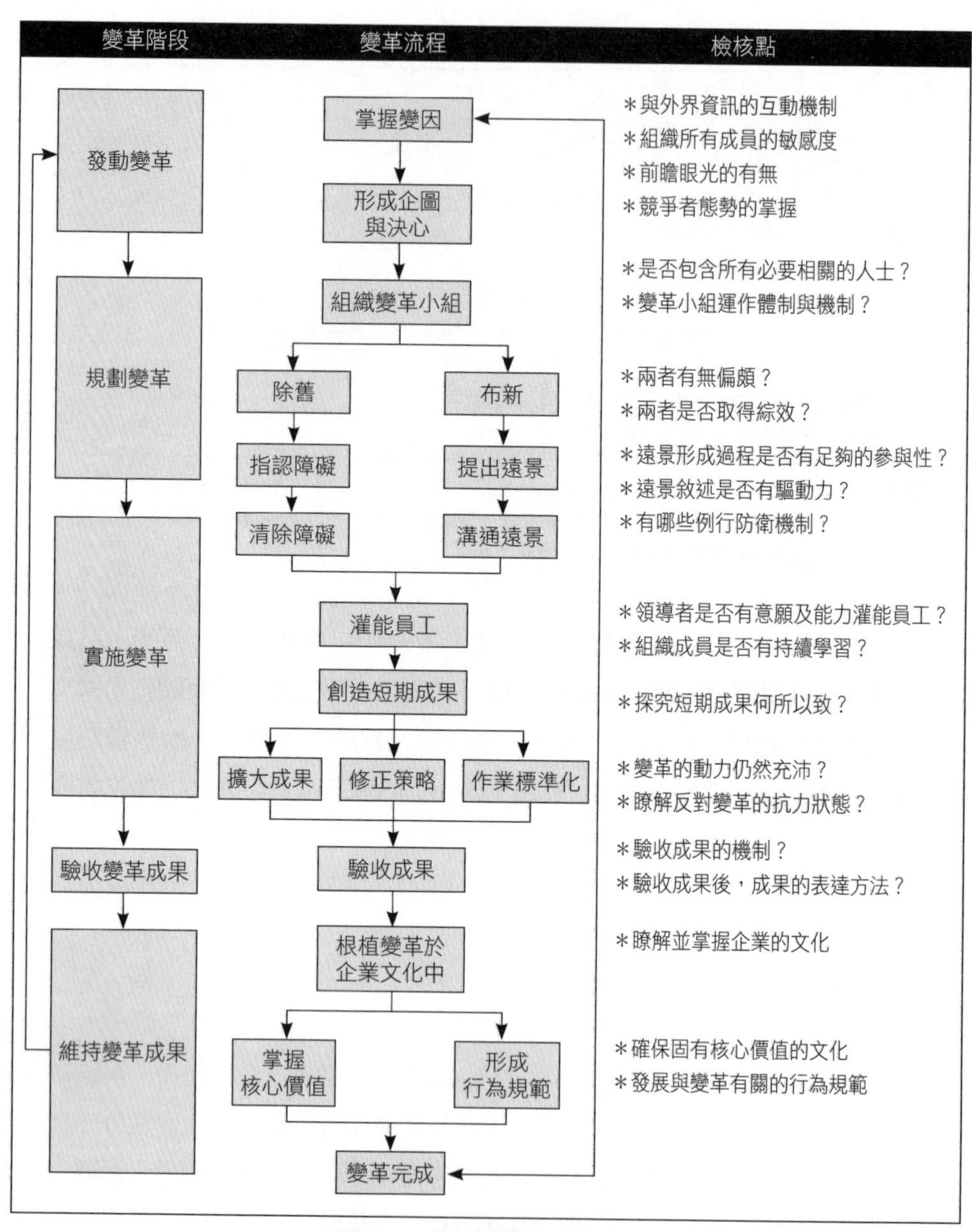

圖9-2　變革管理系統圖

資料來源：奚永明（1998）。〈領導變革才能脫穎而出〉。《管理雜誌》，第289期（1998/07），頁40。

1.變革是一種創新的行為，它帶有突破僵局、開創新機，以及邁向理想與顛峰的積極意義。

2.變革包含外在與心理的變遷，變革係事前精心規劃或未經規劃的改變，以及偶發性與自發性變遷，所引發之組織與心理的反應。

3.變革是不斷學習，以求因應變局的過程。

4.變革是組織追求效能的一種動態運作模式，任何試圖改變舊有狀態之努力均屬之。

5.變革是有階段性或層次性，它包含探索、計畫、行動與統合等事項的緊密連結。（**表9-4**）

二、組織變革層次

因應資訊科技發展與顧客多元之需求，組織進行變革大致可分為三層次：

表9-4　組織變革的類型及內涵

變革項目	內涵	舉例
技術變革	導入新科技或新技術，以提升品質、降低成本、增進營運績效。	新科技的出現、新技術的突破。例如由8吋晶圓進步到12吋晶圓。
人員變革	改變人力資源的結構與屬性。	大量裁員或大量招聘人格特質、學經歷背景和原來員工完全不同的新人。
結構變革	改變組織原有的結構。	為快速回應顧客需求，將原本功能式部門組織，改以顧客導向式組織。
系統變革	改變組織內的作業流程。	將人工行政流程電腦化。例如企業的流程再造。
管理風格變革	高階管理者領導風格的改變。	施振榮在2001年提出「微巨架構」之後，開始參與宏碁營運活動。
策略變革	改變企業經營方向，以創造新核心競爭力為目的。	宏碁在2001年提出「微巨架構」，減少硬體銷售收入比重，增加企業資訊服務收入。

資料來源：蔡祈賢（2010）。〈變革管理及其在行政機關的運用〉。《人事月刊》，第295期（2010/03），頁3-4。

第一層次，係重組組織使命、經營理念、願景、經營目標與策略、組織結構與層級，乃至部門功能完全打破，重新建構，然後再行檢討工作流程、資訊網路、管理制度及人員配置，形成組織整體變革，賦予組織新生命，使組織具有新面貌，形成一個全新戰鬥體，強化競爭力面對客戶。

第二層次，係從經營目標與策略開始檢討起，然後進行組織重建與工作流程的合理化，進而著手工作分析與人力資源評估，以及修訂管理制度以資配合，使組織能以新的團隊形象，裁併功能部門與層級、縮減不必要之工時、精簡無效人力，俾使組織體質更精實、效率更高、反應更快、發展更長遠。

第三層次，係以員額配置為變革中心，重點為運用員額配置各種模式，評估現有員額配置及未來人力需求。（**表9-5**）

表9-5　管理變革的9大步驟

步驟	說明
步驟1	告知訊息（讓員工知道是怎麼回事）
步驟2	參與（讓員工成為計畫的一部分）
步驟3	給予支持和保證（讓員工認為自己能勝任，而且角色重要）
步驟4	指導（讓員工瞭解自己的職責）
步驟5	變革推動者時常接觸負責同仁（讓員工感受到自己的看法受到重視）
步驟6	和團隊成員討論程序將如何影響大家（讓員工覺得主管關心自己）
步驟7	清楚說明所有變革過程（讓員工不會感到措手不及）
步驟8	尊重員工的能力和尊嚴（讓員工清楚知道他們從來沒有被迫放棄對他們真正重要的事）
步驟9	賦予希望（讓員工知道自己值得，而且團隊能夠做得到！）

資料來源：克拉克（Nick Clark）和麥布萊德（John McBride）合著。《主管的第一本書》／引自謝佳宇（2012）。〈新官上任如何快速上手〉。《管理雜誌》，第451期（2012/01），頁47。

三、組織變革的阻力

變革與抗拒，二者如影隨行，雖然各組織都希望經由變革來達其目的，但組織在改變的過程中，並非完全一帆風順，有時也是會有一些阻力的產生，亦即組織變革勢在必行，而抵抗變革也理所當然的呈現，即使是所謂的「正面」與「理性」之變革。因為組織本身有兩種力量，一個是穩定力，一個是推動力，如果兩種力量不能平衡時，則阻力就會產生。因為在組織變革的過程中，會涉及到組織調整、作業流程與方式的改變，甚至績效衡量方式的修改，因而，員工會有抗拒的心理而產生變革上的阻力。

人是慣性動物，因此，變革若無令人信服的理由，他們寧可保持現狀。此外，改變帶來壓力，特別是還不清楚這些變革對每個人的影響。一般而言，組織變革的阻力，可由個人、群體和組織三個層面來探討。

(一)就個人因素而言

由於組織變革可能會影響到組織內的權力分配，也就是有些人擔心會失掉地位、權力與既得利益，很自然的會引起反彈。還有對組織變革目的、方法或結果的不認同與誤解。另外，也有研究顯示，某些類型的人特別容易採取反對立場，譬如，極其相信個人經驗的人，他們總認為未來情況將和過去一樣，過去的好辦法對未來一樣有效；缺乏負擔風險傾向的人，深恐一旦改變，大大增加不可預測之因素，因而感到焦慮不安。

(二)就群體因素而言

當改變有破壞現有工作群體關係及規範時，也會引起群體員工對改變的抗拒。例如，台汽員工、中華電信員工等機構，當年對民營化所採取的群體抗爭，即是對組織變革所衍生之群體抗拒行動。

(三)就組織因素而言

一個組織自身的性質和特點，同樣能夠影響對變革的接納程序。例如，成功的組織易安於現狀，故對變革不認為會比不變好；過去變革有失敗的先例，也會影響組織再變的動機；擔心變革會打破各組織與各部門之間的權力平衡，反而對現存組織造成不良後果；現存的組織環境不適宜變革，恐因變革造成失控更產生無法預知的情況（路蓮婷，2002/02：37-38）。

四、排除組織變革的方法

抗拒變革乃屬自然的狀況，如何因勢利導或預先防範，將抗拒阻力降到最低程度，實乃推動變革不容忽視之議題。當組織一旦要進行變革，就必須運用各種可能的方法來排除變革的阻力。所有的變革都可能帶來「陣痛」，而排除「陣痛」的方法很多種，較常見的方法有：

1.教育：組織必須教導成員接受變革的必要性，因應隨時保持變革的心態。
2.溝通：組織應將特定變革的相關資訊，包括原因、後果等傳達給成員。
3.參與：組織應適度讓成員參與變革的內容與程序，使成員能主動促成變革。
4.支持：組織應提供所需的資源，使抗拒者獲得適當的資源，包括心理支持和財務支援。
5.協調：組織可以透過協調、談判來引導變革。
6.強制：組織在急迫情況下，可採取直接或間接強制手法。（余朝權，2012：383）

「人」的問題是組織變革中最棘手，亦是最關鍵的課題。因此，組

表9-6　經理人抗拒變革的心態

類別	說明
拖延戰術	當企業面臨困境時，難免產生能拖就拖的心態，除非已經到了非要立即做出改變的地步，否則經理人多半會決定等到明天再說。
缺乏刺激	除非有很明顯的個人利益，否則多數經理人會認為不值得為了改變而努力。
害怕失敗	所謂改變經常是要求經理人學習一項新的技巧，於是許多經理人因為害怕受到挫折而打從心裡抗拒。
對未來事物的恐懼	經理人對於未知的事物總是抱著恐懼的心理。面對不確定所產生的不安與無力感都會使得經理人規避改變，即使現狀並不令人滿意，他們仍舊安於目前的情況。
害怕失去	經理人害怕新的嘗試會減低他們在工作上的安全感、權力以及地位。
不喜歡提倡改變的人	當經理人缺乏自信或不信任提倡改變的主事者時，要想讓他們接受改變將更為困難。
缺乏溝通	不瞭解改變的必要性，誤會推動者的企圖或資訊殘缺不全，這些都會使得經理人對改變產生抗拒心理。

資料來源：法蘭克・索能堡（Frank K. Sonnenberg）著，友徽顧問譯（1997）。《用心管理：回歸人本的企業方針》，頁123-124。美商麥格羅・希爾。

織變革必須確保員工對工作的滿意度，所以提升員工滿意度便是組織變革及確保競爭力的根本（**表9-6**）。

五、組織變革失敗的原因

哈佛大學（Harvard University）商學院教授約翰・科特（John P. Kotter）在其《領導變革》（*Leading Change*）一書中指出，組織變革失敗的八個主要原因是：

1.過度自滿，缺乏危機意識。

2.沒有建立堅強的變革領導組織。

3.忽略遠景的影響力及重要性。

4.沒有充分溝通遠景，以致缺乏全員共識。

5.沒有掃除組織邁向遠景時所存在的各式障礙。

6.欠缺短期成果，削弱變革動力及持續力。

7.過早慶功，因而鬆懈精神武裝。

8.未能深植變革成果於組織文化之中。（奚永明，1998/07：62）

趨勢大師大前研一認為，組織變革成功的條件是：企業領導人要下定進行變革的決心、準確辨識企業經營基礎的變化、根據經營基礎的變化調整企業營運的體制、將改革的重點放在企業與環境的介面與組織的軟體層面上和積極開發員工的能力（**圖9-3**）。

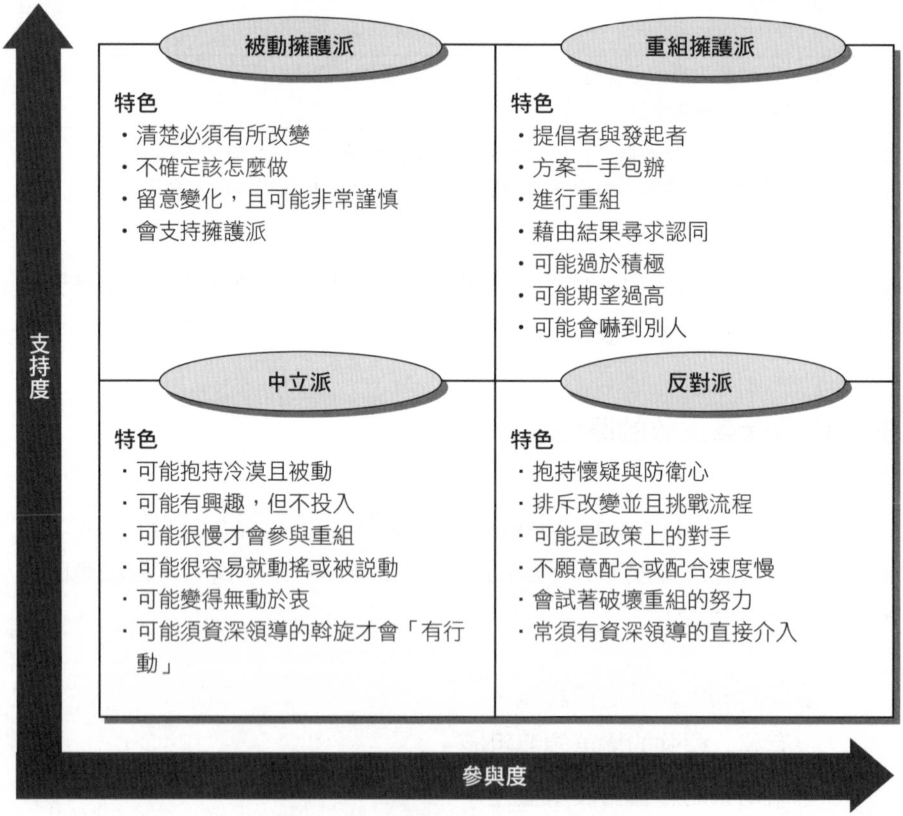

被動擁護派	重組擁護派
特色 ・清楚必須有所改變 ・不確定該怎麼做 ・留意變化，且可能非常謹慎 ・會支持擁護派	特色 ・提倡者與發起者 ・方案一手包辦 ・進行重組 ・藉由結果尋求認同 ・可能過於積極 ・可能期望過高 ・可能會嚇到別人
中立派	**反對派**
特色 ・可能抱持冷漠且被動 ・可能有興趣，但不投入 ・可能很慢才會參與重組 ・可能很容易就動搖或被說動 ・可能變得無動於衷 ・可能須資深領導的斡旋才會「有行動」	特色 ・抱持懷疑與防衛心 ・排斥改變並且挑戰流程 ・可能是政策上的對手 ・不願意配合或配合速度慢 ・會試著破壞重組的努力 ・常須有資深領導的直接介入

縱軸：支持度　橫軸：參與度

圖9-3　組織變更下的員工反應

資料來源：華倫・貝尼（Warren Bennis）、麥克・米薛（Michael Mische）合著，樵悉譯（1998）。《大趨勢：21世紀的組織與重建》，頁174。海鴿文化。

第三節　企業併購

味全是台灣食品界的老招牌，有四十多年的歷史，是台灣第二大的食品上市公司。1998年5月30日召開股東會，在台北來來飯店地下二樓金鳳廳座無虛席，擠滿了關心味全經營權的小股東和媒體，結果頂新集團在十五位董事席次中取得九席，味全原來的經營者黃烈火家族只取得四席董事，使得味全的經營權當下易手（李貫亭，1998/07：62）。

一、併購下的人力資源規劃

一般人對併購（公司之合併、收購及分割）的概念，不外乎是為了追求經濟規模、為了降低成本、為了擴大市場占有率，但是，在市場過於飽和微利時代的來臨，或許併購也是一個很好的退場機制。

合併（merger）是指兩家公司合併，不透過解散清算程序合為一家公司的行為；收購（acquisition）則是指一家公司以現款、債權或股票購買另一家公司股票，對公司取得實際掌控權之行為；分割是指企業將其得獨立營運之一部或全部之營業讓與既存或新設之他公司，作為既存公司或新設公司發行新股予該公司或該公司股東對價之行為。因企業併購會牽涉到人員的去留問題，因而，在併購下的人力資源規劃作業應加注意。

併購下的人力資源規劃，可分為下列四階段來進行：

(一)第一階段：人力資源盡職調查

透過人力資源盡職調查（human resource due diligence），掌握標的公司相關重要資訊與實務。例如：法律和相關政策規定的符合；潛在的負債（如退休金提撥、非自願離職、離職金制度等相關配套因應），尤其是離職金制度的相關估算；潛在的交易與整合障礙（包括：人力資源的相關

政策制度、薪酬結構、績效管理制度的差異），都可能是後續整合階段需要協調的項目，以免在合併後產生制度落差。

(二)第二階段：締約與經營移轉規劃

對於交易的促成與公司管理及控制權的移轉，要有適當的保護與安排，以人力資源層面而言，締約與經營移轉規劃可作為讓員工安心的工具。此外，如何留才的問題在此階段也需有所考量，因此對於要留住哪些關鍵人才，也必須清楚地掌握。

(三)第三階段：加速整合

如何加速整合的計畫，而「從上至下」是在此計畫裡的重要概念。例如兩家公司的員工職級定義或工廠的排班制度不同，因此在制度面的整合上，「時機」是很重要的觀念，所以在第一階段時，即需清楚瞭解標的公司之相關規章和制度，並從其組織架構、薪酬結構、人事相關制度、員工溝通，以及文化面等層面，分析出制度上的差異，以利後續的規劃階段再進行調整，提升加速整合的執行和信心。

(四)第四階段：價值實現

以追求整合的制度架構，穩定推行以實現價值為關鍵點。除了考量制度訂定的合宜性外，同時也須進一步的思考人員的布局。此階段有五項重點需加以考量。

1.組織合理化，即當初因為交易所產生的暫時性措施，為了在以後能夠追求更大效能，因此有再調整架構的必要。

2.人員編制合理化，即當初所承諾的不會因為併購而產生的措施，例如裁員、降等或減薪等，在此階段為了整體效益的需求，因此有重新思考的必要。

3.為剩餘人力規劃，即針對組織合理化調整後，所產生之剩餘人力，思考因應措施與最適安置。
4.為關鍵人才確認、開發和訓練，確保合併後企業之接班無虞。
5.為維持關鍵績效，確保組織需執行的事項皆按預期來完成，同時有適當的追蹤與考核。

對於在併購中所面臨到人力資源層面的挑戰，管理當局應及早規劃，提高執行結果的能見度，以免決策來不及因應變化，關鍵人才流失，導致併購以失敗收場（林瓊瀛、桂竹安，〈併購交易人力資源的四階段規劃〉）。

二、併購下的勞工權益

企業併購在可預見的未來，將會愈見興盛，併購過程牽涉許多法律問題，當然須預為防範，於併購前、中、後皆有不同的法律問題，經營者應有正確的認知才行。政府為了保障勞工在企業進行併購的合法權益，特在《企業併購法》第15、16和17條訂定企業併購下對勞工的補償規定。

(一)《企業併購法》第15條條文

公司進行合併時，消滅公司提撥之勞工退休準備金，於支付未留用或不同意留用勞工之退休金後，得支付資遣費；所餘款項，應自公司勞工退休準備金監督委員會專戶移轉至合併後存續公司或新設公司之勞工退休準備金監督委員會專戶。

公司進行收購財產或分割而移轉全部或一部營業者，讓與公司或被分割公司提撥之勞工退休準備金，於支付未留用或不同意留用勞工之退休金後，得支付資遣費；所餘款項，應按隨同該營業或財產一併移轉勞工之比例，移轉至受讓公司之勞工退休準備金監督委員會專戶。

前二項之消滅公司、讓與公司或被分割公司應負支付未留用或不同意留用勞工之退休金及資遣費之責，其餘全數或按比例移轉勞工退休準備金至存續公司、受讓公司之勞工退休準備金監督委員會專戶前，應提撥之勞工退休準備金，應達到勞工法令相關規定申請暫停提撥之數額。

(二)《企業併購法》第16條條文

併購後存續公司、新設公司或受讓公司應於併購基準日三十日前，以書面載明勞動條件通知新舊雇主商定留用之勞工。該受通知之勞工，應於受通知日起十日內，以書面通知新雇主是否同意留用，屆期未為通知者，視為同意留用。

前項同意留用之勞工，因個人因素不願留任時，不得請求雇主給予資遣費。

留用勞工於併購前在消滅公司、讓與公司或被分割公司之工作年資，併購後存續公司、新設公司或受讓公司應予以承認。

(三)《企業併購法》第17條條文

公司進行併購，未留用或不同意留用之勞工，應由併購前之雇主終止勞動契約，並依勞動基準法第十六條規定期間預告終止或支付預告期間工資，並依同法規定發給勞工退休金或資遣費。

一般企業在併購後緊接著裁員幾乎是併購之慣例，此時，被裁掉的員工可以依原聘僱契約，向新雇主主張《勞動基準法》、《勞工退休金條例》上規定的權利，要求資遣費，續任員工亦可要求新雇主承認其舊年資。

三、影響併購成敗的因素

彼得・杜拉克認為，影響企業併構成敗的五項要件為：

1.買方對於目標公司，應該具有技術上的協助。

2.買賣雙方必須有一致的核心價值，亦即相同或類似的企業文化。

3.買賣雙方必須性情相投，亦即買方必須與賣方的產品、市場、客戶等資源有一定程度的關聯。

4.買方需於併購之後，有人可以替代目標公司的高階管理人員。

5.在併購之後，買賣雙方的中級管理階層必須有實質的升遷效益。

又，根據美國銀行家協會（American Bankers Association）年鑑和資誠聯合會計師事務所（Pricewaterhouse Cooper, PwC）的一項調查結果顯示，企業併購失敗的可能原因為：

1.併購策略規劃不夠完善。

2.不可預期的貸款問題，尤其是當併購金額太大而買方力有未逮時。

3.管理深度不過，特別是無法挽留原先優秀的管理人才。

4.買賣雙方的企業文化不同。

5.選錯併購目標。

6.併購價格過高。

7.整體經濟環境改變，導致預期的情境沒有出現。

8.買方對目標公司沒有縝密的發展計畫。

9.缺乏充裕的資金。

10.市場地理位置太過分散。

在實務上，造成各個企業併購失敗的原因不同，係由於各產業及企業的特定環境、條件與特性均不同的情況下，導致發生問題點的地方也有所差異（併購之策略規劃程序，http://nccur.lib.nccu.edu.tw/bitstream/140.119/35468/5/241605.pdf）。

第四節　非典型僱用

一直以來被認為，企業使用非典型僱用之勞工的好處有降低勞動成本、提高生產力、因減少勞動成本而增加競爭力。彼得・杜拉克指出，4I1K將是未來管理的新挑戰，並影響企業的經營策略。4I指的是國際化（internationalization）、資訊化（information）、創新化（innovation）和價值整合（integration）；1K是知識工作者（knowledge workers）。隨著全球化、國際化、自由化的腳步，企業無不積極跨越疆界，擴張經營版圖，同時持續核心競爭能力，才能面對快速多變的經營環境。面對未來市場競爭，人力資源策略非典型僱用的彈性運用，將是企業提升經營績效的重要關鍵。

近年來，因全球產業景氣的詭譎多變，併購方興未艾，使得企業基於人力彈性調度及成本控制考量，使用非典型僱用勞工的情形有逐年增加的趨勢。

非典型僱用的定義

非典型僱用（nonstandard employment），係指勞資雙方皆不期待僱用關係的持續，工作時數上也不固定，並特別強調工作時間的不可預期性。

非典型的僱用，包括部分工時工、租賃工（leased）、契約工（contracted）、外包工（受僱於顧問公司、人力仲介公司或企業服務公司）、自我僱用工作者，或同時擁有多樣工作的工作者（multiple job holders）及按日計酬的零工（day laborers）等。

(一)部分工時工（part-time workers）

根據經濟合作暨發展組織（Organization for Economic Cooperation and

Development, OECD）的定義，每週工作時數少於三十小時者即稱為部分工時工；美國勞工統計局是以每週工作時數介於一至三十四小時者稱之，至於我國行政院主計總處的定義，則是以每週工作時數少於四十小時作為部分工時工的認定標準。基本上，部分工時工的每週工作時數應少於正職員工，而且不包括定期或短期契約工，而且是由企業直接僱用的。

(二)定期契約工（fixed-term or short-term hires）

定期契約工（或短期契約工），指的是由組織直接聘僱從事短期或特定期間工作的勞工。《勞動基準法》有關勞動契約的規定，則是將臨時性、短期性、季節性及特定性工作視為定期契約，並在《勞動基準法施行細則》中明訂上述四種工作的認定標準。不過整體而言，這類勞工都是由雇主直接聘用，但聘僱關係都不具持續性（**表9-7**）。

(三)派遣工作者（dispatched workers or temporary help agency workers）

派遣工作的最大特徵在於顛覆「傳統僱傭關係」的觀念，包括兩方面的改變：一是「派遣勞動」在實際的派遣過程中，已分離「僱傭關係」與「實質勞務使用關係」，意即「聘僱關係」是發生在「派遣公司」與「派遣工作者」之間，由「勞動契約」規範雙方；但是「實質勞務使用關係」，卻是發生在「要派公司」與「派遣工作者」之間，由「商務

表9-7　定期契約之類型

契約類型	工作內容	期間限制
臨時性	無法預期之非繼續性工作	六個月
短期性	可預期於六個月內完成之非繼續性工作	六個月
季節性	受季節性原料、材料來源或市場銷售影響之非繼續性工作	九個月
特定性	可在特定期間完成之非繼續性工作	一年（超過者，應報核備）

資料來源：《勞動基準法施行細則》第6條（2009年2月27日修正）。

表9-8　人力派遣公司　禁簽「定期契約」

行政院勞委會（勞動部）發布行政命令，明確要求人力派遣公司不可與員工簽訂定期勞動契約，資遣費、退休金、特休假與職災補助都不能少，否則將開罰2～30萬元。 勞委會說，新規定「派遣勞動契約應約定及不得約定事項」等同法令，要求雇主不得與派遣勞工簽定期契約，等於認定派遣勞工屬派遣公司的長期員工，派遣公司除了要依法替勞工投保勞健保、就業保險與職災保險，提繳退休金，離職時也要給資遣費、依法結清特休假。同時，勞雇雙方也要約定平日和假日的工作時間、休假、工資與調整方式，還有該如何計算資遣費、退休金及災害補償、傷病補助等。 另外，許多派遣勞工被派到工作單位後，延誤工作或犯錯往往有「懲罰性扣薪」，新規定也明訂不能有懲罰性扣薪，不得預扣薪資作為違約金或賠償費用。 勞委會表示，若現職的派遣勞工已與公司簽約，但合約內容違反上述規定，合約無效。違規的派遣業者可罰2～30萬元，即使與員工約定期滿，也須有法定事由才能要求員工走人。

資料來源：陳幸萱（2012）。〈人力派遣公司 禁簽「定期契約」〉。《聯合報》（2012/06/28）。

契約」規範雙方（李健鴻，2010/07：12-14）（**表9-8**）。

派遣工作者，指的是使用企業透過人力派遣或從事派遣業務之公司找到之非典型人力。使用企業需支付約定費用給人力派遣公司，在工作期間，使用企業對派遣員工具指揮命令權，但派遣員工之薪資福利是由派遣公司負責。等到派遣任務完成後，派遣員工才回歸接受派遣公司的指揮命令。由此可見，派遣勞工與派遣業者之間雖有聘僱關係，卻必須在受派期間聽從使用企業的指揮命令，這是派遣勞動的一大特色（**圖9-4**）。

(四)外包工（subcontractors）

外包是在20世紀90年代西方企業實施「回歸主業，強化核心業務」的大背景下風行起來的一種企業新戰略手段。1990年，世界一流的策略大師蓋瑞・哈默爾（Gary Hamel）和行銷策略大師普哈拉（C. K. Prahalad）為《哈佛商業評論》寫了一篇文章，題為〈企業的核心競爭力〉（The core competence of the corporation）一文中首次提及「外包」

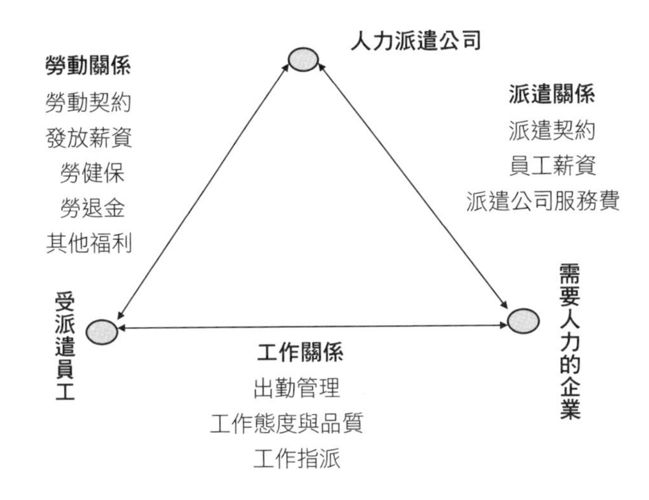

圖9-4　派遣關係與管理

資料來源：丁志達（2015）。「人力規劃與人力盤點」講義。中華人事主管協會編印。

（outsourcing）這個名詞，雖然已經過去了二十多年，但在現代企業戰略中依然有著蓬勃生命力。

外包，即企業將一些非核心的、次要的、輔助性的功能或業務外包給外部專業服務機構，利用它們的專長和優勢來提高整體效率和競爭力，利用外部資源來完成組織自身的再設計和發展，而自身更專注於具有核心競爭力的功能和業務。例如，運動鞋廠牌耐吉（Nike）和銳步（Reebok）都將生產部分外包而專注在研發、設計和市場營銷方面，這些全都是知識密集型服務。蘋果合夥創辦人之一賈伯斯（Steve Jobs）在世時，美國總統歐巴馬有次問他，iPhone是否可能回到美國生產？賈伯斯回答：「這些工作機會已經回不來了。」

外包（subcontract），指的是企業為了減少企業成本、將有限資源充分投注在核心事務上，而將原本應由正職員工所擔任的工作與責任，委由第三者來承擔，而這個第三者可能是個人或廠商。所謂的外包工，即是承攬者本人或是由承攬廠商所指派的工作者。與派遣工不同的是，在工作期間，外包工仍聽命於承攬廠商或自行管理，並不直接面對企業的指揮命令（蔡怡芳，2000/07：68-78）。

《勞動基準法》是以相應於西方國家在二次大戰後「福特主義」發展階段，建立於工業社會大量生產時代的「典型勞動型態」，直接作為《勞動基準法》（前身為《工廠法》）的基本理念類型。因此，《勞動基準法》的相關內容，以「典型勞動關係」作為規範的標的，相當明顯，諸如，勞動契約的不定期繼續性原則（第9條）、定期契約的限制與例外規定（第9條）、解僱相當事由之限制（第11條）、資遣費之義務（第17條）等均可看出。整體而言，《勞動基準法》的主要目的，乃是為了要維繫「典型勞動關係」型態持續存在運作，針對典型工作者提供勞動保護，而不是以非典型勞動關係作為規範標的與保護對象，因而產生「規範延遲」問題，也就是既有的《勞動基準法》內容，難以規範新興的勞動關係與問題，特別是非典型勞動關係與問題（李健鴻，2010/07：12-14）。

企業在使用外包人員時，最好能夠較深入、較周延的考慮核心技術是否會外流問題，為競爭對手所模仿而喪失競爭力。

結　語

要進步就必須求變，變革是希望的源頭活水，變革管理是奠定成功的利基。企業在組織變革中，應該說服員工主動求新求變，而不是被動地見招拆招。在一份《阿爾卡特台灣區簡訊》中提到，有一則該公司資訊部的一位員工對該公司的變革計畫進展產生質疑，他投書說：「從公司的轉型過程中，可以清楚感受到公司企圖以更靈活、更矯健的組織及做事方法因應遽變的競爭環境與挑戰，但同仁並無法獲得充分的相關資訊，以致於片段且有限的資訊在組織內快速流傳與渲染，對組織氣氛有極大的負面衝

擊，對高級管理階層的策略轉型不但沒有相互相乘的效果，反而頗有相互抵銷之慮。」事實上，組織變革的過程中，員工的不安，只是源於對未來的不明確感，因而，暢通的訊息宣導，有助於員工相信「變」會讓明日更好，在習慣了「變」以後，不變反而成為異象（變革計畫論壇，2000：5）。

Chapter 10 企業文化與留才策略

今後，我們將不再「尋找工作」，而是要「尋找雇主」。

——倫敦商學院教授查爾斯·漢迪（Charles Handy）

20世紀80年代初期，「以人為本」的管理文化開始在西方盛行。強調尊重員工、提升員工熱忱，並且盡可能滿足員工的合理需求，激發員工的積極態度與創意。以人為中心的管理文化，要求主管必須營造出良好工作環境，鼓勵員工自我監督、自我提升，並且發揮個人特質（Charles O'Reilly、Jeffrey Pfeffer文，曾清菁譯，2006/07：5）。

根據一則外電報導，多家美國企業為了留住人才，為公司最有價值的員工提供寵物保險的福利，例如：谷歌（Google）、迪士尼（Disney）、匯豐銀行（HSBC）、美國線上（American Online）等，提供員工寵物醫療保險，深受員工歡迎（**表10-1**）。

第一節　企業文化

泰倫斯·狄爾（Terrence Deal）和艾倫·甘迺迪（Allan A. Kennedy）合著的《企業文化》（*Corporate Culture*）乙書中明示：「企業文化是公司員工上下一致共同遵循的行為準則，一套作事的方式。」而企業使命、願景、經營理念及核心價值，是在期許員工對組織方向與目標有一整體的概念，以利凝聚全體成員對企業的向心力與忠誠度，促使團隊成員朝共同永續經營的目標努力，並建立員工工作價值觀，同時亦讓投資大眾（股東）瞭解企業未來發展方向。因而，中鋼創辦人趙耀東說：「企業是由人組合而成，這群人必須有共同的目標，才能凝聚成一股使命感，而產生大家一條心的向心力，這就是企業文化。」

表10-1　留才的10大關鍵做法

做法	說明
做法1	新人有好夥伴（bubby），工作不迷路。讓新人從第一天進入公司起，就有一位好朋友給予工作及適應環境上的建議，協助快速融入工作、加速貢獻。
做法2	提供具有競爭力的薪資與福利，減少人才被高薪挖角的機會。
做法3	滿足員工的成就感與使命感。許多員工都會想在工作中擔負重責大任。並期望從中獲得成就感與使命感。
做法4	傾聽員工想法，定期和員工討論工作內容與未來職涯規劃。主管要協助部屬發現潛能、開拓視野；針對員工需要加強的部分，公司也要提供相關培訓課程，讓員工的技能持續精進。
做法5	不只提供完善的升遷制度，也鼓勵內部流動性。優秀人才除了希望能有「縱向」的升遷機會，還期待「橫向」的內部輪調，以學習新的技能、接受新職務的挑戰。
做法6	建立明確的賞罰制度，紅蘿蔔和棍子一樣也不能少。讓員工明白公司的行為規範，同時也不能忘記即時的獎勵和肯定。
做法7	留才不只是公司的事，直屬主管也得負起留才的責任。很多職場調查資料都顯示，員工工作滿意度的高低，往往取決於和直屬主管的關係。直屬主管要帶人且帶心。
做法8	適才適所，讓合適的人擔任合適的職位。把對的人擺在對的位置，企業才能增加留住人才的機會。
做法9	建立完整的培訓計畫，讓員工在工作中持續學習與成長。
做法10	建立一個良好且平衡的工作環境，讓員工在心理上能有安全感，並且樂於工作、以身為公司的一份子為榮。

資料來源：謝佳宇（2012）。〈留才，要從員工進公司的第一天就開始〉。《管理雜誌》，第455期（2012/05），頁39。

一、企業文化難模仿

美國《財星》雜誌每年都做「最受歡迎」企業大調查。前些年，他們在調查完成後，曾經整理出一項結論是，越來越多的企業更加關注的是：企業不能只靠數字而活，有一件事讓這些頂級企業在大調查中脫穎而出的是它們堅韌的「企業文化」。

在全球化的浪潮下，資訊、創意、人才、資本與其他生產要素，都

個案10-1 Galactic項目事業計畫書摘要

項目	內容
願景宣言 （您想建立什麼樣的公司？）	本公司專門開發能夠節省能源的創新技術，並將此技術商業化，在未來三年內，年營業額將達到一億美元。
使命宣言 （顧客為什麼要購買公司的產品或服務？）	開發並成功推出一系列大眾化的技術，讓消費者只要用極少的能源就能大大改善生活品質。
目標 （打算要用什麼標準來衡量公司的成敗？）	‧每年公司營收至少成長25%。 ‧把公司的毛利率從目前的18%提高到25%。 ‧讓股東每年每股都能獲得1元的獲利，而且不需要增加投資。 ‧今年8月在拉斯維加斯的消費性電子產品中展示公司的新技術。 ‧在公司的智慧財產組合中增加三項新技術。
策略 （要如何推動公司業務？）	‧在2015年6月30日以前完成「SonicBoom」和「Eastwood」技術的開發工作，好讓這些產品能夠從開發階段進入前期製造的階段。 ‧完成「CardSupp」技術的補強工作，以便新一代產品能夠在8月正式上市。 ‧建立本公司的特約供應商網路，一旦任何一家第一級製造商無法供應產品時，才能確保生產不致中斷。 ‧成立一個獨立作業中心，專門負責研發有發展潛力但仍在想像階段的尖端技術。 ‧增聘五名工程師，並把他們分發到現有的產品開發小組中。 ‧重金禮聘一名業務高手，以提升行銷團隊的實力。 ‧改聘一家新的公關公司，加強宣傳公司新推出的技術。
計畫 （公司勢必得完成哪些工作？）	‧制訂一份三年期的預算與資金需求計畫。 ‧聯絡五家商展公司，並開始為拉斯維加斯商展的展示作準備。 ‧安裝及執行新的套裝軟體，來管理開發專案及製造計畫。 ‧增聘三名業務代表，以應拉斯維加斯商展之需。 ‧在第二季結束前，逐步採用新的產品包裝。 ‧與供應商進行一場合夥人會議，共同商討新技術的製造計畫。 ‧在拉斯維加斯商展揭幕時推出新的技術，同時推出相應的行銷計畫。 ‧完成顧客意見調查，以決定本公司現有的新一代開發計畫應朝哪個方向進行。

資料來源：吉姆・賀蘭（Jim Horan）著，閻蕙群譯（2004）。〈計畫書，一頁搞定！〉。《大師輕鬆讀》，第64期（2004/02/14-2/18），頁59-63。

正以一種前所未有的速度迅速流通，策略可以被複製、資產可以被交易收購、人才也會流動，凡一切可操作的東西都是可以被複製的，成功的策略很容易被模仿，如沃爾瑪（Wal-Mart）的低價策略，西南航空（Southwest Airlines）的廉價航空旅遊方案等，早就不是商業機密，但企業文化是很難模仿的。

二、企業文化的結構

企業文化沒有人力資源政策，以及各項企業規章制度來支持，注定要落空的。從人員的選拔與聘用、崗位的設置、工作安排、績效考核、薪酬發放、人員流動到人力資源管理的每一個環節都體現著企業的真實文化。如果企業文化規定要「創新」，人力資源政策卻是犯錯就扣錢，就批評降職；公司文化提倡「顧客第一」，績效考核的時候卻只考核銷售量不考核顧客投訴，這是政策和文化不相容；聘用人員的時候能力為先，工作安排和薪酬發放卻資歷第一，這是政策和政策的衝突，企業只要存在類似的不一致，公司提倡的企業文化就不會成功。

富士康集團總裁郭台銘認為，企業文化就是生活在一起的一群人所共同擁有的價值觀。集團不是憑藉模具開發技術、雄厚的資金、製造和研發的能力和供應鏈管理，這都是富士康成功的「果」而不是「因」，富士康集團最強的核心競爭力應該是「贏在企業文化」。

三、誰來制定企業文化？

台積（TSMC）創辦人張忠謀說：「最有資格制定企業文化的人是創辦人，這也是評定創辦人貢獻的依據之一。」所以，企業文化的訂定必須是最高主管內心認同的，否則，不可能實行。實務上，大致包括下列幾種訂定的方式：

1.由最高主管來訂定，一字一的推敲。例如，IBM執行長路・葛斯納（Louis V. Gerstner Jr.）於1993年新上任時在當年底所訂定的經營原則。

2.由企業的資深主管或資深幕僚擬定，期間與高階主管，尤其是最高主管互動，再送交相關的人員審核、表示意見，可以修改，呈最高主管認可，推廣讓全體員工有共識。

3.由顧問輔導來「協助」企業引出屬於企業自身的企業文化。（芉振奇，2003/06/28）

惠普公司（Hewlett-Packard）前首席執行長卡麗・費奧麗娜（Carly Fiorina）曾說：「有企業的文化未必都能成功，但沒有文化的企業注定不會成功。任何一家想成功的企業，都必須充分認識到企業文化的必要性和其不可估量的巨大作用。在市場競爭中只有依靠文化來帶動生產力才能提高企業的市場競爭力。」

個案10-2 世界知名企業的員工守則

類別	企業名稱	員工守則	員工典範	深度點播
品德篇	聯想集團（Lenovo）	小公司做事，大公司做人	每一位客戶都是我們的貴賓	要做事，先做人
	北京同仁堂	一百道工序，一百個放心	檢驗藥材就是檢驗良心	貨真價實，信譽至上
服務篇	國美電器（GOME）	讓顧客滿意，剩下的我們去做	特事特辦又何妨	記住，工作就是你的責任
	格藍仕家電微波爐	努力，讓顧客感動	給顧客「心級」服務	為顧客提供最完善的服務
質量篇	青島啤酒	不放過任何一個可能出錯的環節	最忠誠的質量戰士	100－1＝0
	海信集團	今天的質量是明天的市場	「千金重」的螺絲釘	質量是企業的生命線

類別	企業名稱	員工守則	員工典範	深度點播
經營風範篇	海爾集團	只有淡季的思維，沒有淡季的市場	2%的改進成就100%的完美	用創新讓自己成為拉著企業奔跑的人
	華為科技（HUAWEI）	做一隻快樂的狼	過年不離崗的光纖技術部	公司興亡，我有責任
行為準則篇	伊利集團	您的健康，是我們的責任	阜新伊利的一塊寶	兢兢業業，把每項工作當成事業
	搜狐（SOHU）互聯網	拿你的結果證明給我看	把智慧獻給搜狐的人	工作要的是「結果」
文化理念篇	海南航空	至誠、至善、至精、至美	不為名利，只為青春無悔	在其位謀其事
	中電電氣集團	不怕做錯事，就怕不做事	「簡單」丁龍進的不簡單人生	工作中沒有「分內」、「分外」
員工精神篇	微軟（Microsoft）	你必須有激情	微軟人都是工作狂	在工作中投入你的熱情
	西門子（Siemens）	不斷學習才能職業長青	從員工到經理的跨越	把學習當成一種習慣
員工行為篇	索尼（Sony）	唱反調的是好員工	喜歡爭論的盛田昭夫	企業需要不同的聲音存在
	星巴克（Starbucks）	把顧客當成自己的朋友	為顧客情感互動的星巴克店員	時刻為顧客著想

資料來源：趙齊（2014）。〈三問：守則文本該怎樣「說話」〉。《人力資源》，總第368期（2014/06），頁31。

第二節　最佳雇主

進入21世紀，雇主品牌（employer brand）成為企業家和人力資源界關注的新概念。全球知名跨國人力資源顧問公司怡安翰威特（Aon Hewitt）的諮詢顧問Dharma Chandran說：「當代社會，求職者正在尋找最值得自己全力以赴為之工作的雇主，而雇主也開始注重在人才市場重塑自己的品牌形象。雇主品牌已成為一種潛力巨大的無形資產，如同一塊巨大的磁鐵吸引著最優秀的人才。」（圖10-1）

一、最佳雇主的核心吸引力

《財星》雜誌中文版曾透過對人力資源經理的深度訪問，大家一致認為，成為最佳雇主的企業必須具有如下特點：

1.公司實力：最佳雇主要有較高的知名度，其產品或服務在市場上有很強的競爭力，企業的持續發展能力強。
2.管理水準：最佳雇主都有比較完善的管理制度和科學的管理工具。例如：工作分析與評估、任職能力標準、領導力標準、業績承諾制等等。
3.對人力資源的重視程度：在戰略層面，最佳雇主都將人力資源戰略貫穿於企業經營過程的方方面面，旗幟鮮明的強調人力資源，真正將人作為一種資源來經營。
4.企業文化：最佳雇主不是把「以人為本」掛在嘴上，而是身體力行，不同的企業文化特徵差異很大，但對人的尊重是所有最佳雇主文化的基本點。

最佳雇主即代表著幕後有一群最佳員工，上述這四點特點正是最佳雇主的「核心吸引力」所在，也是創造最佳績效的關鍵核心（段磊，2004/08：16）。

怡安翰威特資深顧問Mary Yu指出，不論是建立績效導向的管理文化、內部授權，或者人力資源政策，最佳雇主具有一個共同的特質，就是透過組織政策與管理，激勵員工提升對企業組織與工作的敬業度，而經過長時間的觀察，這些最佳雇主透過這些層面所選擇的管理策略，長遠來說

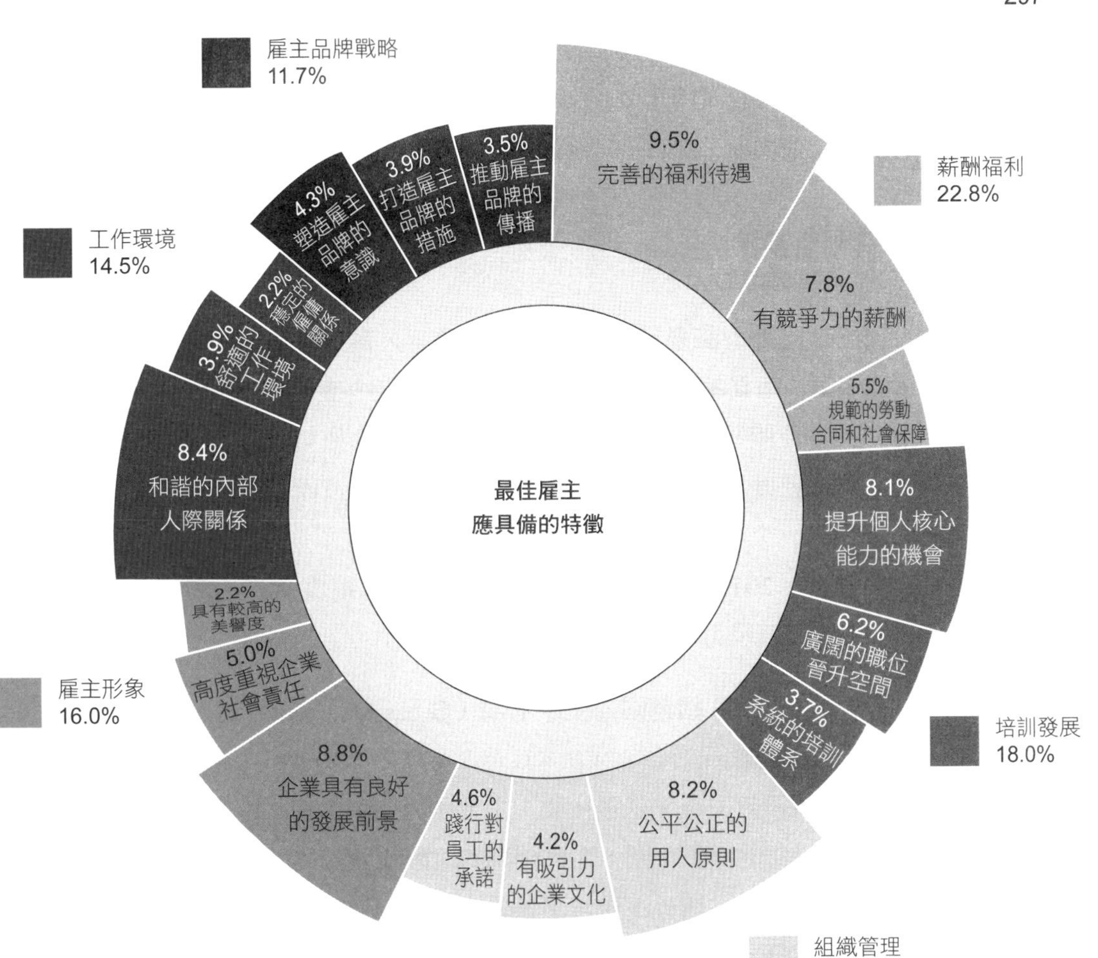

圖10-1　最佳雇主應具備的特徵

資料來源：寇斌（2013）。〈新指標考驗最佳雇主〉。《人力資源》，總第354期（2013/04），頁26。

的確會直接反映在卓越的經營績效上，也印證員工對企業持續組織的向心力，不僅能夠讓企業持續成長，也能夠提升客戶滿意度、帶動產品或者服務的創新（喬埃斯，2012/04：42-43）。

二、幸福企業策略

國內、國外有許多研究和數據報告顯示，員工越感到幸福，就越能發揮創造力、落實執行力，並降低流動率，而這些都是提升企業競爭力的要素。企業若能夠達成員工幸福的目標，離職率便可大幅度下降，員工對工作的滿意度以及對組織的忠誠度也會上升，進而減少企業的經濟損失。

在美國，2012年《哈佛商業評論》透過九篇文章提出幸福企業策略，營造快樂競爭力，其內容分別是：

1.非典型成功：超越國內生產毛額（Gross Domestic Product, GDP）的幸福指標。
2.微笑拚績效：員工是否快樂，主要是與同事的日常互動、參與的專案及日常的貢獻有關，而非較高的薪酬或顯赫的頭銜。
3.永保生產力：讓員工做決定、分享資訊、以禮相待、針對員工表現提供意見。
4.樂觀競爭力：讓人們培養幸福感，以便邁向成功的三種方式是培養新習慣、協助同事、改變面對壓力的態度。
5.幸福發展史：追求快樂是現代社會的人造產物，而不是人類自古以來就有的特質，否則，反而會造成壓力，甚至變得很不幸。
6.老闆好才有好員工：公司不吝惜投資員工，對員工充分授權，也給予充分的訓練，讓員工因做著好工作而創造好業績。
7.催生沒問題員工：幫難搞的部屬解決問題。

8.領導力大考驗：傑出的領導人都擁有克服逆境、越挫越勇，以及受挫後比從前更努力。

9.變形金剛領導學：每個企業都需要領導變革、提升獲利能力、甚至改變產業遊戲規則的領導人。（林桂碧，2013/04：26-31）

從第七任IBM董事長暨執行長路・葛斯納（Lou V. Gerstner）手中接任其職位的帕米薩諾（Samuel J. Palmisano），就任時，在其筆記上寫下：「為什麼員工願意在IBM這家公司工作？」這個問題。幾年後，他得到的解答是：「IBM之所以始終是求職者心目中的最佳雇主（employer of choice），我認為原因是在這家公司裡，每一個人都可以改變世界、每天都可以學到新東西，而且能夠和一群極其聰明的人協同合作，並且在一個不斷進步的環境裡工作，成為貨真價實的全球公民。」這短短幾句的陳述，明確點出了IBM留住人才的關鍵做法——讓員工在工作中獲得成就感與使命感，並充分提供每一位員工學習與發展的機會（謝佳宇，2012/05：49）。

三、幸福「心」職場

奇美集團創辦人許文龍說，企業乃是員工「追求幸福的手段」，主要目的是讓人活得更幸福。台北市政府勞動局在幸福企業的自行檢核表中就有規定，如果企業發生職業災害、大量解僱勞工、性別工作平等歧視、未足額提撥勞工退休金、身心障礙員工未足額進用等，這些指標都榜上有名的話，可能連報名甄選「幸福企業」的資格都沒有（聯工刊論，2014/09）。

2013年新北市政府舉辦「幸福心職場」活動，市長朱立倫在得獎企業專刊上，發表一篇〈勞資共創心幸福〉的賀詞說：

員工是企業最大的資產，給於員工支持與照顧，能讓高昂的企業士

氣與員工活力帶動企業不斷成長，快樂地奉獻心力，使企業蒸蒸日上。

「工作」與「家庭」平衡有助於提升員工生產力及增進企業發展，企業若能營造幸福的職場環境，將可凝聚員工向心力，增進組織效率，創造就業無歧視環境，共創勞資雙贏。

國際觀念逐漸改變，許多國際企業已高度重視員工在職場的幸福感，但在國內，部分企業仍因為對友善職場缺乏認識，導致勞工家庭生活及親子關係受到很大的衝擊。其實雇主只要稍微調整觀念，傾聽員工需求、制定良好福利，便可創造員工幸福、顧客滿意、公司獲利的正面經營循環。

新北市2013年首次舉辦「幸福心職場」選拔，針對事業單位在性別平等、工時與休假、促進工作家庭平衡、協助員工家庭措施等項目進行評比，找出「放心」、「安心」、「貼心」的幸福企業（102年度新北市幸福心職場得獎專刊，2013/10：5）（**表10-2**）。

表10-2　放心、安心、貼心的項目

主題	綱要	項目
放心	提供員工安全、友善的工作環境	1.職業安全衛生管理措施。 2.工作空間設計與舒適度。 3.促進工作平等措施。 4.職場性騷擾之防治。 5.就業歧視之禁止。
安心	提供員工安定勞動條件與福利	1.工資、獎金給與或調整情形。 2.員工訓練情形。 3.工作時間與休假情形。 4.提供員工福利。
貼心	建立勞工安心、雇主貼心的勞雇關係	1.促進工作家庭平衡。 2.協助員工家庭措施。 3.符合無障礙空間與職務再設計。 4.勞資會議及其他溝通管道。 5.員工諮詢與關懷措施。

資料來源：《102年度新北市幸福心職場得獎專刊》（2013/10），頁5。新北市政府勞工局編印。

表10-3　跨世代、跨部門、跨專業

類別	項目	說明	備註
跨世代	五代同堂	四、五、六、七、八年級生	30年→10年→15年
	Me世代	極端自我、自由、物質	30歲以下
	職場老少配	年長主管vs.年輕部屬	建立夥伴關係
		年輕主管vs.年老部屬	溝通與管理
		同年主管vs.同年部屬	靈活運用的授權
跨部門	合作分工	以合作為前提，分工為手段	跨部門合作
	主人翁心態	把工作當作自己的事業	消除本位主義
	作額外工作	垃圾桶哲學	消除灰色地帶
跨專業	變形上班族	I→T→π→爪	多能工
	輪調制度	學習與成長	紅黃綠燈都通行體驗過
	終身學習	有目標、有計畫、有紀律	學到老、活到老

資料來源：顏長川（2014）。〈怎一個跨字了得？：跨世代、跨部門、跨專業〉。《震旦月刊》，第517期（2014/08），頁18。

毫無疑問，為員工打造友善、健康與幸福的職場，以吸引更多優秀人才留任與加入，將極大提升企業對人才的吸引力（**表10-3**）。

第三節　適才適所

彼得・杜拉克說：「有效的管理者能使人發揮其長處。為期達成效果，必須用人之所長。」企業想要進行卓然成效的留才策略，前提是企業領導人要有強烈的人才流失危機意識。對一個企業而言，能否留住人才，在某種意義上決定了其經營的成敗，企業領導人的人才危機意識表現在日常工作中就是要展現「以人為本」及「唯才是用」為核心的企業文化，認同並肯定幫助組織創造績效的人才並且珍惜之。所以，要留住關鍵人才的首要工作就是認清每個人的長處，並給予適當的舞台及必要的協助來讓他們充分發揮（**圖10-2**）。

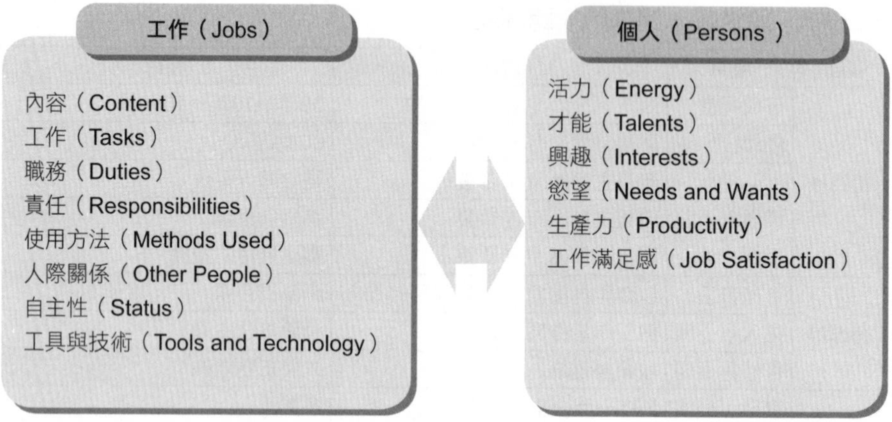

工作（Jobs）

內容（Content）
工作（Tasks）
職務（Duties）
責任（Responsibilities）
使用方法（Methods Used）
人際關係（Other People）
自主性（Status）
工具與技術（Tools and Technology）

個人（Persons）

活力（Energy）
才能（Talents）
興趣（Interests）
慾望（Needs and Wants）
生產力（Productivity）
工作滿足感（Job Satisfaction）

圖10-2　如何找對人、做對事

資料來源：丁志達（2014）。「離職面談與管理」講義。台固媒體公司編印。

一、善用人才

清朝名臣曾國藩之《才用篇》提到：「雖有良藥，苟不當於病，不逮下品；雖有賢才，苟不適於用，不逮庸流。梁麗可以沖城，而不可以窒穴。犛牛不可以捕鼠；騏驥不可以守閭。千金之劍，以之折薪，則不如斧；三代之鼎，以之墾田，則不如耜。故世不患無才，患用才者不能器使而適宜也。」由此可見，世上不害怕沒有人才，怕的是用才的人不知道善用，而無法讓他適才適所。

由於人才往往是企業能規劃、執行策略與達成目標績效的重要競爭優勢，於是人才成為企業有價值、稀少、又難以模仿的資源，人才錯用，對組織而言是不可承受之重。前紐約市長朱利安尼（Rudy Giuliani）說：「領導者最艱鉅的任務之一，是讓每一位部屬伸展所長，將其內在潛能發揮到極限。」

二、有效配置人才

彼得・杜拉克曾這樣質問通用汽車（General Motor）執行長史隆（Alfred Pritchard Sloan, Jr）：「你怎麼可能在高階主管的會議上花四小時去討論機械師傅的工作？」得到的答覆是：「如果我們沒花四小時去尋找合適的人安插在正確的位置，就得再花四百小時處理我們的錯誤。」所以，企業必須對自己想要的人才有一定程度的瞭解，再針對該項特質與能力來設計甄選方式，並真實呈現工作真實狀況，如此才能提高人才與企業的適配機率。

隨著全球市場的瞬息萬變與越來越激烈的競爭，企業也更需要以更靈活方式在企業範圍內更有效配置人才。已連續榮獲多年「全美最佳雇主」的賽仕電腦（SAS），鼓勵員工申請橫向輪調。賽仕認為員工一輩子應該擁有至少四份事業，而且最好能夠在公司完成這個夢想。因此，賽仕鼓勵員工找到他們的專長，讓每個人都能投注心力在能讓自己振奮的事（謝佳宇，2012/05：40）（**表10-4**）。

表10-4　人才保衛新戰略

美國賓州大學華頓學院管理學教授彼得・卡派禮（Peter Cappelli），2000年初在《哈佛商業評論》以專文提出企業在變動市場中留下人才的良方。 人資管理的傳統目標有如「維護一座水壩」，以防止水庫用水外洩。然而，未來的人資管理應該有如「管理一條河流」，即使無法阻止河水流動，卻可以控制水流的方向與速度。 新經濟是一場人才保衛戰的策略焦點，已經由提供普遍性的留人計畫轉變為針對特定的員工和團隊，設計特定的留人方案。例如，在津貼報酬方面，有些企業開始針對擁有重要技能的員工，適時提供特別獎金，以便能在關鍵時期（例如在設計某項產品的最後階段）有效的留住人才。另外，為了讓擁有重要技能的員工能夠久留，企業必須在工作內容的設計上下功夫，例如，貨運服務業者UPS（United Parcel Service Inc.，聯合包裹服務）為了改善貨車司機的流失率，經過調查，發現吃力的卸貨工作是造成許多司機離職的主因，公司因此另外聘請臨時工負責卸貨。

資料來源：吳怡靜（2000）。〈人才保衛新戰略〉。《天下雜誌》（2000/03/01），頁228。

第四節　職業前程規劃

企業就是一個「管理人」的組織，而人的管理確實是門高深的學問，特別是跨文化、跨世代的人力資源管理與發展尤其困難，在地球村概念下，人才培育的難度更是過去所無法想像的。因為，組織要發展，絕對要仰賴人力資源發展能否有效地配合組織終極目標與策略。因此，企業要先能建構好一個完善的人力資源發展體系，不斷地發覺與培育出能夠為企業所用的優秀人才。

人力資源發展的核心在於個人職涯發展（career development），而職涯發展必須與組織目標與策略相結合，才能達到雙贏的效果。在人才管理上，除了財務性報酬外，職涯發展對吸引人才、留住人才與提升其心力的投入扮演著舉足輕重的角色。職涯發展的方案包括提供專業發展機會、跨功能領域或地區的輪調、領導發展等（韓志翔，2013/06：38）。

一、終身學習

智慧資本管理大師萊夫・艾文森曾經在其著作中提及，如果人們在1980年代的畢業的大學生，所學的能使用二十年，如果是在1990年畢業的大學生，則所學可以支撐十年，但是如果在2000年大學畢業，則所學的知識在大學時就完全失效。換言之，也就是說永遠沒有辦法畢業，因為根本來不及學。所以，在職場上就業，要有終身學習的毅力與恆心。

員工職涯發展規劃（career development plan）是要從員工個人的角度出發，審視個人追求的人生價值與目前從事工作能夠帶來的價值內涵、成功的定義等前後相輔相成的程度。換句話說，由組織協助個人做自我瞭解、澄清價值觀，進而規劃個人成長的路徑與計畫，能夠配合組織或部門未來的成長機會，使每位員工不但更能夠掌握個人的未來，同時在努力達成組織目標的過程中，也同時實現了個人的成長目標。簡單而言，員工職業前程規劃就是要達到組織與個人兩者雙贏的策略之一（人力處，1994/02：29）。

二、教育訓練不能省

員工的職涯發展規劃，還得和培訓制度相結合，才能讓員工在工作中持續成長。

1.教育訓練並不是高報酬產業，卻是決勝的關鍵。
2.教育訓練通常不是公司最重要的策略，卻是拉開競爭最關鍵的投資。
3.教育訓練常常無法立竿見影，沒有教育訓練卻會導致崩盤危機。
4.教育訓練一個人才並不表示他會終生為你貢獻，但他會終生感恩這個企業。
5.如果有人告訴我說他上太多課了，不再需要教育訓練了，那就表示這個人從來沒學會過什麼，否則他就不會這樣說了。
6.願意花錢舉辦員工旅遊、尾牙等的企業，就更應該花錢充實員工的內在。（沈建州，2010/02：73）

第五節　接班人計畫

跟著上世紀50年代，經濟起飛創業的台灣企業，紛紛面臨需要「交班」的困境。即使是家族企業，如何培養接班梯隊的「板凳深度」（bench strength），是許多經營者最關切的議題。

根據麥肯錫顧問公司（McKinsey & Company）所做有關家族企業的研究結果顯示，全球家族企業的平均壽命只有二十四年，其中只有大約

板凳深度

板凳深度（bench strength），指的是球賽中替補陣容（隊員）的實力，因為即使替補隊員一樣可以打得很好。

2010年林書豪參加NBA選秀落選；2011年又接連被勇士隊及火箭隊釋出，最後落腳尼克隊，被定位為候補後衛，即俗稱的「板凳球員」。2012年2月4日尼克隊對紐澤西籃網一役，在主力球員受傷的情況下，替補上場，拿下全場最高25分，一戰成名，開始大放光彩。

資料來源：郭特利（2012）。〈哈佛小子教你的板凳學〉。《天下雜誌》，第492期（2012/03/07-03/20），頁152。

30%的家族企業可以傳到第二代，但能夠傳到第三代的家族企業數量不到13%，即便是順利傳到第三代，也只有5%的家族企業在第三代以後，還能夠繼續為股東創造價值。《基業長青》（*Build to Last*）作者吉姆・柯林斯（Jim Collins）說：「沒有任何領導人能隻手建立持久不墜的卓越企業；沒有建立接班人制度的領導人，無疑的是把企業推上衰敗的之路。」

一、傳承vs.接班

台塑集團創辦人王永慶說：「今天我要升遷一個人，一定要考慮遺缺是否有人接替，是否已培養接班人。如沒有人接替，我實在想不出晉升這個人有什麼意義。」「傳承」與「接班」是企業留才不可迴避的重要課題。家族企業的挑戰，包括：經營權與管理權如何劃分與公平性？傳賢或傳子？以何種方式培養接班的硬實力與軟實力。1995年，王安發明了電子文書處理機，是計算機走向個人電腦的關鍵一步，讓王安成為世界排名第五的首富之一。不久，王安將事業傳承給兒子王列，導致三位合夥人集體請辭。到了1992年，王安電腦卻申請破產，成為電腦發展史上的歷史名詞。

奇異集團（GE）前任執行長傑克・威爾許說：「從現在起，選擇接班人是我要做的最重要決定，這件事幾乎每天都要花費我相當多的心思。」接班人包括：那些具備合適的技能，足以迎接組織面臨挑戰的具體名單。一般接班人計畫主要關注具體的高層職位人員的遞補，才不會造成人才斷層的現象。傑克・威爾許認為，接班人須具備四個特質：活力（energy）、鼓舞力（energize）、職場競爭力（edge）和執行力（execution）。奇異公司規定65歲離開職場，因而人才需十年培養，那麼35歲就要被確認是否具有潛力成為未來領導人之一。30歲進階培訓，加速成長。奇異公司挑選領袖的另一個重點，要看他能否做艱難決策，那不只需要專業能力，更取決於品德操守。在關鍵時刻表現出來的個人品質更重要（陶允芳整理，2012/03：136）。

個案10-3 妙管家　陸資全吞下

老牌清潔用品「妙管家」被陸資納愛斯浙江投資有限公司百分百收購，以台幣13.5億元等值外幣作為股本投資，接手經營清潔用品製造、批發、零售業務。

台灣妙管家成立於1985年，是本土清潔劑大廠，從衣物清潔劑、家庭環境清潔用品、漂白劑、除濕劑到除臭產品都有，該公司主旨打著「致力成為華人世界家庭主婦最忠實的夥伴」，在大小零售店，都可看見妙管家產品，更是台灣自產清潔劑，許多人第一個想到的品牌。

妙管家資本額約3億元，員工人數一千人，北中南都有營業據點；製造廠除原有台中廠外，大陸太倉也有設廠；據瞭解，由於妙管家第二代無心接管家族企業，才由大陸公司收購。

併購妙管家的陸商納愛斯浙江，屬於納愛斯集團；旗下品牌包含「納愛斯」、「超能」、「鵰牌」等，多年創下全中國肥皂、洗衣粉、液洗劑銷量第一，是中國大陸清潔產品龍頭廠牌，員工數約二萬人，在大陸有五十多家銷售分公司，多項產品也已銷往歐美。

資料來源：余佳穎（2014）。〈妙管家　陸資全吞下〉。《聯合報》（2014/09/23），A11綜合版。

二、接班五部曲

福特（Ford Motor）、克萊斯勒（Chrysler）汽車前總裁艾科卡（Lee Iacocca）在他所寫的《領導人都到哪裡去了？》（*Where Have All the Leaders Gone?*）書中坦承：「一生中最糟的決定是選擇伊頓（Robert Eaton）做接班人。」管理顧問瑞姆・夏蘭（Ram Charan）說，任何具有領導潛質的人才都是「接班人」，但公司最需要的是建立一個能從中產生執行長的人才庫，所謂「從一噸礦砂中提煉出一盎司的黃金」。

企業接班人計畫（succession planning），就是透過內部提升或者外部尋才的方式，利用系統性及效率性獲取組織人力資源，它對公司的持續發展與留才有至關重要的意義。一般企業的接班制度，必須隨時審視重點培育人才的學習進程，並不斷使其成長與面對新挑戰。接班問題不僅是一個簡單的決定，它可說是一個績效評估的概念，也是一個系統的過程，包括：接班藍圖、確認人選、傳承養成、交棒陪伴和結果觀察五步驟（**表10-5**）。

接班人制度的建立，不僅能夠培養出高階人才，也對留才與人員遞補有所助益。對企業來說，一個好的接班人制度，可以讓組織預見未來的

彼得原理

勞倫斯・彼得（Laurence J. Peter）提出的彼得原理是一個很弔詭的難題，內容是說明組織總是把成員趨向其不能勝任的職位，因而導致組織效率的下滑，因為在某一職務上取得一定成就之後，就會被晉升到更高的職位，重複運行幾次，他就會一直升到無法勝任的位階，如此公司的管理水準自然會出現問題，也容易造成人力資源的危機。

資料來源：王寶玲、方守基、王人傑、何建達、柯明朗、邱茂仲、陳可卉合著（2004）。《紫牛學危機處理》，頁341。創見文化。

表10-5　接班五部曲

步驟	說明
1.接班藍圖	現任領導人須透過檢視企業、產業、社會政商的背景等所需要硬實力與軟實力，再加上從將來經營理念所需要的人才與能力，來制定理想的接班所需的條件與能力。
2.確認人選	現任的領導人應從企業策略、資源、面對的機會與威脅，要採取的策略布局和行動等面向來思考接班人選。例如，統一集團創辦人高清愿選擇由女婿羅智先來接班。
3.傳承養成	企業面對的是動態的競爭環境。成熟的企業所擬定的接班計畫，不是為了應付現在經營方式，而是為了下一階段的使命。因而，將接班人放在基層磨練，建立起核心能力與執行力，並透過參與企業的經營學習，融入現有團隊，讓團隊接納，再以創造績效來贏取團隊的尊重，建立起互信共享的情感，進而奠定接班人在組織內的信譽。
4.交棒陪伴	當現任的領導人逐漸淡出權力，將經營與所有權移轉到接班人的手上，並退居幕後觀察與輔導，也代表新人要開始展開實力的時候。接納、尊重、 信任是接班人能否成功接班的關鍵。
5.結果觀察	要觀察新接任接班人的成績，可透過績效成果、財務表現、客戶、董事、股東滿意程度、員工情感投入程度等作為觀察的指標。

資料來源：黃麗秋（2013）。〈幫3年，帶3年，看3年：接班5部曲〉。《能力雜誌》，總號第687期（2013/05），頁24-30。

人才需求；可以觀測重點培育人才的學習進程，並不斷地把他們放到可以面對成長與挑戰的新位置，持續提供企業當下需要的管理菁英團隊，減少挖角帶來的失敗風險及組織內部士氣打擊（洪贊凱，2013/05：41）。

第六節　激勵制度

美國蓋洛普調查公司（Gallup Market Research Corp.）曾經進行一項長達二十年的研究，研究結果顯示，提升工作效率的十二項關鍵因素的四項分別是：知道公司期望、公司能提供必須的資源、有機會從事擅長的工作、在出色地完成一項任務後獲得即時的褒揚與獎勵（**圖10-3**）。

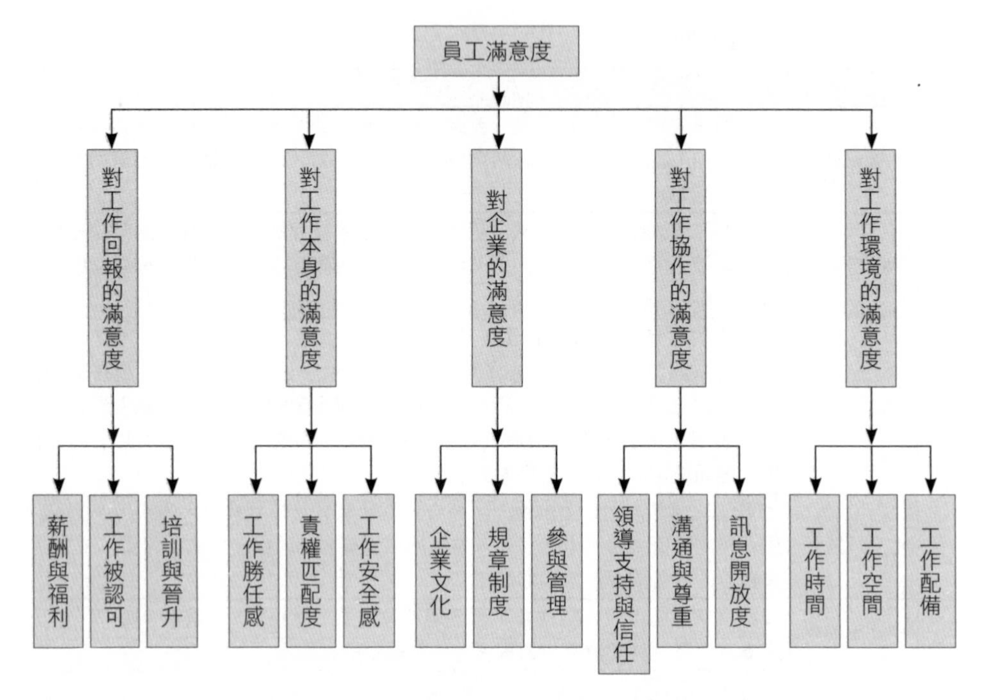

圖10-3　員工滿意度的測評因素

資料來源：白芙蓉、張金鎖、張茹亞（2002）。〈員工滿意度與顧客滿意度〉。《企業研究》（2002/03），頁56。

五大需求的激勵

馬斯洛（Abraham Harold Maslow）的五層金字塔需求理論（Maslow's hierarchy of needs），將人性需求分為生理需求、安全需求、愛與歸屬需求、受人尊重需求和實現理想需求等五類。每個人的需求不同，因此組織要留住人才，一定要有非常個人化的留才對策。事實上，每一層級需求有其應對方式可行，很多公司甚至已明訂在人資政策上。

(一)生理需求

定期檢視薪資與福利制度，是最基本的留人方式。公司應該每年做薪資福利調查，瞭解公司提供的薪資福利與業界的落差究竟有多少。其中薪資包含：本薪、津貼、獎金、紅利、股票，不見得樣樣都要超越業界水準，但是整體薪資必須具備足夠競爭力。

(二)安全需求

努力經營企業，保障員工工作權；改善工作環境，落實職業安全衛生體系，滿足員工安全需求。

(三)社會需求

舉辦各種活動，提供員工情感交流機會，如運動會、慶生會、尾牙等。透過活動強化情感聯誼，同時還要訓練主管關懷員工，大部分主管在其專業上有出色能力，但不代表在管理上一樣有傑出的能力，故須透過組織人才培訓系統，訓練主管帶人帶心的能力。

(四)自尊需求

建立公平公正的績效管理制度，協助員工提升績效，同時建立論功行賞的獎勵辦法，激發員工榮譽心。

(五)自我實現需求

可透過個人發展計畫，為每個員工打造專屬的職涯發展路徑，看水平或垂直發展還欠缺哪些能力缺口，充實其未來工作技能、重新設計工作，讓工作豐富化、工作擴大化、增加員工貢獻度，提供多元前程發展軌道等方案。

企業留才一定要找到其需求，然後透過組織管理制度或主管管理方式留住人才，預防人才流失（張瑞明，2012/02：60-61）。

個案10-4 論功行賞　說到付到

問：又到公司發放年終獎金的時刻，而我工作績效評鑑結果良好，卻又領到不如預期的獎金。我該去找老闆談談，或接受公司給錢總是能省即省的事實？

答：第一步，別再亂來。實施工作績效考核，讓員工清楚知道自己的地位。

第二步，根據績效考評付酬。意思是，若某人沒貢獻，什麼都免談，別出於客氣給他一點獎金。表現普通的人，就給他金額普通的支票，一毛也別多給。最重要的是，賦予酬勞制度重要的意義。盡可能酬謝你的明星部屬，用大筆金錢強調優異表現獲得的回報。也許你不會主動想到支付傑出員工空前優渥的獎金，特別是給其他員工的獎金不如往年的時候，但你得戰勝不舒服的感覺。

大方的論功行賞，是身為成功領導者的要素之一。讓得力助手獲得意外豐沛的財富，你應該會同樣感到興奮。否則，就繼續朝這個境界邁進。有錢好辦事。當然，身為主管的你，得創造令人興奮且具有挑戰性的工作環境，但千萬別低估金錢激勵員工提高績效的驅策力。倘若犒賞員工的方式得當，不僅能留住明星部屬，還能建立一個信任你、願意為你打勝仗的團隊。他們知道你能說到「付」到。

資料來源：莊雅婷編譯（2008）。〈威爾許專欄：論功行賞 說到付到〉。《經濟日報》（2008/02/04）。

第七節　員工關係

企業要找到人才、聘請人才，並且留住人才，關鍵還是在勞資雙方長期互動是否良善。因而，員工關係左右企業經營發展，然而這種關係取決於經營者的看法與想法。如果經營者將員工視為成本，認為是僱傭關係，當景氣差時，員工為了生存不得不低頭，等景氣好時，立即揮揮衣袖，絲毫沒有眷戀離開企業。因此，經營者應把員工視為資源，需要長期投資方能成為企業的財富，更應將員工視為內部顧客，遵循對待顧客的做法，投其所好，以吸引優秀員工留任，提升士氣，並且產生內化作用，協助企業達成卓越的水準（呂玉娟，2010/11：12）。

一、勞資關係

根據美商韜睿惠悅企管顧問公司（Towers Watson）2010年針對Y世代（1978年至1994年）出生的工作者所做的調查顯示，吸引Y世代加入企業的動機包括：確立良好的升遷管道、參與決策、企業快速有效解決顧客疑問、企業的品牌形象和社會責任，以及主管能否關心員工身心靈健康等。企業必須瞭解Y世代人才對企業的期待，並針對他們特質擬定策略，吸引他們，留住他們。

員工關係是否良善，影響到留任意願。廣泛的員工關係應包括：企業規範／法規、組織與員工及眷屬互動、員工協助方案、員工個人生涯發展、社團活動、員工旅遊、慶生、尾牙宴等。企業想深化員工關係，取決於管理高層是否體悟到維護員工生活「福祉」重要性。福祉，就是超越薪水和福利去關心員工的身心是否平衡，尤其是在面對高壓工作型態時，是否有抒解的管道。

探討企業員工的和諧度，可透過訪談關鍵員工，詢問關於企業什麼環境或支持會讓員工感覺良好？對企業有哪些期待？認為還需要哪些資源等問題；再者，是全面做員工滿意度調查及分析；另外，可訪談離職員工為何離職，綜合各面向歸納出企業的盲點以及改善的空間（黃麗秋，2010/11：18-24）。

二、員工協助方案

員工協助方案（EAPs）係以工作職場為基礎，透過公司內部管理人員及外部專業人員，以系統化及制度化的服務，解決員工因生理健康、精

神心理疾病、情緒、工作壓力、職場人際、婚姻、家庭、財務、法律或其他影響工作表現的問題。簡單的說，協助員工解決因個人因素而導致生產力下降的問題，稱之為員工協助方案（**表10-6**）。

表10-6　推動員工協助方案的目的

目的	說明
提高工作生產力	1.強化員工面對重大事件或變故的能力。 2.促進工作團隊和諧關係，增進工作績效與士氣。 3.提升員工抗壓力，增進團隊工作能力。
減少企業成本	1.減少員工曠職或非計畫性請假。 2.降低工安意外事故發生機率。 3.降低員工流動率，減少人事替換成本。 4.協助新進員工或員工重返職場後，儘速適應工作環境。
提升職場安全	1.減少工作場所可能的暴力或其他意外風險。 2.降低緊急或負向事件對企業的影響，儘速恢復生產力。 3.針對重大災難及緊急事故提供專業資源，以減少傷害。 4.減少勞資紛爭與法律爭議。

資料來源：推動「員工協助方案」的好處，勞動部勞工紓壓健康網，http://wecare.mol.gov.tw/lcs_web/contentlist_c51.aspx?ProgId=100101010/

三、員工協助方案的面向

員工協助方案，就是組織為幫助員工及其家屬解決職業心理健康問題，由組織為員工設置的一套有系統的服務項目，是心理衛生服務的一種。它主要包括「工作」、「生活」、「健康」三大面向，其中，「工作面」係指管理策略、工作適應、生涯協助等相關服務；「生活面」為協助員工解決可能影響工作之個人問題，例如：人際關係、婚姻親子、家庭照顧、理財規劃、法律問題諮詢等；至於「健康面」則是透過工作場所提供的各項健康、醫療等設施或服務，協助員工維護個人健康，以提升工作及生活品質（勞動部勞工紓壓健康網，〈什麼是員工協助方案？〉）。

員工協助方案的對象，從最早的針對個人，已逐漸擴展至以部門

甚至整個組織為服務對象，其內容也從心理協助逐漸延伸向專業生涯發展、工作設計、組織制度、財務及法律諮詢等方面的向度。不論採取何種員工協助方案，最終的目的都在試圖透過獨特的服務輸送系統，發掘影響員工工作表現與績效的問題，並連結組織內外各項可用資源，積極協助員工解決生活、工作與身心健康上足以干擾工作效能因素，同時塑造良好組織文化與員工關係，達到勞資雙贏的局面（楊明磊，2010/01：38）。

個案10-5 富士康龍華廠跳樓事件

2010年引起國際關注的富士康龍華廠連續跳樓事件。經大陸學者時勘教授的調查，發現除了公司稱的原因之外，有四個因素造成員工的離群索居及離心離德，其中除了生產線的工作太過單調乏味一項之外，都與員工溝通有關；分別是基層管理人員以嚴厲手段管理，缺乏人性關懷；宿舍管理人員以軍事化管制，讓人戰戰兢兢；宿舍中同寢室室友因工作時間不一及生活習慣不同，彼此感情冷漠，調查中還發現有同寢室三個月還互相不認識的情形。

資料來源：劉廷揚（2010）。〈貫徹3C活化員工追隨力〉。《能力雜誌》，總號第657期（2010/11），頁37。

結　語

企業想留住人才，就得讓員工在工作中持續進步、發展，並且看得到未來。因而，一個企業必須要提供一個開放的空間，學習的環境，大量訓練的機會，使企業內每一位員工都有機會，有意願，不斷地去追求企業所需求的新技術與新知識，以便他可以永續地維持企業內最佳的人才的地位，這樣的人才，企業才有留用的價值。

日本京瓷公司創立者稻盛和夫（Inamori Kazuo）說：「我和員工的關係不是經營者與工人的關係，而是為了同一個目的而不惜任何努力的

同志，在全體員工中間萌生出真正的夥伴意識。」當企業忙於爭奪人才時，容易忽略組織內優秀人才亦是其他競爭者覬覦的對象。企業留住人才應從員工關係角度，瞭解員工期望建立一個他們認同的環境，喚醒他們對工作熱情，以安定其驛動的心。

Chapter 11 問題員工輔導

記錄下懲戒員工的所有行動，可能是所有你曾使用過的最重要管理監督工具。

——人力資源顧問麥克・狄布來思（Mike Deblieux）

「員工」往往是最難以管理的一項資產，畢竟「人」是活生生的個體，有思考能力、有七情六慾、有相互影響的無形力量，無法像其他冷冰冰的資產予以統一規格的管理。就像我們在不同的場合遇到不同的人，會有不同的應對進退方式；管理者在面對工作績效不佳的員工時，也應該有相對應的處理態度和措施，讓這些問題員工，成為組織裡的明日之星，而不是勞資糾紛的「隱形殺手」。

如果部屬犯錯是因為他們缺乏資訊、給予他們超過能力其範圍的工作、訓練不足就讓他們「披掛上陣」的話，這是管理者的責任。但如果原因是因為他們不注意、疏忽，或是沒有工作意願時，管理者唯一的責任就是設法找出原因發生在什麼地方，然後再和他們共商解決之道（娜達莎・約瑟華滋著，李樸良譯，1995：218-219）。

個案11-1 無信不立

2012年5月13日，雅虎（Yahoo）董事會解僱了現任的執行長湯普遜（Scott Thompson）。這位上任僅四個月的執行長，被查出學歷造假，使得他的信用破產。當他接任雅虎執行長職位時，由於過去曾創下將Paypal營收金額從18億跳升到40億的輝煌成績，一般都看好他會讓雅虎脫離被併購的危機。但是不管過去的成就如何輝煌，也不管他有多大的能耐，一旦行為有了缺失，學歷造假的人格瑕疵被揭發，造成信任崩潰，當信任基礎瓦解了，再強的領導力也隨之歸零。

資料來源：洪良浩（2012）。〈無信不立〉。《管理雜誌》，第456期（2012/06），頁4。

第一節　問題員工類別

員工之間的差異在任何組織內部都是存在的，且是任何管理者不可忽視的一門管理知識。員工應是「資產而非負債」，然而管理者在處理「問題員工」時最容易採取的方式是交給人事單位直接解僱，或是任其「我行我素」而莫可奈何，這兩者對企業而言都不是最佳處理方式。

員工問題的一些症狀，諸如：整天抱怨的員工、老愛說八卦的員工、藉口一堆理由的員工、不服從指令的員工、生產力低落的員工、缺席率突然增多的員工、品質與數量上的表現突然失常的員工、意外事故驟升的員工、突然開始抱怨公司的報酬與福利的員工、嚴重違反安全規則的員工，或是與主管或同事發生激烈的衝突的員工等等，這都是屬於問題員工的徵兆。

一、問題員工的六大類型

人力資源專家奧德蕊奇分析，問題員工通常可按照性格分成六大類型：

1.負面型：悲觀、嫉世憤俗、沒有熱情、不合作。
2.受難者型：認為自己很可憐、感覺受到不公、喜歡怪罪別人、引發其他人的罪惡感。
3.抱怨牢騷型：到處訴苦、愛反抗、長期心懷不滿。
4.高高在上型：優越感、傲慢、自我中心、堅持自己永遠不會錯。
5.以退為進型：表面上順從、謙恭、安靜、避免衝突，但是也逃避責任。
6.敵意攻擊型：愛逞強出風頭、不滿足、愛爭辯、容易出現辱罵或暴力的行為。

除了這些性格類型，其他的問題行為還包括了：不服從、拒絕完成任務、工作表現差、私下批評主管或公司、恫嚇其他人，或是喜歡操弄，挑撥離間，以及做事拖延、經常遲到等工作習慣上的問題（吳怡靜，2010/12：161）。

二、問題員工背後的解答

人力發展顧問凱西・霍利（Casey Hawley）在《問題員工背後的解答》一書中指出，幾乎在所有的員工績效表現問題裡，管理者應該採取的解決之道，第一步就是與問題員工「聊一聊」，包括以下十個步驟：

步驟1：談話主題務必放在他的表現問題上，而非一般摻雜其他議題的對話。換句話說，如果問題在於出缺席狀況，全部對話的內容都應該要集中在出缺席的問題。與員工面對面坐下來，不要試圖輕描淡寫地把嚴重性一語帶過。

步驟2：一開始先謝謝員工對團隊的貢獻。

步驟3：清楚說明，這次會談的目的在於一同想出一個策略，避免現況發展成更嚴重的問題。

步驟4：客觀並正面地說明這項問題所帶來的影響，包括同事、顧客、品質保證、生產力及其他可能受影響的事務。

步驟5：指明不良績效表現發生的時間與日期，而且在安排會議之前，請務必先取得正確的相關資料。

步驟6：既然問題一定得解決，請詢問員工是否有任何策略或解決方案。仔細聆聽，對於任何你能夠接受的部分也應表示同意。

步驟7：完整而具體地告訴員工何謂可接受的績效表現。

步驟8：如果這是針對該問題的第一次會談，你也許還不會先警告後果，因為這永遠聽起來相當有威脅感。但在其他情況下，萬一你稍後可能會開除該名員工，預先警告也不失為好點子。

步驟9：會談結束時請告訴員工，你非常感謝他能放開心胸，用這麼正面的態度與你一起努力。

步驟10：你應該期待最好的狀況發生，但也別忘了觀察接下來數週的績效表現。如果問題還沒改善，請按照公司規定來處理該名員工。（Casey Fitts Hawley著，曾沁音、許琇萍、孫卿堯合譯，2004：53-54）

主管可以根據員工的每種問題，套用這些基本步驟（例如，處理有遲到問題的員工，就把會談主題改為遲到），找出「眉角」來對症下藥，並且訂出一套行動計畫，採取正面步驟來幫助員工改善行為（例如，讓問題員工參加團隊合作技巧、壓力管理、商業禮節、甚至情緒管理的訓練課程）。

株式會社PHP（Peace and Happiness through Prosperity，經由繁榮帶來和平與幸福）研究所前社長江口克彥曾任日本「經營之神」松下幸之

小常識

面談問題員工注意事項

1.主管應切記：問題員工的不合格行為，背後可能有其他原因，例如家人生病、金錢或藥物上癮問題、壓力等。能掌握根源，就更能有效化解狀況。
2.務必保持冷靜，因為你的情緒會感染到別人。不要與對方爭吵，也不要讓自己被激怒。
3.談話態度要直接而堅定。
4.記錄下你們的討論內容、會談時間，以及會談結果，而且相關紀錄都應保密。
5.最重要的是，你必須堅持原則，且讓所有員工都知道你的立場，不要容許不良行為存在。

資料來源：丁志達（2015）。「提升主管核心管理能力實務講座班」講義。財團法人中華工商研究院編印。

助的秘書長達二十多年。他回憶，松下幸之助生氣起來非常嚇人，站著讓他罵上一、兩個小時是常有的事。但罵到最後，松下幸之助往往會說，「有你幫忙還怕辦不成？」、「你不是很瞭解我的想法嗎？怎麼還會這麼做呢？」讓部屬感受到，「原來松下先生是因為對我期望高才會罵我，而不是否定我。」而且，松下幸之助還會算準時間，打電話給當天被罵的部屬。當部屬誠惶誠恐地說，「剛才真是抱歉，今後會更加小心。」松下幸之助會若無其事地說，「噢，那件事啊，你知道就好了；對啦，我現在有個計畫，你趕快著手進行……。」像這樣，「否定後再肯定」的做法，除了讓被罵的部屬深自反省錯誤，並且因交代新工作而感到被肯定，而更加賣力。

不管罵得多凶，最後切記補上一句鼓勵的話（張漢宜、佐佐木常夫，2012/02/14）。

處理問題員工4不5要

一、4不

1.不要當眾責罵。

2.不要藉責罵來展現威風。

3.不要做人身攻擊或否定部屬的未來。

4.不要翻舊帳。

二、5要

1.釐清責備的「標的物」。

2.對事不對人。

3.責備的方式要因人而異。

4.注意措詞。

5.採取「讚美＋責備＋讚美」的三明治策略。

資料來源：丁志達（2015）。「提升主管核心能力講座班」講義。凱銳光電公司編印。

第二節　懲戒問題員工

要懲戒問題員工時，必須要有書面的資料，以做到勿枉勿縱，這樣也可以防止任何員工怠工、大發脾氣、威脅、傷害等各種後遺症。只要主管的懲戒紀錄得宜，能顯示已經盡過努力協助員工，主管就能大幅減低自己及公司因為解僱員工而被告上法院的機會（**表11-1**）。

表11-1　問題員工的診斷表

如果你的部門裡有某位員工面臨到困擾時，先把下面這些「查檢項目」填好，這樣就可大致可以看出問題癥結，然後逐項加以解決。

一、缺勤問題

□經常未經核准就擅離工作崗位。
□經常請病假。
□經常在星期一及星期五請假。
□經常遲到，特別是星期一早上或午餐結束後（下午上班時）。
□經常早退。
□經常以特殊理由或休假的理由來請假。
□比其他員工的缺席率都高。

二、工作的缺勤情況

□經常從工作崗位上「開溜」。
□經常上廁所或去休息室（醫務室）。
□休息時間太長。

三、意外事件特別多

□經常在工作中影響到自己或其他員工的安全與健康。
□經常在工作中發生意外。
□在非工作時間經常發生意外（但卻影響到工作本身）。

四、很難集中精神工作

□通常需要付出更多的努力才能完成工作。
□通常需要花費更多的時間才能完成工作。

五、能力問題

□很難依照工作指示或說明來做事。
□愈來愈難處理上級交付的事項。
□很難糾正自己的錯誤。

六、突發性的工作情況

□生產力突然降低。

（續）表11-1　問題員工的診斷表

七、一般性的工作效率
□延誤工作期限。
□經常由於不專心或判斷力不足而產生錯誤。
□經常浪費材料。
□決策錯誤。
□經常為自己的工作績效找尋各種似是而非的理由。
八、在工作中和其他人的關係不好
□對其他員工態度惡劣。
□對別人誠懇的批評反應激烈。
□影響到別人的工作士氣。
□向其他員工周轉資金（借錢）。
□抱怨其他的員工。
□經常沒有理由的動怒。
□排斥其他的員工。
□在工作中經常接聽外面友人打來的聊天電話。
□其他-------------------
九、個人的健康與衛生
□在不適合自己體能負荷的場所中工作。
□身體經常感到不舒服。
□個人外貌的突然變化。

資料來源：娜達莎・約瑟華滋著，李璞良譯（1995）。《做個成功主管》，頁243-244。絲路出版社。

一、懲戒紀錄的功能

有效的書面懲戒，除了在法律層面上具有相當重要性之外，至少還有下列三個重要功能：

第一，它能協助員工瞭解主管對他所面對之問題的關切，並且也提供他一個解決問題的方式。

第二，有了書面懲戒紀錄，主管就能經由閱讀這些紀錄看到自己採取了哪些懲戒行動，並重新思考這些行動的合宜性，使得自己能夠客觀。

第三，要所有管理人員在採取任何懲戒行動之前，先將相關的書面紀錄送交人事單位、高階管理者，或是法律顧問審閱，將能確使公司每個管理人員在處理問題員工時都有一致的步調（Mike Deblieux著，林瑞唐譯，1997：10）。

二、積極的懲戒規範

懲戒，乃基於特別身分關係，為維持紀律與秩序，對於違反一定義務者所為之管教措施之謂。在今日的法律環境下，主管必須能夠證明在處理員工問題時，所有的方法是合理且有系統的。

積極的懲戒規範是一套具有六大步驟的方法，分別是訓練、諮商輔導、口頭警告、書面警告、最後警告及解僱（**圖11-1**）。

交付懲戒問題員工的兩個階段為：

1.初犯：給予口頭警告，對方應該瞭解他們什麼地方做錯了，並要適時、適所的給予對方口頭警告。

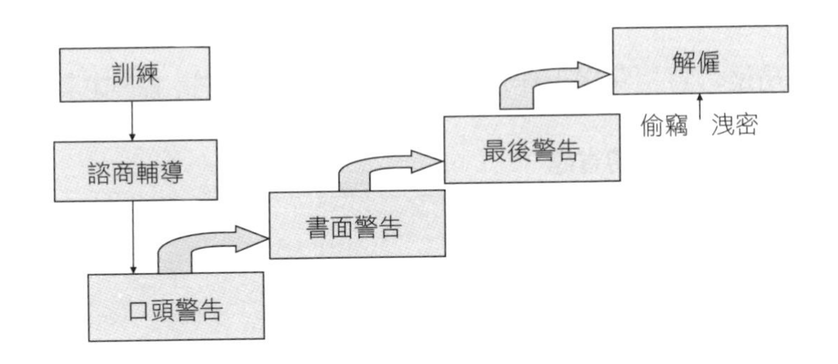

圖11-1　積極的懲戒規範

資料來源：麥克・狄布來思（Mike Deblieux）著，林瑞唐譯（1997）。《檔案化紀律管理》（*Documents Discipline*），頁61。商智文化。

製表：丁志達。

2.再犯：以書面通知對方違反了什麼樣的規定，並警告下次再犯時會扣薪，或是失掉工作。如果有工會的話，那裡也要通知到，此外，還要知會你的上司。

如果已經證明給予對方（問題員工）多次機會，但對方仍然置之不理，可以把他降級、調職，或甚至開除。

在開除部屬之前，管理者都要問問自己在那個時候應該如何做，才能對這位部屬提供真正的幫助？在事前，有問過他嗎？有和他面對面談過嗎？有向他提出各種資料及必要的解釋嗎？有沒有仔細傾聽過他的抱怨？有沒有提出你的建議？有沒有和他一起討論改進的計畫？（娜達莎‧約瑟華滋著，李樸良譯，1995：227-229）（**表11-2**）

三、懲戒員工注意事項

問題員工採取懲戒前，該員工是否收到「警告通知」，整個事件的調查有無書面紀錄等等，這些都是非常重要的因素，倘若有些微瑕疵，極可能使懲戒的結果不盡公平。

適合的懲戒程序，包括下列要件：

1.公司是否將相關之工作規定詳細地告知每一位員工，尤其是對新進

表11-2　懲處員工前的省思

‧這位員工上次的考核紀錄如何？ ‧是否掌握到全部事實經過以及真相？ ‧有沒有給予這位員工適當的機會來改正？ ‧有對這位員工提出警告嗎？有告訴他事情的嚴重性嗎？ ‧以前在同樣的情況下採取什麼樣的懲處行動？ ‧對部門其他人員造成什麼樣的影響？ ‧在採取懲處行動之前，我應該問問其他人的意見嗎？

資料來源：娜達莎‧約瑟華滋著，李樸良譯（1995）。《做個成功主管》，頁228。絲路出版社。

員工更須注意，諸如員工的工作手冊，甚至上網或布告欄上的公告都應包括在內。

2.對員工犯行的控訴必須根據事實，如果有見證人在場的話，那麼見證人的訪談紀錄也必須存檔，確保兩造雙方都能有充分的機會辯白或提出說明，個人的主觀或假設性之確定，應予以排除。

3.是否適當地採用「警告程序」，而這些警告是否以書面形式送達當事人手上。若採取口頭警告，它的內容、說詞是否清楚地表達？

4.具有工會組織的公司，可能還須將員工之警告通知送給工會備查。除此之外，還可能要通知工會主席，將採取何種懲戒行動，以減少工會和管理者之間所可能發生摩擦的機會。

5.在決定採取何種懲戒行動之前，也要依員工犯行的輕重程度或初犯、累犯等情形，對員工過去的考核紀錄及服務年資做適當的考慮。但相反的，這並不意味員工過去有不良紀錄，就可當做對員工採取懲戒的唯一因素。

6.公司要確保管理者能瞭解懲戒的程序及政策。尤其是在對員工採取口頭警告或私底下採取所謂的「非正式責難」時，更是要特別注意。（彭昶裕，1997：102-103）

第三節　績效表現問題

主管要注意，不要等到年度績效評估時才跟員工談他績效不佳，平時就應該跟員工就績效表現問題進行溝通，等到年終才讓員工知道他的表現不好，員工會很驚訝，處理起來也很棘手。

一、「FOSA＋」方法

一旦員工的工作的方法不對，所投入的時間及資源就算是一種損失。想要有好的績效表現，主管就必須經常且不斷跟員工溝通績效表現的標準。「FOSA＋」是一套分段逐步改進績效表現的方法，能協助主管在面對績效表現不佳或是違反公司規定的員工時，有效地記錄下所必須採取的懲戒行動。同時，這個方法中的每一步驟也能讓主管完善地定義員工所遭遇的問題，並建議應該有的改善行動。

F：代表協助主管定義出問題的事實（Facts）。

O：代表為了解決員工所面對的問題，而應設立的目標（Objectives）。

S：代表能協助員工達成改善目標的解決方案（Solutions）。

A：代表如果問題沒有解決，主管將會採取的行動（Actions）。

＋：代表協助員工成功，你所必須增加（Plus）的所有努力。（Mike Deblieux著，林瑞唐譯，1997：8-9）

二、考核有人格缺陷的員工

人格的缺陷大都不容易發現，也需要付出更大的心力才能解決。有時候個人的人格問題會影響到工作的品質，但這並不是絕對的。即使是如此，他們這種不當的行為也會影響到其他人，造成工作環境上的困擾。

管理者在考核這些有人格缺陷的員工時，應該要注意下面四個階段。

第一個階段：描述他們這些行為或是工作上的標準，還有就是達成工作目標的項目有哪些？另外，也要讓他們清楚地瞭解到，他們這種行為對別人所造成的傷害。但是，在提出這些事項時，必須同時提出確實資料作為佐證。

個案11-2 績效不佳的備忘錄

5/31/1997
TO：行銷專員羅德蓋茲
FROM：狄布萊思經理
RE：書面警告——工作績效表現問題

2月10日的會議中，我口頭警告過你業績表現未達標準的問題，從1月5日到2月5日的一個月內，你的業績只有1萬美元，但是預定業績卻為2萬美元。那天的會議中我也與你定下新的標準，希望在2月11日到5月15日之間，你的業績可以達到10萬美元。同時我也口頭警告你，如果這次業績仍未達到標準目標，我會採取進一步的懲戒行動，包括將你遣散都有可能。在那天的會議中我也承諾會提供你行動電話，並且安排你參加一些業務相關的會議訓練，包括如何提高業績的工作研討會。

到了5月15日，你的業績只有3萬美金。5月25日你對我解釋，業績之所以會未達標準，是因為行動電話在第一個禮拜沒辦法通話所致，你也說自己平均一個禮拜會拜訪十八個客戶，或至少用電話跟他們聯絡。當天我向你說明，你是公司的行銷專員中，唯一一個配有行動電話的人，但是卻也是唯一一個業績未達標準的人，更何況你的業績與其他同事一樣。

在未來六十天內，你的業績標準將會是美金120萬元。你必須達到這個標準並且必須將每週平均拜訪十八個客戶，提升到平均每週拜訪三十個客戶。你的行動電話現在應該已經沒問題，我希望你能夠在拜訪不同客戶的路途中，用電話聯絡任何既有或潛在的客戶。

6月10日有個相關於時間管理的訓練活動，我建議你參加這個訓練，並且能用心學習其中有關如何安排工作的技巧。這份有關口頭警告的備忘錄將會放在你的個人檔案裡。如果在未來的六十天中你還未能達到所設定的業績目標，我會再採取進一步的懲戒行動，如果有必要我會讓你辭職的。

我收到了這份備忘錄

羅德蓋茲簽收處／日期：

資料來源：麥克‧狄布來思（Mike Deblieux）著，林瑞唐譯（1997）。《檔案化紀律管理》，頁14。商智文化。

第二個階段：要設法讓他們說出自己的感受，從其中你可以瞭解到，他們是如何面對這些問題的？他們的感受如何？有什麼原因？有什麼方法可以預防這些事再度發生，這時，要站在「他這邊」來看待整個事情。

第三個階段：要討論如何的改進，這時雙方就要平心靜氣的好好溝通，除了達成雙方的瞭解外，還要共同協商出一個具體可行的改善辦法，而且對方一定要有信心完成它才行。此時要注意的是，工作目標與查核標準都要清清楚楚的表示出來。譬如說，要求對方要在一定時間內把不良率降到5%以內，或是在多久時間之內必須做完這件工作。

第四個階段：「訂定合約」的階段，把雙方都承諾的事項以書面寫出，然後影印一份交給對方，內容須包括檢查進度的時間表，以及檢查進度的各個階段（娜達莎・約瑟華滋著，李樸良譯，1995：225）。

員工績效不好，管理者千萬不要去搶他的工作做。管理者如果把所有的事情都拿來自己解決，對員工不會有幫助，自己工作量也會過大，反而應該以協助的角度，給予實際操作的機會，訓練員工有能力去做自己的工作。

在處理員工績效問題時，應該強調他的優點，找出他最擅長的領域，不要妄想去改變員工的人格特質，花費的工夫大，效果卻差。不過，不論績效好不好，員工都需要管理者的輔導，平常就加強雙方的溝通，即使最後不得已必須請員工離開公司，至少員工在心理上感受到你確實願意幫助他，讓雙方好聚好散，才是最佳的解決之道（陳香吟主講，蕭西君整理，2000/12：88-89）（**表11-3**）。

三、新進員工不適任的問題

企業在選才時，務必力求準確，依出缺職位的資料要求作為衡量的標準，來選擇最適當的人選。選才時，若對員工能力有所疑慮，可要求人

表11-3　檢討員工工作績效注意事項

·在私底下找他談，糾正他的看法，千萬別把它公開。 ·一次只針對一個缺點談。不要把「陳年往事」一古腦兒的全部說出來，因為太多的批評往往會收到反效果，對方也不知道從何處下手改進。 ·批評要有建設性，而且要具體。如果你只要求對方以後注意一點的話，就太不具體了，對方也不容易清楚的掌握住要領。不如明確的告訴他過去犯過什麼錯誤，這種錯誤造成了什麼工作沒法進行，或是造成公司什麼樣的損失？這樣對方才能瞭解你的意思。 ·小心處理一切狀況。千萬不要羞辱對方，注意到任何可能的變化，對方的不滿累積愈多時，總有一天會爆發的。 ·在批評對方時，不要一直引用「你總是……」或「你老是……」的句子。譬如說，「你怎麼老是下班時忘了關掉電腦！」尤其當對方是初犯時，更容易引起對方的不滿。 ·多用獎勵的方式。即使你在批評對方缺點的同時也提到對方的優點，這也一樣會引起對方的反感，一定要向對方說明什麼時候他有什麼樣的好表現。有人說這種讚美的話，要在一開始時就說，也有人主張最後再提到對方的優點，雖然現在還不知道到底哪一種方法較好，但一定要根據你的判斷適時的向對方表示讚美。 ·千萬別開玩笑。如果這樣的話，對方還以為你在取笑他呢？ ·在批評時千萬要小心。要就事論事，千萬別做人身攻擊。 ·用比較性的言辭時要特別當心。拿對方和別人比，對他並沒有任何幫助，只有和他們自己比較時才有意義，不當的比較只會在組織間造成大家的敵意。 ·不要低估你的權力，必要時就要動用它。 ·別指望你在批評時會受到對方的歡迎。要知道你的工作不是在交朋友，而是要讓他們圓滿的完成上級所交付的任務。

資料來源：娜達莎・約瑟華滋著，李樸良譯（1995）。《做個成功主管》，頁225-226。絲路出版社。

力資源處人員協助信用調查，以茲確認。

一般而言，新進員工的試用期間為三個月。在試用期間內，新進員工所屬之直接主管須觀察並記錄新進員工適應情況及學習績效。直接主管每週須和新進員工會談至少一至二次，以瞭解新進員工之學習與適應情況，並協助解決其困難。

所謂「不教而殺謂之虐」，主管未提供適當且足夠的教導之前，是無法評斷新進員工是否為能力不足。所以主管在試用期間所給予的各項指導都應該妥善規劃並留下記錄，如此在試用期滿做評估時方能有所依據。

經試用或延長試用後，主管若發現新進員工仍不適任其工作時，可委婉地予以勸退。所謂勸退並非否定該員工之能力，而是由於公司所能提供之職位無法與其能力契合。故就個人之前程發展而言，公司鼓勵該員工另尋其他更能與其能力契合的工作。勸退之所有過程及文件皆應嚴加保密並發給服務證明書（註名：資遣），以利申請失業保險金（張瑞明，〈如何處理新進員工不適任的問題〉）。

第四節　處理問題員工

團隊中有不適任者，主管應如何處理？加強訓練以提升能力？調任其他較合適的工作？或是讓不適任的成員離開團隊？一般而言，「不適任」，是指團隊成員的工作過程或成果未符合組織的要求，不適任的原因可能是工作產量不足、完成時程太慢、所耗成本與資源過高、產品或服務的品質未達標準等。當然，也有可能是人格操守或價值觀與組織抵觸。如

個案11-3　試用期滿不聘僱跳樓亡

高雄市新儀科技公司員工張○○（30歲），因為試用期滿後未獲聘用，7月31日交接業務後，冷不防從八樓跳下，當場死亡。7月31日上午張○○到公司辦理業務交接後，突然從座位旁窗口跳下，當場死亡，同事轉頭看不到他，才知道他跳樓。

警方調查，張○○是兩個月前到新儀公司當推銷員，原約定試用兩個月，期滿後看表現再決定是否續聘。

資料來源：潘欣中、陳金聲（2008）。〈訪友未遇、試用不聘…2人跳樓亡〉。《聯合報》（2008/08/01），A15版

果不適任的理由是後者，由於事涉道德與正直的價值觀，主管必須在第一時間予以解職。否則，等於企業默許員工採取不正當的手段，以達成組織目標，獲取個人利益。為避免模糊企業重要的價值觀，主管必須快刀斬亂麻，即刻處分。

能力vs.意願矩陣

如果成員能力佳，卻意願不足，主管可先瞭解員工背後因素。若確有意願阻力存在，應進一步確認該阻力可否消除與所需時間？若意願阻力可消除，且耗費的時間是組織可以接受的，主管便可協助消除意願阻力。若阻力無法消除，或不確定消除阻力需投入多少時間，或投入超出組織可接受的範圍，那就只好淘汰不適任成員。若組員能力佳且無意願阻力，不適任只是欠缺誘因，則主管可深入瞭解可能的意願誘因，並協助安排與規劃誘因，將誘因轉化為意願的動力。

但若主管無力掌控誘因，或誘因取得時間超過組織可容忍時間，就只好請不適任人員離職。若成員意願不足是因為工作內容與興趣不符，則可協助釐清個人方向，透過內部轉調制度，轉換工作部門。若團隊成員不適任是能力不足所致，則須視該員的學習能力與潛能，決定處理方式。若學習能力與潛能均佳，預期可在可接受時間內，提升能力至要求的水準，則可安排培訓計畫。相反地，若潛質與學習能力不足，難以在可接受時間達到能力要求，便得重新審視個人專業，調整部分工作內容，讓他從事較低階的工作。

只要人員不適任的原因不涉及價值觀或誠信問題，而是態度、意願或能力不足，主管應還有些許緩衝時間，可以進行教育訓練、工作調整、轉調部門等安排。當然，主管進行相關安排時，得依據現有人力排定時程，確定安排過程中，有足夠人力支應基本業務運作。先行人力布署、安排接任人力後，即可進行人力調整。

不適任的團隊成員，將導致客戶對產品或服務的價值或品質失去信心，因此主管必須適時處理不適任員工，依據不適任原因與組織可容忍時間，進行相關人事安排。

處理不適任成員並非易事，告知一位努力工作的員工不適任目前的工作，或者請私交好的組員離開，最讓主管左右為難。但若主管未能果斷處理不適任人員，到頭來反而會拖累整個組織成員，那將對不起其他適任且完成使命的成員。為了團隊的良性成長，主管有時候也須扮演「團隊屠龍手」，硬著頭皮請不適任者走路（林行宜，2007/02/07）。

犯錯的員工有時就像一個被困在屋頂上的人，處境尷尬，既上不去又下不來，此時，主管若採取強硬手段步步相逼，最後會導致這位犯錯的員工一定會狠下心向下跳，結局會是兩敗俱傷的。最適宜的措施方法，就是主動為犯錯的人架一個梯子，給他下台階，使他能夠一步一步的走下來（**表11-4**）。

表11-4　員工成熟度分析

員工成熟度	經理人對策
沒有做事能力也沒有做事的意願	這應該是在僱用時沒有做好考核工作，應該立即終止僱傭關係。
沒有做事能力但有做事的意願	應該悉心教導或安排訓練課程，讓員工早日發揮效能。這些員工應該大多是新進員工；若是老員工，應予以個案處理，視情況予以重訓、調職或勸退。
有做事能力而沒有做事的意願	這可能是老油條員工，經理人應於命令式要求，員工如不能在限期內改進，應予以解僱。
有做事能力也有做事的意願	經理人只需訂定目標，充分授權，定期檢討成果。同時應加速員工的成長計畫。

資料來源：文北崗（2002）。《跨國企業管理教戰實錄》，頁80。優利系統公司。

第五節　解僱問題員工

解僱（開除）問題員工是不得已的，因為如果這些人還在的話，會影響組織成員的工作士氣，降低部門的工作效率，為了怕影響對方的生計而勉強把他留下來並非明智之舉。如果主管害怕這些員工在事後報復，則必須事先做好各種準備，例如，通知他的家人，告訴他們應該留意的事項，另外還要通知公司的警衛，要他們在這段期間內值勤不可鬆懈，當然，還要再通知你的上司找些同事「隨侍在側」，以防不測（人身攻擊）。總之，絕對不要給對方（問題員工）任何「得逞」機會（**表11-5**）。

表11-5　解僱員工　絕非易事

問：你在工作生涯中第一次必須辭退一名員工，你害怕見面宣布消息的場面，該如何進行？ 答：《僱用和解僱員工問答》的作者保羅・法康說：「解僱員工至少絕對不是什麼愉快的事。經驗法則是：要客氣，將對方的需要放在自己的需要之上，在終點線保持那個人的尊嚴，並給予尊重。」 問：處理這些令人不愉快的場面，有沒有標準公式？ 答：簡明扼要為上上之策。整個談話過程不應超過15分鐘，並在頭75秒到120秒間就明言要解僱對方。經理人員應用直接了當的語詞，像：「我們關係到此為止」，和「你在這裡的工作生涯已結束」。 問：必須列出開除的理由嗎？ 答：由於大部分公司都有考評程序，解僱會談通常不是全面檢討工作表現的時機。 問：解僱交談時應該有何舉止？ 答：要以尊重鎮定的口吻說話。雖然同情總不會有錯，但你應該認知你該說的話有個限度，「他們最不想聽到的是你很抱歉」。 問：員工反應激動，怎麼辦？ 答：要有心理準備，員工可能對你怒吼或拒絕離開辦公室。常見的做法是經理人員請警衛待命處理這種情況。當然，被開除可能導致情緒崩潰，需要有訴苦的對象。 問：解僱員工時，應有其他人在場嗎？ 答：你若感到不自在，交談時請你的上司坐在旁邊，你也可以找公司的人力資源部門的人。碰到這種問題，千萬別怕多方請教。

資料來源：田思怡譯（2005）。〈紐約週報：Dismissing an Employee Is Never Easy〉。《聯合報》（2005/08/26），C7版。

一、問題員工未被開除的因素

CNN有線電視新聞網曾報導，雇主對於明顯不用心、不敬業的員工，為何未果斷開除，可能有以下十個理由沒有積極採取必要的解僱手段。

1. 該員工與某高層幹部有關係：這種關係不見得是親友之間或男女曖昧關係。不良員工雖然工作表現一無是處，卻可能是老闆打高爾夫球或喝酒好搭檔，也可能只是某位資深管理人員喜歡此人陪在身邊，隨時使喚。
2. 老闆依賴該員工：管理組織教授米契爾（Terence Mitchell）表示，如果上司很依賴某位下屬，就不會再計較該員工的能力及不良表現，而且還可能把其表現不佳歸咎於超乎該員工可控制的範圍。
3. 僱用該員工物超所值：或許一位在開會時喜歡開玩笑、亂說話及浪費他人時間的員工，同時也是傑出員工，其工作效率會為公司創造重大盈收。
4. 老闆認為開除更糟：即使這名員工惡名眾所皆知，但管理階層可能擔心換人更麻煩。如果先前該公司在同樣職位已經有過一位表現更差的員工，就更加深這種擔憂。
5. 老闆害怕員工：如果擔心員工開除後可能控告公司或訴諸暴力，老闆通常會花較長時間處理解僱的問題。若遇有任何威脅，公司必須向法律或安全專家諮詢，並在該名員工離職前，備妥適當防範措施。
6. 老闆可憐員工：老闆可能擔心不良員工遭解僱失業後，無法再找到工作。若這名員工需要錢維持家庭生計、又有健康問題，或是最近才遭逢巨變，老闆會覺得最好還是讓其保有這份工作。
7. 老闆不想重新招募員工：招募員工曠日費時，要精挑細選、進行面試、查閱背景資料。老闆可能認為應付不良員工所出的差錯，遠比再招新人重新訓練來得容易。

8.員工知道公司秘辛：不良員工可能知道令老闆尷尬的事情，但也有可能是公司目前碩果僅存的萬事通。例如，公司仍在使用的老舊裝備，唯有這名員工懂得操作，雇主就需要繼續重用。

9.把所有人都欺騙了的員工：心理學家巴比亞克（Paul Babiak）曾指出，職場上有不少人「符合精神病的特質」。這種人是以少做或根本不做事來避免承擔任何責任的病態騙子，以具有「領導潛力」的表象，深受高層寵愛，還很會用甜言蜜語說服其他同事來做他應該做的事。

10.該員工並非真的很差：有些員工可能常請假，花很長的時間吃中飯或喝咖啡，或享有一些其他同事認為不公平的待遇，但只要該員工能把自己分內工作完成，就不算是壞員工。（**圖11-2**）

有時候主管必須解僱人。哈佛大學前校長羅維爾（Abbot Lawrence Lowell）說：「行政主管的一項不愉快工作，是有的時候需要給人痛苦。但是身為行政主管，為了公司其他人的福祉，不得不做這種事。」如果某

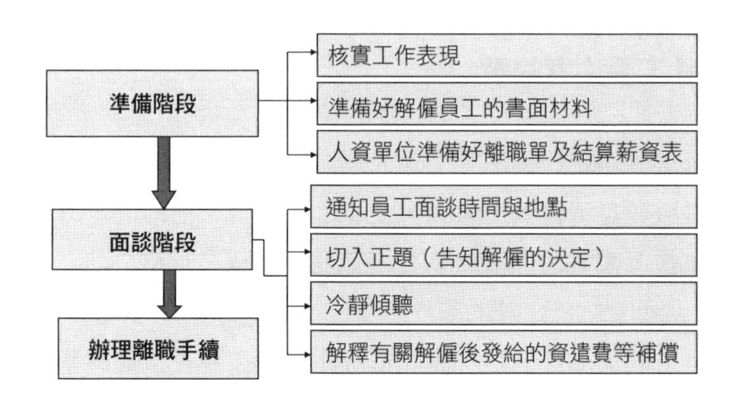

圖11-2　解僱（開除）問題員工的流程

資料來源：丁志達（2014）。「問題員工管理與對策實務」。中華民國勞資關係協進會編印。

位員工做事無效果，甚至更嚴重，而主管深信給他了適當的機會或激勵後，他也不會改善的話，你就不得不解僱他。這是所有不愉快責任中最不愉快的，但為對他人公平起見，是必須要做的（William B. Given, Jr. 著，張和湧譯，1989：238）。

個案11-4 修正考績準則解僱員工　安泰銀敗訴

安泰銀行修正考績準則，把連續二年考績丙等解僱的規定修正為一年，並在同年度依修正準則開除林科勇等員工。林科勇等七人提起訴訟，最高法院判決七名員工可回公司上班，安泰銀行敗訴確定。

這七名員工都是安泰銀行金融消費商品的行銷專員，因為未達公司訂的業績標準被開除。法院判決認為七人業績不良，並非不能另行訓練；此外，企業的支援教導也很重要，銀行僅以考績標準做出最嚴重的解僱處分，實非可取。

法官認為安泰的解僱違法。安泰突然改變既定的考績準則有違公平誠信原則，七名被解僱員工所受的不利程度過於嚴重，解僱應不生效力。

資料來源：〈修正考績準則解僱員工 安泰銀敗訴〉，《聯合報》（2005/08/05）。

二、解僱員工要注意的事

誰願意當個開鍘的劊子手？對大部分管理者而言，開除員工是很棘手的難題。只要想到對員工來說，工作是他們養家活口的經濟來源、身分地位的象徵，甚至是生活的重心，管理者在請人走路之前、過程、之後，都是一場飽受內疚之苦的煎熬。

開除員工的第一守則是，無論情況如何，主管在溝通時都應該維持禮貌與風度，即便是被員工氣炸了。專欄作家李普曼（Victor Lipman）在富比士（Forbes）雜誌網站上提出開除員工要注意的六個建議：

個案11-5 處理不適任員工的經驗談

晶華酒店前任總經理博瑞福（Francesco Borrello）就很善於「無痛地」辭退員工。他在開除對方前，會先確定所有方法都已用盡，但員工仍無進步；而且，即使開除了對方，他還是會盡可能幫助對方。

博瑞福通常會這樣說：「我們已經試過五種方法。我在11號告訴你要怎麼改，14號也說過一次，16號又說了一次，17號我還給了你一封信。現在，我幫不上忙了，所以從明天起，你可以不用來上班。跟你工作很愉快，也是我的榮幸，我希望我們永遠是朋友。你可以向未來的雇主提到我的名字，如果他打電話給我，我一定會說你的好話，讓他們找不到拒絕你的理由。我的管理風格是注重細節，而你是一個大而化之的人，你可能在我的組織裡無法成功，但你會在其他組織裡獲得成功。」

此外，博瑞福也非常將心比心。曾有個被辭退的夥伴問：「你能不能給我三個月找工作？」他回答：「你待在家，這三個月我願意付你薪水，你可以告訴別人，你仍在這裡工作，只是在休假。」

資料來源：黃又怡（2008）。〈升遷36禁：如何「無痛開除」不適任員工？〉。《經理人月刊》，第43期（2008/06），頁111。

1.不要倉促行事：開除員工絕對不是依靠直覺式反應的時候。情緒高漲時做出開除的決定很容易引發後續問題。開除員工需要仔細考慮，而且完整準備。

2.用心記錄：清楚寫下該名員工的問題，等到有了足夠拿得出來的證據，才能開除他。

3.跟公司的人力資源部門合作：確定自己遵循公司程序，做了所有該做的步驟。跟人力資源部門合作，還可以多一個加進客觀意見的機會，平衡只是衝動決定的可能性。

4.採取必要的安全措施：開除員工每次的情況與每個人的個性都不同，事情會如何發展，沒有人可以事先預料。因此，公司要做好安全措施，以防員工挾怨毀損物品，或帶走機密資訊。

5.坦率清楚地溝通：先準備好要對員工說話的內容，不要在現場才改來改去，而且也準備好自己的情緒。開除一定有原因，仔細當面解釋，不要模糊帶過，也不要過於情緒化。

6.發揮同理心：同樣的內容，不同的傳達方式會造成很大的不同。被開除是一件痛苦的事，給予員工尊嚴非常重要，自問：如果是我被開除，我希望如何被對待？（EMBA編輯部，2013/06：80-81）

一般人往往把解僱的決定推遲，因為處理這個問題並不簡單，但優柔寡斷只會使主管和公司的處境更糟，還可能使其他員工離開公司（**表11-6**）。

三、解僱員工後的工作

沒有人喜歡解僱別人，但是如果有人脫離組織，無法完成任務或是對公司造成很壞的影響，那就應該毫不客氣地給他下馬威，來整頓公司作風。奇異電器（GE）公司前總裁傑克・威爾許用一個形象的比喻道出了

表11-6　開除員工　講清楚說明白

步驟	做法
1.行動果決	要清楚、堅定的表達解僱（開除）的正確訊息，以免產生不必要的誤會。但是表達的技巧要顧及部屬的感受，即使部屬知道他一定會被解僱（開除），但員工本人之能力、行為一時遭到否定的羞辱感，還是令人難過。
2.有尊嚴的解僱	詢問部屬是否希望用辭職的方式來保住面子，及該用何種方式，事後在不傷害被解僱者之「人格」尊嚴下，告知其他同事，知所警惕。
3.協助就業	向解僱（開除）者口頭保證他在找到新工作單位時，對新單位錄用前徵詢原單位的評語時，會從被解僱（開除）者的優點去推薦，以協助其重新就業，因為有些被解僱（開除）者可能「一時糊塗」犯下之錯誤。
4.追蹤	不妨在解僱（開除）員工三個月後，打個電話關心他的就業情況，這時候他應該已經找到另一份工作，而且對被解僱（開除）這件事，也會較有客觀的看法與檢討，或許從對方的談話中，也會發現當初決定解僱（開除）之理由是否有不當之處，此點資訊取得，對主管爾後僱人、選人時，會有所幫助。

資料來源：丁志達（2014）。「問題員工管理與對策實務」。中華民國勞資關係協進會編印。

管理的真諦：「你要勤於給花草施肥澆水，如果它們茁壯成長，你會有一個美麗的花園。如果它們不成材，就把它們剪掉，這就是管理需要做的事情。」

處理完解僱員工的事宜後，主管還需要處理團隊成員的疑慮，將被解僱者留下來的工作重新分配給其他成員，並且確認團隊已保有被解僱者的技術。

解僱員工後，主管需要儘快通知在職員工，假裝若無其事只會引起蜚語或是兔死狐悲的恐慌心理。最好的處理就是召開團隊會議，向大家扼要說明事由，例如，你可能會說：「某人好幾個月都無法提升工作績效，所以被解僱。」不要詳細說明或闡述你的決定，另外也要記得避免批評被解僱的員工。

在開過第一次會議後，安排與每一個成員會談，聽聽他們的意見，並協助他們處理關於這項改變所帶來的情緒問題（麥肯錫調查；引自Richard Luecke著，林麗冠譯，2007：138）（**表11-7**）。

如果主管不能確定在解僱問題員工後不會發生爭訟事件，則提出的解僱理由，在法律上是否站得住腳時，應先與人資單位研究一下，是否會觸法。否則，稍有不慎，就可能吃上官司。

表11-7　解僱限制之相關法律規範

1.依憲法第7條及就業服務法第5條規定，不得作差別歧視解僱之限制（非含外籍勞工）。
2.依勞基法第13條規定，女性分娩前後停止工作期間及職業災害醫療期間，不得解僱之限制。
3.依勞基法第74條及職業安全衛生法第39條（前勞工安全衛生法第30條）規定，不得因勞工申訴雇主違反規定而遭解僱之限制。
4.依工會法第35條及勞資爭議處理法第8條規定，對於不當勞動行為及勞資爭議調解、仲裁或裁決期間，不得解僱之限制。

資料來源：蕭俊傑（2014）。〈勞動教室——裁員解僱時，誰會被選定？〉。《台糖通訊》，第134卷，第2期（2014/02/10），頁32。

個案11-6 不適任員工輔導暨處理要點

一、本行為使人力資源有效運用，導正不適任員工，特訂定本要點。

二、不適任員工係指具有下列情事之一，經主管勸誡或輔導，仍無法改善或改善情形不理想者均屬之。

(一)反應慢、學習力差，平時工作常感力有未逮或持續性工作無法適應。

(二)工作能力差或服務態度差，屢發生錯失或客戶抱怨。

(三)所擔任工作意願低落，經常無故請假或遲到早退。

(四)經常對分派工作漫不經心、未能盡責或有消極抵抗之態度。

(五)生活異常、素行不佳，或疑有品德瑕疵有損行譽之虞。

(六)違反本行工作規則及相關規定致有安全顧慮。

三、員工有前條不適任情形者，依左列程序處理：

(一)先行勸誡或輔導，未見改善者單位將事實及處理經過簽報總行。

(二)人事單位依據單位主管簽報，於查明事實後予以個別約談，認為有必要時得改調其他單位，並予專案輔導一至三個月。

(三)經專案輔導屆滿，但改善情況仍不理想者，由人事單位再行約談告誡，並視情節輕重採取下列措施：

1.繼續「加強輔導」：依本要點第二條第(一)、(二)款事實認定且已有改善或有導正可能者，再予繼續加強輔導一次，以一個月為限。

2.移送人評會懲誡：依本辦法第二條第(三)、(四)、(五)、(六)款事實認定有懲誡依據者，移送人事評議委員會懲誡。

3.專案資遣：依本要點第二條各款事實認定難有導正可能，或經前項加強輔導或懲誡處分後仍無法改善者，予以專案資遣。

四、新進試用員工經單位主管反應有不適任情形者，即予終止試用。

五、員工在職期間發生重大違法違紀事件，或個人品德操守有重大瑕疵，或個人行為已嚴重損及行譽，或發生造成銀行損失之行為，應依本行規定予以議處。

六、年度中經人事單位專案輔導改善之員工，其年終考績或考成不得評列為甲等；經輔導後仍無法導正者，其年終考績或考成不得評列為乙等。

七、人事單位及各單位對不適任員工約談、輔導、追蹤，應分別填具「不適任員工約談紀錄表」、「不適任員工工作及生活改善情形追蹤表」，以為處理之依據。

八、本要點經　總經理核定後施行，修正時亦同。

資料來源：〈安泰銀行不適任員工輔導暨處理要點〉，安泰銀行工會，http://blog.udn.com/entielabor/3055754

結　語

在勞工自我意識覺醒的時代，勞工對自我權益的維權下，處理問題員工容易造成勞資糾紛，但漠視這些「員工問題」的存在而不處理的結果，則造成「組織氣候」的惡化，讓「賢良者」紛紛走避，組織就會逐漸成為一灘死水，等著別人來重整。解決之道，就是透過懲戒規範來協助「問題員工」，如果「問題員工」經過「規勸」後仍然我行我素，則進一步就要採取相關的懲戒措施，包括最終將他辭退。

Chapter 12 標竿企業的人力資源規劃

IBM每年員工教育費用的成長，必須超過公司營業的成長。

——IBM創始人湯瑪士・華生（Thomas Watson）

根據貝恩管理顧問公司（Bain & Company）在2009年對全球七十多個國家、超過960名執行長進行使用經營管理工具的調查中，結果顯示全球企業最常運用的10大管理工具分別為：標竿學習（76%）、策略規劃（67%）、使命與願景（67%）、顧客關係管理（63%）、委外服務（63%）、平衡計分卡（53%）、顧客區隔（53%）、企業流程再造（50%）、核心能力（48%）、企業購併（46%），其中標竿學習位居榜首。

澳洲標竿夥伴公司（Benchmarking Partnerships）管理合夥人布盧斯・西爾斯（Bruce Searles）說：「進行標竿學習，要先從定義自己的組織開始，並且切中要害的進行改進，過程中要能放開心胸，用心學習不同國家的經驗，推動標竿學習不可能一次達成所有目標，要能按部就班地完成。」因而，企業藉由標竿學習，持續突破，不失為促進企業成長的最好方法。

台糖公司：人力新規劃

台灣糖業公司（台糖）於民國35年5月1日成立，為經濟部所屬國營事業。依產品屬性區分為砂糖、量販、生物科技、精緻農業、畜殖、油品、休閒遊憩，以及商品行銷等八個事業部，另在總管理處轄下設有土地開發與資產營運。各事業部面對的完全競爭的市場，在內外環境變遷、公營體制限制及相關法令束縛下，營運倍感艱困。有關人力資源，歷年來配合公司轉型發展新興事業，提供各事業適才適所人力，有效轉化和精簡待運用人力，並辦理專案離退，從業人員由民國89年7,555人，精減至民國102年12月1日的4,045人。

個案12-1 台糖人力現況分析

派僱別	實有人數（基準日：民國102年12月1日）	比率
派用	1,564	38.66%
僱用	2,321	57.38%
聘用	25	0.62%
約僱	135	3.34%
合計	4,045	100%

資料來源：人力資源處（2014）。〈台糖公司未來5年退休人力分析〉。《台糖通訊》，第2023號，第134卷，第1期（2014/01/05），頁12。

一、屆齡退休人員分析

預估台糖民國103年至107年將有776人屆齡退休，占實有人數19.18%，其中派用人員退休303人，占該類人力19.37%、僱用人員450人，占19.39%、約僱人員23人，占17.04%。

1.依單位別分析：民國103年至107年有776人退休，其中以砂糖事業部152人最高、台南區處94人次之、畜殖事業部73人及屏東區處70

個案12-2 近五年屆齡退休人數分析

派僱別	實有人數（民國102/12/01）	屆退人數（民國103至107年）	比率
派用	1,564	303	19.37%
僱用	2,321	450	19.39%
聘用	25	0	0%
約僱	135	23	17.04%
合計	4,045	776	19.18%

資料來源：人力資源處（2014）。〈台糖公司未來5年退休人力分析〉。《台糖通訊》，第2023號，第134卷，第1期（2014/01/05），頁12。

人再次之。

2.依主管別分析：依據民國102年12月1日統計資料顯示，各級主管人數為718人（占總人數17.75%）、非主管3,327人（占82.25%）。民國103年至107年屆齡退休主管177人（占主管人數之24.65%）；非主管599人（占非主管人數之18.00%）。

3.依專業職系別分析：民國103年至107年屆退人力中，較多職系者，依序為事務與警勤107人、農業技術98人、業務管理88人、財產管理49人及企業管理36人。（人力資源處，2014/01：12-13）

二、提升人力素質做法

台糖雖歷經多年辦理專案精簡措施，惟囿於勞動法令修正延後退休年齡，及勞退新制與勞保年金化等因素，員工申請退休意願不足，另受預算員額限制，無法預先進用，致新進人員未達預期，人力日益老化。為避

個案12-3 台糖未來十年主管屆退人數統計表

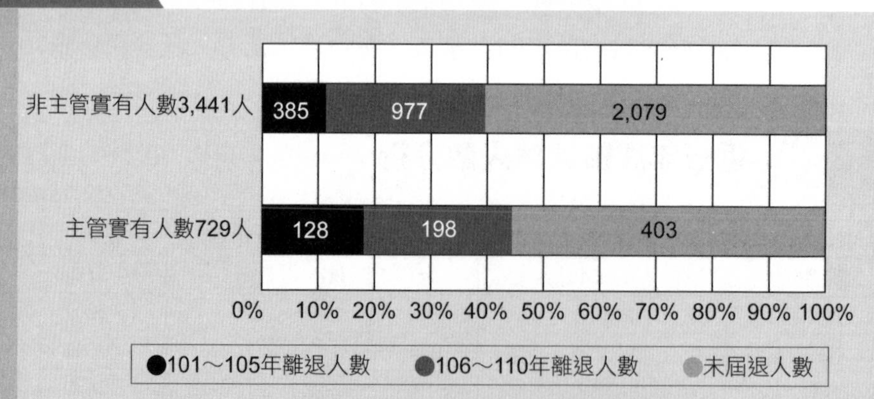

資料來源：人力資源處（2002）。〈淺談人力資源的現況與未來〉。《台糖通訊》，第2001號，第130卷，第3期（2012/03/05），頁7。資料統計日期：2012年2月1日。

免人力斷層，台糖規劃因應人力素質的措施如次：

1.新進人員：未來進用新進人員，依《台糖公司試用人員管理要點》規定，由用人單位指派適當人員擔任輔導員，負責工作教導及考核，並協助解決業務及生活上之問題，建立良好互動關係，使新進人員儘速符合工作要求。
2.現職人員：因應人力老化，依據《台糖公司教育訓練作業要點》規定，藉由公司統籌訓練、各單位自辦訓練、參加外界訓練及數位學習等培訓管道，加強培育各專業人力所需具備專業技能及職業安全衛生教育，以提升人力素質，並預防職業災害。
3.主管人員：除加強基層、中階及高階主管儲備人才之選才與培訓外，儲備主管人才在職務工作上給予學習機會，以累積日後擔任主管所必備之知識與管理經驗，以利接班。

台糖未來將賡續改善人力結構，精進人力素質，配合屆齡退休或辦理專案精簡離退，在預算員額內配合業務需要，逐年進用新進人力，並以既有訓練資源施以相關職能所需之技能與知識訓練，循序有效的提升專業人力與營運生產力，以確保公司員額配置、運用之合理性，及與業務推展之密切配合，以提高經營績效，達成公司願景及未來發展目標（人力資源處，2012/03：8-9）。

緯創資通：人力資源規劃

緯創資通公司（簡稱緯創）是全球最大的資訊及通訊產品專業設計及代工廠商之一，全球擁有八個研發支援中心、九個製造基地、十五個客服中心及全球維修中心，共有員工六萬名。

一、策略會議

緯創的人力資源規劃是跟著企業策略（business strategy）而跑的，每年約在10月至11月做完事業群財務預算計畫（finance budget plan）後，緊接著要召開公司的策略會議確定年度目標，與會者的成員，包括總經理、所有事業群及功能單位的高階主管，目的是對明年度的目標單位的高階主管目標形成共識。

當事業單位規劃預算時，同時也要規劃未來組織人才缺口議題，預計要招聘多少人、培育計畫等，主要由事業單位提出人力需求，人力資源單位扮演收集資料、協助評估和發展的角色。當業務目標提高時，很自然的人力需求也會相對提高，此時，如何評估人力「合理性」，避免組織過度的膨脹而降低效率，就顯得相當重要。

二、ABC法則

合理化的人力規劃，可透過「ABC法則」得知：A指的是Ambition（企圖心），簡單的說，就是老闆企圖心與期望；B指的是Benchmark（標竿學習），參考同業做法；C指的是Customer-oriented（顧客導向），針對顧客需求作為人力資源規劃的重點。

緯創在標竿學習的做法，會去看其他同業資料，收集營業額和員工總額，算出每人平均生產力，藉此評估各單位所提出的人力預算是否合理。這些資料在業界是半公開的祕密，蒐集難度不高，透過比較，可避免個人主觀臆測。

緯創在做人力合理化評估時，相當謹慎，除了人資單位和業務單位，相關的單位也會協助，例如，品質單位提供不良率花費成本等相關資料，找出是人力不足、還是能力不足造成的問題，作為協助整體人力規劃的參考。

三、三年人力規劃

除了年度人力規劃，緯創也固定於第二季進行公司的「三年計畫」，強調預測市場未來走向，也就是每年同時要做檢討與預估（review和predict）。如果未來三年的人力規劃，每年都做的話，就可以很清楚知道市場有沒有按照原先預測的改變，部門主管就不能只是依循前一年的資料，而要確實觀察市場變化。各事業群和人資部門的緊密配合，提出未來因應事業成長而需要的人才藍圖。如果三年後要做到1兆的營業額，各個事業群各自該成長多少？三年後的組織會變成什麼樣？現在有多少人？三年後變成多少人？需要的人才，哪些可從現在就開始找？內部培育還是外聘？

緯創在年中會針對「三年計畫」再次修正，透過多次的預測、修正、學習，讓預測結果的精準度提升，當人力預測規劃越精準，接下來啟動的人才培養也將更有目標性（邱倉木口述，蔡士敏，2010/12：58-64）。

個案12-4 接班人培訓計畫

緯創資通的領導梯隊培訓計畫，從公司高階層的董事長、總經理到各事業單位負責人與海外工廠廠長與其接班人選，都被列為培訓對象。

緯創資通培養領導梯隊的做法是，與外部顧問公司配合，針對每一個中、高階培訓人才進行瞭解，對這些人才的長／短處、性向與生涯規劃都有瞭解，然後在分別針對不同的人擬定不同的發展計畫，每個接班人的發展計畫都是一一量身訂做的。

參與的員工對內有主管的評鑑考核、教育單位安排的課程，還有外部顧問單位的帶領，另外，能不能領導下屬也是一個考核要點。緯創資通內部設有人力評鑑會議，定期來考核人才發展的成果。

資料來源：行政院勞工委員會職業訓練局編輯小組（2008/12）。《人資創新 擁抱全球：2008人力創新獎專刊》，頁60。行政院勞工委員會編印。

IBM租賃：重組流程

國際商業機器（IBM）租賃公司，針對IBM銷售的電腦、軟體與服務，提供融資服務。過去處理一件融資申請，通常要花上六天到兩個星期的時間，一路從信用部門到核價部門，再到行政人員填寫正式報價單。

等到該公司瞭解到，處理一件申請案件實際只需九十分鐘左右便能完成作業，其他所有的時間其實都耗費在核貸專員的辦公桌上，在成堆的申請單裡等待一一審核。於是該公司決定再造整個作業流程。

一、再造流程做法

以下是IBM租賃的再造整個作業流程做法。

1.原本處理申請案件的四名核貸專員，由一名可以處理整個申請作業的人員來取代，這個人稱為「貸款規劃師」，整個申請流程從頭到尾都由他負責。利用一種新電腦系統的範本，取得每位專員一般都會使用的所有資料與工具。

2.若遇到特殊案例，貸款規劃師還是可以請其他專員來提供額外的專業知識。於是，交易結構師與核貸專員便可以針對個別需求，共同合作提供量身訂做的服務，不過這種情況很少發生。

二、流程再造的成果

這套流程再造計畫最後獲得如下的成果：

1.作業時間從一般需要七天減少為四小時。

2.在未增加人手的情況下，該公司的生產力提升了100倍。該公司現在處理的貸款申請件數是再造之前的100倍。（Michael Hammer、James Champy著，李田樹譯，2005/07：43-45）

個案12-5 大象也能跳舞

IBM被公認為是20世紀最值得敬佩、最成功的企業之一。在1926年投資1,000美元購買IBM股票，到了1972年價值就高達500萬美元。然而到了1980年代中期，IBM開始持續走下坡，最終使得該公司在1991年至1993年虧損了150億美元。1993年，路．葛斯納（Lou Gerstner）被延聘為IBM執行長，他踏上了個人的征戰之途，要幫助IBM再度成為卓越企業。

變革做法

為了達成目標，葛斯納採取了下列做法：

1.打造了新的管理團隊，延攬與他一樣有急迫感又足堪信任的人才。
2.正視嚴酷的事實，也就是IBM有哪些營運措施導致了公司問題叢生。
3.在IBM所有嘗試的核心，注入對顧客的高度熱忱。這種轉變使IBM扮演了系統整合者的角色，幫助苦於整合各種資訊科技的企業。
4.改掉IBM以往的官僚文化，代之以一種新的紀律文化，讓員工在績效標準、價值觀和責任制的架構內，自由發揮。
5.致力採取低度承諾、高度實踐的做法。葛斯納刻意和媒體保持距離，這樣真正會受重視的就是成果，而不是宣傳造勢。
6.任何購併機會，只要無法帶來可觀獲利，或是不符合IBM成為世界科技整合佼佼者的策略，一律回絕。
7.制訂嚴謹的接班人計畫，為下一代執行長鋪路。
8.抗拒想要把IBM拆解成許多小單位的想法，而是排除掉所有不符合科技整合這項重點的活動。
9.重振IBM的核心價值，尤其是追求卓越和成功的熱忱。
10.建構一個有三百多名資深領導人的團隊，團隊中沒有任何人可以自動連任，每個人都必須符合年度績效目標，才能繼續留在團隊之中。
11.大膽押注在電子商務上，並且相信網路運算會取代分散式運算，成為企業最有效率的做法。

到了葛斯納在2003年初從IBM退休之際，該公司股價從1993年每股13美元（股票分割調整後）的低點，飆升到2001年的每股80美元，市值有了驚人的成長，更重要的是，IBM再一次成為科技市場的要角，2003年的營收達到890億美元（按：2012年營業額為1,045億美元），成為全世界最大的軟體供應商之一，僅次於微軟。IBM的服務事業到了2003年，也成為全球最大的服務商。

《時代週刊》曾對IBM的變革有如下的一段評述：「IBM的企業精神是有史以來無人堪與匹敵的，沒有一家企業會像IBM公司這樣給世界產業和人類生活方式帶來和即將帶來如此巨大的影響。它的成功取決於關鍵時刻敢於銳意創新、變革。」

資料來源：吉姆·柯林斯（Jim Collins）文，王約譯（2009）。〈小心，基業正在崩垮：重要概念〉。《大師輕鬆讀》，第338期（2009/07/23-07/29），頁45-46。

挪威國營彩券：智慧資本

挪威國營彩券公司（Norsk Tipping）成立於1948年，是由挪威政府所經營的遊戲公司，營業目標是希望在社會可接受的情況下，提供挪威人民負責任的遊戲和娛樂，並將利潤用於協助發展其體育、文化及研究事業。經營項目原為傳統的數字樂透彩、刮刮樂及足球彩券等等，自1999年起，逐步跨入數位化、互動式電視、網路博奕以及移動通信領域。

一、智慧資本衡量

2001年，挪威國營彩券導入智慧資本衡量（Intellectual Capital Rating），並進行一連串變革、改善。透過與內部員工、受益人、主管機關、銀行、媒體、零售商、供應商等等外部關係的訪談，得到一份真正呈現挪威國營彩券企業經營面貌的智慧資本研究報告。該份報告中對挪威國營彩券的外部關係、品牌等項目有正面的評價，但也建議部分項目必須改善，包括內部知識分享的能力等。報告中同時指出，挪威國營彩券的風險承受度過低，組織階級過多，個別員工的目標及考核標準訂定不夠清楚。

挪威國營彩券針對需要改善的部分，進行腦力激盪，並同時推動數個專案，成立一個「價值委員會」（核心成員八人），主要任務是「探索公司的核心價值」，以給予管理階層組織新價值的建議。經過多次會議，最後選出「勇氣、互動、參與、績效」為核心價值。由於此一工作是透過整個組織來進行的，因此也得到了組織成員的認可，讓組織成員對企業核心價值與精神有共同的認知。

二、部落文化

由於員工是挪威國營彩券最重要的資產，一旦員工離職，資本就會流失，而且挪威國營彩券是一家超過五十多年歷史的公司，員工有老、中、青三代及所謂的新新人類，不同世代的人要如何能夠整合起來，勢必要建立起大家都能認同的企業文化，一種部落（tribe）的意識，就好像是圍坐在營火旁談話、討論一樣。

部落文化的強化，可以讓員工產生歸屬感，每個人瞭解自己的價值所在，瞭解每個人的工作動機，以建立起每個人的價值，加強其面對未來的能力，也讓公司能夠找到人力資源最佳的價值組合。

三、生命週期的人事制度

挪威國營彩券為了要提供穩定的環境給員工，它建構了一套「生命週期」的人事制度，對每個不同世代的員工賦予更彈性、更周全的照顧。例如：

1.年輕有幼齡小孩的員工，可以帶小孩來上班，公司隔壁就是幼稚園，員工餐廳也附設小朋友的桌椅，此外，員工也可以在家上班。
2.對於中年的員工，一如穩定運作的引擎，有時會想加把勁開快一點，公司也有配套的專案可以配合。
3.年紀較大或者是即將屆齡退休的員工，如果他們想縮短工時，公司

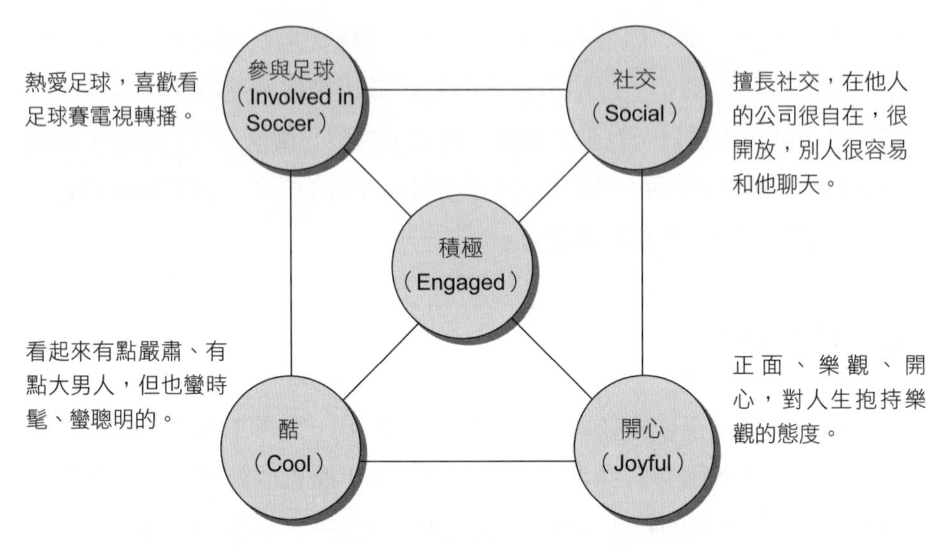

圖12-1　挪威國營彩券公司員工個人特質

資料來源：Reidar Nordby Jr.／引自吳麗真、呂玉娟（2004）。〈挪威國營彩券公司——2003年歐洲最佳知識型企業〉。《能力雜誌》，總號第583期（2004/09），頁37。

也有特別專案，既可借重他們的經驗與才華，同時不需要那麼長的工時，如此更具彈性，以更新為導向的組織，讓內部員工滿意度大幅提升，員工病假大幅減少，成為挪威企業中的翹楚。

透過智慧資本的評鑑的指引，及其引發的種種變革，挪威國營彩券於今成為更有彈性、以更新為導向的公司，贏得2003年歐洲最佳知識型企業（MAKE）得主（吳麗貞、呂玉娟，2004/09：32-37）。

西南航空：讓員工熱愛公司

1971年6月18日，企業家羅林・金（Rollin King）與在德州聖安東尼奧市開業的律師賀伯・凱勒赫（Herb Kelleher）創建了一家班次密集、

票價便宜的西南航空公司（Southwest Airlines Inc.），是美國最大的國內線航空公司之一。西南航空的求才廣告花招百出，連凱勒赫都曾做貓王（Elvis Aaron Presley，艾維斯・普萊斯利）打扮，文案寫著：「如果你想在欣賞貓王的地方工作，請趕快寄履歷表給我們吧！」這種輕鬆幽默的企業文化，充分反映出西南航空的經營哲學和價值觀，認為工作固然重要，但也應該要好玩，而且也確實可以很好玩。西南航空瞭解他們最寶貴的資產是員工和他們所創造的文化，從來沒有忘記他們經營的是人的事業。

一、經營哲學與價值觀

西南航空的經營哲學與價值觀為：

1.工作應該要好玩，也確實可以很好玩。所以，放輕鬆，享受工作。
2.工作很重要，所以不要太嚴肅，壞了工作興致。
3.員工很重要，每位員工都會有不同的貢獻，要尊重每一位員工。

二、人力資源管理措施

西南航空的人力資源管理措施為：

1.員工只要能夠運用良好的判斷能力與常識，盡力滿足旅客的需求，就算違反了公司規定，也絕對不會受罰。
2.讓員工參與招募工作，招募自己未來的同事，並且搭配一套全面的甄選流程，包括填寫申請書、電話面試、集體面試，以及三次個別面試。
3.該公司設立「訓練大學」，教導員工怎麼提升工作表現、提供優越服務，並且瞭解其他同事的工作狀況。

4.公司會提供每位員工詳細的營運資訊，這能夠讓員工從雇主的角度思考，不會只從員工角度思考。

5.採行多樣的薪酬制度，包含紅利、配股等獎勵措施。

三、成功經驗

西南航空的成功經驗，立基於下列的措施：

1.西南航空之所以能夠成功，主要是因為企業的價值觀與實施策略的制度與做法一致。組織能夠做到言行一致，員工也都能服膺企業價值觀，並且注重各項執行細節。

2.組織裡每位成員都朝共同目標努力，這項目標就是拉高資產利用率，以及降低變動成本。

3.西南航空長期競爭優勢的基礎在於，公司能夠讓全體員工發揮潛能。西南航空的硬體設備與其他航空公司沒有不同，績效卻能持續超越競爭對手，就是因為能夠激發出全體員工的潛能。

西南航空的傳奇領導人賀伯・凱勒赫說，員工、顧客、股東、誰最重要？這個問題在過去是企業的難題，對我來說，卻從來就不是問題，因為員工最重要。只要員工開心、滿意、投入又有幹勁，自然就會打從心裡關心顧客；只要顧客開心，自然就會再次光臨，最後股東也就會開心（Charles O'Reilly、Jeffrey Pfeffer合著，曾淯菁譯，2006/07：13-15）。

萬豪國際酒店：留心法則

萬豪國際酒店集團（Marriott International，萬豪集團）是在全球具領導地位的酒店管理企業，由威拉德・萬豪（Willard Marriott）創立，他的經營哲學是：「只有呵護好員工，他們才會更好地呵護顧客。」這是萬豪集團留住員工的秘方。

自1927年萬豪集團成立以來，始終堅持著「信任、關懷、誠實、正直、尊重、公平」這六個核心價值來衡量和評判每一項決策和日常行為。在1998年金融危機爆發後，萬豪集團總部又在原有六大核心價值的基礎上又推出了七種激勵團隊的最佳方法，以更為具體的方式提醒各階層管理者，在金融危機威脅下，如何一如既往地遵循萬豪集團的企業價值觀，想方設法更好地呵護自己的員工。

方法一：開放溝通

萬豪集團在每個季度都會以「全體員工會議」（Town Hall Meeting）的形式，面向全體員工匯報酒店的營運狀況，使每個員工都能隨時瞭解公司業務的最新進展和整體表現。此外，其他的部門經理，每個月還會召集本部門的員工，面對面溝通近期的工作情況，交流心得體會。每年萬豪集團都會聘請一家第三方公司，以匿名方式實施員工滿意度調查，以瞭解員工對集團和上司的看法。

方法二：真誠對待下屬

在萬豪集團，其經營狀況、顧客滿意度、員工滿意度等訊息都會透過各種各樣的方式如實地揭示給員工。例如，2009年萬豪集團取得的業績並沒有達到之前的預期，在徵得了員工的意見之後，採用「縮短工時、減少工資」、「四天工作制」、「暫停加薪」等措施，以降低人工成本，度過難關。由於萬豪集團敢於與員工一起面對當前的困難，並採取了得當的措施，這個舉措得到了員工們的廣泛認可，也並未影響到員工的工作熱情。隨著經濟的復甦，萬豪集團又開始恢復了之前暫停的一些福利與進行了加薪。

方法三：讚賞與獎勵

萬豪集團會以旗下各酒店為單位，定期統計由於工作突出而獲得晉升或調離的員工數量，並向該酒店頒發證書。這樣不僅可以使優秀員工獲得晉升機會，其他員工也能更清晰地看到自己未來發展的路徑，透過類似的方式向員工釋放出一種信號：任何為萬豪集團做出過貢獻的員工，哪怕是在最平凡的崗位上都會成就自己的夢想。

方法四：明確的目標

萬豪集團透過設立明確並且根據實際營運情況調整的目標，不但能保持員工的士氣，還能幫助他們達成既定的目標。以經理層為例，他們每年的獎金和次年的加薪幅度都與當年所完成的業績指標掛勾。萬豪集團亦會在年中時，為員工創造修改年初制定個人業績目標的機會，這樣做可以消除一些不可預見的不利因素與造成的負面影響，幫助員工實現預期目標。

方法五：積極參與

萬豪集團所有的決策，都需要經過員工的參與和討論。實踐證明，所有的員工都有參與正在進行的項目以及業務發展的意願。而且，他們會經常提出有創意性的想法和建議，這對實現和提高業務進程非常有益。

方法六：成功的工具

萬豪集團為其員工提供完成工作及職業發展所需的所有工具，與團隊一起分享這些工具和方法，可以使他們在工作中表現得更出色，在職業

生涯中變得更成熟。例如，萬豪集團的網站開設相關課程，提供職涯規劃諮詢服務等等，這不僅可以幫助員工解決工作上遇到的實際問題，最重要的是能為其勾畫出未來事業發展的藍圖，員工也將更有信心在本職崗位上發揮更大的能量。

方法七：充分的信任

萬豪集團鼓勵管理者相信員工優秀的一面，並且鼓勵員工表達自己的想法。譬如，客房工作人員發現酒店常有日本旅行團入住，並且絕大部分是女性，便提出房間內的陳設可以「因人制宜」。經理信賴他們的分析，並採納了意見，將酒店產品相應特色化，獲得了顧客的好評。

萬豪集團非常重視企業文化的傳承，每一個在萬豪集團成長起來的員工，都充分承襲了萬豪集團熱情的待客之道和員工間互相服務的理念。由於擔心外來員工會沖淡這種文化，萬豪集團有50%的管理人員都是從公司內部經過嚴格選拔而獲得晉升，有能力的人才在萬豪酒店集團會很快得到提拔和重用（寇斌，2010/03：6-9）。

個案12-6 萬豪集團酒店的輪調做法

萬豪集團酒店以人才調動作為培養領導力的主要工具，讓經理人在集團全球約三千家旅館之間調來調去。萬豪集團酒店必須這樣做，因為他無法掌握影響各地旅館業績的外部企業與環境條件。

這項做法，使萬豪集團酒店得以培養出可觀的領導人才庫，隨時可派往各地填補空缺。

資料來源：納班提恩（Haig R. Nalbantian）、李察・古索（Richard A. Guzzo）（2009）。〈輪調催生未來領導人〉。《哈佛商業評論》（全球繁體中文版新版），第31期（2009/03），頁85。

聯邦快遞：使命必達

「貨物出門，使命必達。」這般嚴肅的口號，透過一支支有趣的電視廣告「踏石篇」深植人心，勾畫出聯邦快遞（FedEx）才華洋溢的員工如何發揮團隊精神，成功地送達包裹，讓人們對聯邦快遞（FedEx）印象深刻。

聯邦快遞公司是一家國際性快遞集團，總部設於美國田納西州（Tennessee），販賣的不是實體的物件，而是服務。它的每一個環節都要仰賴「人」，因此，「以人為本」成為聯邦快遞最重要的經營理念。重視人才任用、培訓與重視員工關係的機制，使得聯邦快遞的人員的流動率非常低，管理階層幾乎都是由內部升遷，加上各種完善的培訓機制，更讓聯邦快遞常在各類最佳雇主調查中名列前茅。

一、招聘人才

聯邦快遞在招聘上多半是以投遞員工為主，但很少去同業挖角，多半是招募年輕有潛力的人，他們或許專業經驗不足，但是在職能上則要求很嚴格，像是客戶服務、持續學習能力等，而像外勤人員可能會獨自開著一台車，車上都是客戶所託付的物品，所以聯邦快遞更看重的是否能具備正直誠信特質。

主管從內部升遷的制度是聯邦快遞的人力管理特色，因此，主管幾乎都是從基層逐步升遷上來，更能領導前線的投遞員工，這些充滿可塑性特質的年輕人，經過各種培訓，精準承接並貫徹聯邦快遞的理念：人（people）、服務（service）和利潤（profit）。只要給員工美好的工作經驗，他就能給客戶帶來好的服務，如果對客戶體驗好，這樣自然可以帶給公司獲益。而當公司有獲益時，就能有更多資源可以分享給員工，這是一個正向的循環（葛晶瑩，2010/10：66-72）。

二、激勵制度

聯邦快遞的獎勵方式眾多，這些激勵人心的獎勵，包括聚餐、獎金、戲劇入場券等，只要是具有褒獎性的方式都可以。除此之外，傳統的企業只在年初和年終給予員工表揚獎勵，而聯邦快遞大大有別於此，它對最優秀的員工使用「機動獎勵」。聯邦快遞認為，在工作場合不定時頒發的獎勵，最令人難以忘懷。此外，聯邦快遞尚設有人道主義獎（Humanitarian Award）、服務獎（Service Award）、見義勇為獎、公益互動獎等，鼓勵員工貢獻社會。

在聯邦快遞形式多樣的激勵方式下，員工的流失率極低，積極實現「創造和保持就業機會」的承諾社會責任（銳智，2006）。

個案12-7 聯邦快遞獎勵員工計畫

獎勵名稱	獎勵對象
Bravo Zulu	‧獎勵超越正常工作職責的傑出表現員工
金鷹獎	‧獎勵出色的客戶服務表現
智仁勇獎	‧表揚對人類福祉的貢獻超出工作及社會的標準
明星／超級明星獎	‧針對表現最傑出者給予一次性紅利
五星級獎	‧針對提升服務、利潤及團隊士氣最高的獎勵
FedEx真心大使活動	‧旨在由客戶表達對聯邦快遞員工服務品質的看法及建議，以表揚有卓越表現的前線員工，並繼而鼓勵員工持續提供客戶所期待的優質服務

資料來源：唐秋勇（2006）。《人事第一：世界500強人力資源總監訪談》，頁11。中國鐵道出版社。

賽仕電腦軟體：幸福不請自來

賽仕電腦軟體公司（SAS Institute，簡稱賽仕）是世界最大的私有軟體公司，連年入選為最佳雇主的榮譽事蹟，通常是一般人認識賽仕的最初印象。在2012年11月，賽仕也曾獲得全球知名機構Great Place to Work公布為全球最佳跨國職場排名第一。因為賽仕其成立時就秉持的信念：「滿意的員工將為公司創造滿意的客戶」，正如其創辦人吉姆・古德奈（Jim Goodnight）面對媒體專訪所回應的人才管理理念：「尊重員工」一向是賽仕認為最重要的工作，也才能維持良好的職場氣氛與員工幸福力的關鍵。就如賽仕當年面臨金融海嘯或不景氣的壓力時，則以減少招募、人事凍結，或暫緩調薪為對策，而不是裁員（楊雅筑，2013/04：48-53）。

一、經營哲學與價值觀

賽仕的經營哲學與價值觀精神在於：

1.努力營造有趣的工作環境，讓基層員工與高階主管都能樂在工作。
2.尊重每一位與公司互動的對象，包括顧客、合作夥伴以及員工。
3.讓員工自動自發。
4.創造沒有壓力、不必煩惱日常瑣事的工作環境。

二、人力管理措施

賽仕的人力管理措施是：

1.指派員工值得投入的任務、為員工招募聰明的工作夥伴，並且把員工當作能獨當一面的成年人。
2.鼓勵員工培養與工作不相干的興趣。

3.提供完整福利，全額給付的醫療保險、托兒所、健身中心，還有小吃部。這樣的做法等於老闆享有什麼待遇，員工就享有同樣的待遇。

4.設定高目標，讓員工自己斟酌要怎麼達成目標，並且要求員工對實際成果負責。

5.支持員工優渥的薪水，每年調薪，並且頒發紅利（大約是薪資的6～8%）。賽仕並沒有股票選擇權（stock options）、績效獎金等激勵措施，業務人員是領固定薪水、不是業務獎金。

6.舉辦各種在職訓練課程。

7.不外包，不僱用約聘人員，公司各項工作都是由正職員工負責。

三、彈性工時政策

重視員工工作與生活之間的平衡，是賽仕的企業文化之一。賽仕一向給予員工極高的自由度，尤其每週三十五小時的彈性工時政策。基本上，員工都能自己設定工作時間表，不用打卡，沒有人力資源部人員管控其出缺勤或休假。自由平衡安排工作與休息時間，也可以減少員工的焦躁心情。

四、成功經驗

賽仕在事業上的成功經驗，可歸納下列幾項：

1.員工的流動率非常低，大幅降低訓練新進人員的成本。重要的是人事流動率低，可以讓顧客享有穩定的服務品質，以及品質精良、錯誤較小的軟體，因此，能夠建立並維持良好的顧客關係。基本上，由於賽仕營造出讓員工樂以工作的環境，所以具備了實質而長期的競爭優勢，得以領先其他軟體開發商。

2.營運模式的基礎，就是「打造長遠關係」的目標。公司不必擔心能不能達成華爾街設定的單季目標（股票不上市），只要想辦法滿足顧客需求就可以了。（Charles O'Reilly、Jeffrey Pfeffer合著，曾淯菁譯，2006/07：33-39）

執行長吉姆・古德奈，在賽仕公司獲得「最佳雇主」榜首時表示：「每天傍晚，我有95%的資產從大門離開，我的工作就是維持良好的工作環境，讓這些人隔天早上願意再回來。」由此可知，企業主的觀念是企業能否致力經營員工幸福的根本，以員工為本，提升滿意度，幸福自然不請自來。

中華機械：人才地圖

中華機械公司是美國卡特彼勒（Caterpillar）公司在台之唯一授權代理商，負責該公司所製造的產品銷售及相關服務。卡特彼勒是全世界最大的土方、建設機械及柴油、天然氣、渦輪機引擎的製造商。該公司藉著完整的培訓系統，追求人力創新，曾獲頒第四屆國家人力創新獎「事業單位」團體獎。

一、創新人才地圖

中華機械以「卓越為標竿做每件事情」為願景，以「承諾」、「相互尊重」、「誠信」、「團隊合作」、「以客為尊」、「專業」為核心價值，明確建構職等／職級系統、薪資架構、工作說明書評量指標，並連結績效考核，掌握員工職能狀況，建構人才職涯雙軌發展，以提升其技能及素質，描繪創新人才地圖。

二、內部講師制度

由於中華機械屬於重機械的行業領域，各種技術與知識都非常專精怎樣做（know how）各不相同，因此很難向外部尋求專業講師，所以自己必須培訓內部講師，把寶貴的經驗保留下來。其做法是以由下而上（bottom-up）的方式讓全員參與內部講師選拔、課程推薦、課程參與學習及評鑑，強化組織內部的學習文化和知識管理。

內部講師選拔，大部分來自於技術員工，不一定要是主管擔當，只要有專業、有意願、就可透過自我推薦、主管推薦或公司遴選三種方式擔任內部講師。

三、領導力培訓

中華機械著重的在領導力的培養，針對受訓者給予一系列領導力相關的訓練課程活動，例如：讀書會、以哈佛大學的商業案例或文章為主，聘請台大組織行為與領導協商教授來授課，把受訓者當工商或企業管理碩士（MBA）學生，使其瞭解市場上的案例，從中學習如何領導、如何做決策；提供受訓者線上學習課程，強化其相關知識；指派受訓者參加長期專案，從複雜的專案環境中學習，由主管從旁指導協助其提升領導職能（黃鈺雲，2012/01：60-66）。

四、培訓專案合同

中華機械與其產品授權代理商卡特彼勒簽訂培訓專業合同，以支持該公司技術人員培訓的需求。這個協議包括三個主要方面：

1.卡特彼勒提供五十三個培訓課程的教材。

2.卡特彼勒向中華機械提供對教官的評估認證課程，以便保證挑選和認證培訓教官，保證教官達到卡特彼勒的資質標準。

3.卡特彼勒向中華機械提供培訓系統認證審計，以便保證其培訓系統能達到卡特彼勒的標準，透過實施系統的不斷改進，取得既定的培訓成果。

該公司前任董事長馬武德（曾獲得第三屆國家人力創新獎「力行標竿」個人獎）認為，企業要成功必須仰賴人才，而能否達到「人盡其才」的目標，又與企業負責人的領導模式息息相關。因此，身為領導人必須提供能讓人才充分發揮的舞台，並循由企業知識管理、學習型組織與員工的職能發展加以落實（行政院勞工委員會編，2008：68-74）。

個案12-8 中華機械接班人計畫培訓面向

1.讀書會，以哈佛大學的商業案例或文章為主。

2.聘請台大組織行為與組織領導管理協商教授授課，讓潛力人才當MBA學生，接觸市場上遇到的案例，從中學習如何做決策。

3.線上學習，為單純的上課考試模式。

4.專案指派，由主管協助比較弱的部分，設計長期專案從中學習。

資料來源：行政院勞工委員會職業訓練局編輯小組編（2011/12）。《人資創新 精彩100：第七屆國家人力創新獎案例專刊》，頁111。行政院勞工委員會。

朗盛化學：裁員之道

2004年，德國製藥業巨頭拜耳（Bayer）專心經營藥物的決心已定，相對利潤率比較低的橡膠、塑膠、化學品等業務被拆分，獨立成立了朗盛化學（LANXESS）公司，朗盛戰略的目標分別是：削減企業內部開支及提高員工績效；對虧損部門進行有目的的重組，實現利潤最大化；對產品線的調整，依照化工投資組合的處理方式經營公司。2004年7月，朗盛全球人力總監劉崢嶸帶領著朗盛完成了削減業務合併工廠，並完成了三千人大裁員，其中，80%的裁員在工會勢力強大的德國和法國完成。

一、朗盛宣布裁員

「裁員是最後的選擇，更不是為了裁員而裁員。」這是劉崢嶸一直在向歐洲行業工會、朗盛員工代表大會和全體員工強調的。運營方式的改變，生產過程的調整，原材料採購方式的變化，某些產品線的淘汰，某些業務的合併，都會產生出很多「多餘」的崗位。劉崢嶸要證明的是：為了降低成本、提高利潤，朗盛已經做了很多工作，但還是達不到預期的效果，所以不得不關閉工廠、減少工作崗位。

「整個重組的過程是透明的。」朗盛的戰略和調整在推出之前很早就向員工宣布。當然，習慣了穩定工作的員工並不能一開始就接受這些：「今天砍福利，明天增加工作時間，什麼時候是底啊？」對於這種抱怨，劉崢嶸盡力讓員工明白，再不做調整就來不及了。他說：「關鍵是讓員工瞭解整個調整重組的進程，包括每個階段的成果。讓員工看到做出這些犧牲後，是不是公司的業績有了提升，而且有些本來要關閉的工廠也可以不關了。」2005年3月，苯乙烯業務部門在歐洲有兩個工廠，分布在德國總部和西班牙，由於供大於求，必須關閉一個工廠。當時德國工廠的工人「確信」，關閉的會是西班牙工廠。結果算下來是西班牙工廠的成本費用更低、競爭力更強，德國的工廠被果斷地關閉了。在關閉德國工廠的例子中，朗盛提前半年就和歐洲的化工行業協會做了「預報」。

二、讓工會支持你

要獲得工會的支持看來並沒有那麼困難，工會很明白，全球性競爭不是一兩年的事情，競爭的壓力會越來越大，我們要做的，是在經營狀況良好的情況下進行一些必要的降低成本的措施。「現在的調整是為了把公司整體變強，為了德國的研發人員在十年以後還有工作。這是工會能接受的。」劉崢嶸說。

「該發火就發火，該拍桌子就拍桌子，這是表明你的態度和決心，回頭再對他們做出解釋，這不是原則問題。要知道，你面對的工會是訓練有素的職業談判者。」在談判的會議室，劉崢嶸一定要搶著坐背光的位置，爭取一個更舒適的談判環境。即便沒有必要，談判也儘量拖到很晚，必須要讓員工看到「上面燈還亮著」，讓他們感到員工代表在為他們爭取利益。

三、組織層級精簡

裁員、關廠是最後的辦法。前面還有很多方法可以嘗試。最先開始調整公司的管理層，九層管理層砍掉五層。一方面降低了成本，另一方面決策的程序也簡化了。當然，不會機械地認為所有的人員都是很大的成本，有的部門採購成本比重更大，就先嘗試降低採購成本，有的部門延長工作時間解決問題，有的部門縮短工作時間同時不裁員就能夠滿足對成本的要求，每個部門有不同的解決方案，不是一刀切。

在朗盛，接受公司補償提前退休的占到離職人員的三分之二。朗盛成立了專門為在職員工找工作的部門，會提前一年左右告訴員工，你有可能失去工作，現在外面的就業情況如何等等。2005年3月，朗盛要裁員一千人，但不是一次裁完，而是在兩年的時間內完成，有這麼長的時間，就可以利用自然流失率、退休和提早退休。一個更為重要的條件是，與此同時，全部的員工降薪6.7%，這種做法既為一千個人著想，沒有讓他們一下子失去工作（王琪，2007/02：58-60）。

結　語

取法標竿企業的最佳實務，可以省去獨自摸索、反覆嘗試所必須付出的成本與代價，直接汲取最有價值的核心觀念與做法。但須留意的是，企業體質各有差異，不能全面模仿，全盤移植，必須融入自己組織的特色及企業文化，加以改良成為具體的行動方案，並設定關鍵績效指標（Key Performance Indicators, KPI），定期檢視成效並持續改善，方能收標竿學習的實質效益（張寶誠，2009/12：10）。

參考書目

〈訓練品質系統實施計畫〉，社團法人中華民國中小企業總會，http://www.nasme.org.tw/front/bin/ptdetail.phtml?Part=0503&Category=338167

《102年度新北市幸福心職場得獎專刊》（2013/10），新北市政府勞工局編印。

EMBA編輯部（2013）。〈開除員工要注意的事〉。《EMBA世界經理文摘》，第322期（2013/06）。

Russell L. Ackoff著，《交響樂組織》。引自黃佳瑜譯，〈組織改造先杜絕官僚文化〉，《工商時報》（2001/06/12），經營知識34版。

Vikram Bhalla et al文，廖建榮譯（2012）。〈組織設計的四大原則〉。《EMBA世界經理文摘》，第309期（2012/05）。

人力處（1994）。〈員工職業前程規劃案推動報導〉。《工研人月刊》，第61期（1994/02）。

人力資源處（2012）。〈持續改革・力爭員額 台糖人力的新規劃〉。《台糖通訊》，第2001號，第130卷，第3期（2012/03/05）。

人力資源處（2014）。〈台糖公司未來5年退休人力分析〉。《台糖通訊》，第2023號，第134卷，第1期（2014/01/05）。

大師輕鬆讀編輯部（2009）。〈A級戰將養成計畫〉。《大師輕鬆讀》，第349期（2009/10/08-10/14）。

大師輕鬆讀編輯部（2009）。〈小心，基業正在崩垮：重要概念〉。《大師輕鬆讀》，第338期（2009/07/23-07/29）。

工作分析與人力資源盤點，http://server01.lse.com.tw/db%5Cpublic%5C010.nsf/0/D35C9CF24CB6907C482571B80029A60F/$file/%E5%B7%A5%E4%BD%9C%E5%88%86%E6%9E%90%E8%88%87%E4%BA%BA%E5%8A%9B%E8%B3%87%E6%BA%90%E7%9B%A4%E9%BB%9E.pdf?openelement

方素惠採訪整理（2002）。〈哈佛大學教授巴雷特（Christopher A. Bartlett）：創造組織的目的感〉。《EMBA世界經理文摘》，第190期（2002/06）。

王厚偉（無日期）。〈勞工參與與產業民主〉。企業實施勞工參與型管理制度研討會。中華民國勞資關係協進會編印。

王琪（2007）。〈劉崢嶸征服歐洲工會的中國人〉。《中國企業家》（2007/02）。

王麗娟編著（2006）。《員工招聘與配置》。復旦大學出版社。

丘美珍編譯（2002）。〈如何進行能力盤點？〉。《Cheers快樂工作人雜誌》，第16期（2002/01/01）。

司徒達賢（1999）。《為管理定位》。天下雜誌。

石才貴（2011）。〈做好人力資源規劃的關鍵環節〉。《人力資源》，總第338期（2011/12）。

石銳（2008）。〈以「學習」為中心的職涯發展〉。《震旦月刊》，第445期（2008/08）。

任金剛（2012）。〈小心！5大壓力點折損高潛力人才〉。《能力雜誌》，總號第673期（2012/03）。

江享貞，〈企業實施人力資源規劃之相關研究〉，http://www.google.com.tw/url?url=http://page.phsh.tyc.edu.tw/downtext/upload/%25A5%25F8%25B7~%25B9%25EA%25ACI%25A4H%25A4O%25B8%25EA%25B7%25BD%25B3W%25B9%25BA%25A4%25A7%25AC%25DB%25C3%25F6%25AC%25E3%25A8s.doc&rct=j&frm=1&q=&esrc=s&sa=U&ei=o4RVVJmnO4qh8QWnuYDACw&ved=0CBgQFjAA&usg=AFQjCNGkqZq2gnk1JeWSIqA7DobvQi5VDA

艾文森（Leif Edvinsson）、馬龍（Michael S. Malone）合著，林大榮譯（1997）。《智慧資本：如何衡量資訊時代無形資產的價值》。麥田。

行政院勞工委員會編（2008）。《人資創新 擁抱全球：2008人力創新獎》。行政院勞工委員會。

何永福、楊國安合著（1995）。《人力資源策略管理》。三民書局。

余朝權（2012）。《組織行為學》。五南圖書。

吳怡靜（2010）。〈10步驟搞定問題員工〉。《天下雜誌》，第461期（2010/12/01）。

吳秉恩（1990）。《台北市政府人力資源規劃之研究》。台北市政府研究發展考核委員會委託專案。

吳美連、林俊毅合著（2002）。《人力資源管理：理論與實務》。智勝文化。

吳復新（2003）。《人力資源管理：理論分析與實務應用》。華泰文化。

吳麗貞、呂玉娟（2004）。〈挪威國營彩券公司——2003年歐洲最佳知識型企業〉。《能力雜誌》，總號第583期（2004/09）。

呂玉娟（2004）。〈看不見的價值〉。《能力雜誌》，總號第583期（2004/09）。

呂玉娟（2009）。〈迎向未來成功的競爭關鍵——兩把金鑰打開願景任意門〉。《能力雜誌》，總號第646期（2009/12）。

呂玉娟（2010）。〈員工關係儲金簿〉。《能力雜誌》，總號第657期（2010/11）。

呂紹煒（2009）。〈我見我思—悼升格—從蓋門定律談起〉。《中國時報》（2009/06/26），A26版。

李・艾科卡（Lee Iacocca）、威廉・諾瓦克（William Novak）合著，傅馨譯（2004）。〈永不妥協的艾科卡〉。《大師輕鬆讀》，第80期（2004/06/03-06/09）。

李勇（2006）。〈歲末，拉開HR盤點大幕〉。《人力資源》，總第241期（2006年12月上半月刊）。

李思萱（2012）。〈變革轉型是淬煉管理模式必經之路！〉。《管理雜誌》，第451期（2012/01）。

李健鴻（2010）。〈後金融海嘯時期的非典型就業趨勢、風險與勞動保護〉。《就業安全》，第9卷，第1期（2010/07）。

李貫亭（1998）。〈頂新來了，味全的員工如何自處？〉。《管理雜誌》，第289期（1998/07）。

李瑞華（2006）。〈打造組織老闆員工一起來〉。《大師輕鬆讀》，第187期（2006/07/20-07/26）。

杜書伍。〈組織氣候的培養〉，聯強e城市，http://www.synnex.com.tw/asp/emba/synnex_emba_content.aspx?infovalue=Z&seqno=17838

沈建州（2010）。〈教育訓練費用不能省——「育才」是種看得見的投資〉。《管理雜誌》，第428期（2010/02）。

併購之策略規劃程序，http://nccur.lib.nccu.edu.tw/bitstream/140.119/35468/5/241605.pdf

岳鵬（2003）。〈以人力資源規劃為「綱」〉。《企業研究》，總第220期（2003年5月下半月刊）。

林行宜（2007）。〈如何處理不適任部屬 〉。《經濟日報》（2007/02/07），A14版。

林怡靜譯（2001）。〈企業因應經濟衰退：裁員不是萬靈丹〉。《商業周刊》（2001/04/16）。

林建煌（2001）。《管理學》。智勝文化。

林桂碧（2013）。〈高情商人力資本 譜出幸福劇本〉。《能力雜誌》，總號第686期（2013/04）。

林燦螢、鄭瀛川、金傳蓬合著（2013）。《人力資源管理》。雙葉書廊。

林瓊瀛、桂竹安。〈併購交易人力資源的四階段規劃〉，資誠企管顧問公司（PwC），http://www.pwc.tw/zh/challenges/financial-advisory/financial-advisory-20120102-1.jhtml

芉振奇（2003）。〈企業文化 永續經營萬靈丹〉。《經濟日報・管理大師》，（2003/06/28），11版。

邱倉木口述，蔡士敏（2010/12）。〈緯創資通——ABC法則優化資源造就人才庫〉。《能力雜誌》，總號第658期（2010/12）。

邱皓政（2012）。〈跨國人才管理5堂課〉。《能力雜誌》，總號第673期（2012/03）。

金樹屏（1976）。〈工作豐富化〉。《經濟日報》（1976/5/24），第11版。

哈佛商業評論編輯部（2009）。〈焦點企劃：輪調催生未來領導人〉。《哈佛商業評論新版》，第31期（2009年3月號）。

姚志勇（2013）。〈未雨綢繆做規劃〉。《人力資源》，總第360期（2013/10）。

威廉・吉文（William B. Given, Jr.）原著，張和湧譯（1989）。《如何善用人力》（*How to Manage People: The Applied Psychology of Handling Human Problems in Business*）。桂冠圖書。

查爾斯・奧賴利三世（Charles O'Reilly）、傑佛瑞・菲佛（Jeffrey Pfeffer）合著，曾湞菁譯（2006）。〈找人才不必踏破鐵鞋〉（Hidden Value: How Great Companies Achieve Extraordinary Results with Ordinary People），《大師輕鬆讀》，第187期（2006/07/20-07/26）。

柯惠玲（1998）。〈企業減肥！減對了嗎？〉。《震旦月刊》，第328期（1998/11）。

段磊（2004）。〈最佳雇主的核心吸引力〉。《人力資源》，總第192期（2004/08）。

洪明洲（1999）。《管理：個案、理論、辯證》。華彩軟體。

洪贊凱（2013）。〈提早準備 全面規劃 有效執行 接班人計畫就位〉。《能力雜誌》，總號第687期（2013/05）。

英國安永資深管理顧問師群著，陳秋芳主編（1994）。《管理者手冊》（新版本）。中華企業管理發展中心。

奚永明（1998）。〈領導變革才能脫穎而出〉。《管理雜誌》，第289期（1998/07）。

娜達莎・約瑟華滋著，李樸良譯（1995）。《做個成功主管》。絲路出版社。

孫童培（2004）。〈找出人力成本的黃金結構〉。《電工資訊》（2004/10）。

高昆生（1999）。〈成本的觀念——成本習性與運用〉。《環宇雜誌》，第889期（1999/11）。

寇斌（2010）。〈最佳雇主的留心法則——萬豪國際酒店集團中國區HR總監顏潔雯專訪〉。《人力資源》，總第317期（2010/03）。

常昭鳴、共好知識編輯群編著（2010）。《PMR企業人力再造實戰兵法》。臉譜。

張一弛編著（1999）。《人力資源管理教程》。北京大學出版社。

張火燦（1994）。〈策略性人力資源管理的基礎概念〉。《中國行政》，第56期（1994/08）。

張火燦、許宏明（2008）。〈企業核心人才的開發〉。《就業安全》，第7卷，第1期（2008/07）。

張秋元（2009）。〈政府機關員額配置合理化的意涵與策略〉。《研考雙月刊》，第33卷，第3期。

張添洲（2000）。〈職業生涯新觀念——組織生涯管理與員工生涯規劃雙贏〉。新世紀人力資源管理研討會（2000/06/29），中華民國人力資源發展協會編印。

張瑞明（2012）。〈Open mind 人才洗牌創新局〉。《能力雜誌》，總號第672期（2012/02）。

張瑞明，〈人力盤點的展開〉，Xuite日誌，http://blog.xuite.net/echohr/papersharing/35867216

張瑞明。〈如何處理新進員工不適任的問題〉，http://blog.xuite.net/echohr/papersharing/5161576

張榮發口述，吳錦勳採訪（2012）。《鐵意志與柔軟心：張榮發的33個人生態度》。天下遠見。

張漢宜、佐佐木常夫（2012）。〈你這種人以後絕不會有出息！4種讓部屬最厭惡的批評〉，天下網路部整理（2012/02/14），http://www.cw.com.tw/article/article.action?id=5030404

張德主編（2001）。《人力資源開發與管理》（第二版）。清華大學出版社。

張寶誠（2009），〈標竿學習超越不景氣〉。《能力雜誌》，總號第646期（2009/12）。

許玉琳主編（2005）。《組織設計與管理》。復旦大學出版社。

許金龍（2008）。〈就業服務法資遣通報制度之回顧與展望〉。《就業安全》，第7卷，第1期（2008/07）。

許俊偉（2014）。〈企業職災保費變貴 電子業最多〉。《聯合報》（2014/10/29），AA2產業・策略版。

許瑞庭（1999）。〈以人力資源會計協助工作決策〉。《工商時報》（1999/05/12），經營知識版。

陳文華（2005）。〈知識管理〉。《經理人月刊》，第11期（2005/11）。

陳京民、韓松編著（2006）。《人力資源規劃：序言》。上海交通大學出版社。

陳彥蘭（2007）。〈人才管理——新賽局的競爭利器〉。《經濟日報》（2007/08/10），A16版企管副刊。

陳春蓮（2009）。《調整薪資制度對併購員工留任影響之個案研究》。國立中山大學人力資源管理研究所碩士在職專班碩士論文。

陳香吟主講，蕭西君整理（2000）。〈我的屬下表現不佳〉。《Cheers快樂工作人雜誌》，第3期（2000/12）。

陶允芳整理（2012）。〈台灣奇異首席執行長許朱勝：35歲潛力接班人的起跑點〉。《天下雜誌》，第492期（2012/03/07-03/20）。

麥克・狄布來思（Mike Deblieux）著，林瑞唐譯（1997）。《檔案化紀律管理》（*Documents Discipline*）。商智文化。

麥肯錫調查；引自理察・盧克（Richard Luecke）著，林麗冠譯（2007）。《稱職主管16堂必修課》。天下遠見。

凱西・霍利（Casey Fitts Hawley）著，曾沁音、許琇萍、孫卿堯合譯（2004）。《問題員工背後的解答》（*201 Ways to Turn Any Employee Into a Star Performer*），美商麥格羅・希爾國際。

勞倫斯・克雷曼（Lawrence S. Kleiman）著，孫非等譯（2000）。《人力資源管理：獲取競爭優勢的工具》（*Human Resource Management: A Tool for Competitive Advantage*）。機械工業出版社。

勞動部勞工紓壓健康網，〈什麼是員工協助方案？〉，http://wecare.mol.gov.tw/lcs_web/contentlist_c51_p01.aspx?ProgId=100101020&SNO=2847

喬埃斯（2012）。〈亞太地區最佳雇主調查報告出爐〉。《管理雜誌》，第454期

（2012/04）。
彭昶裕（1997）。《老闆的禮物：員工情緒管理EQ執行手冊》。耶魯國際文化。
曾雙喜（2013）。〈問對問題選對人〉。《人力資源》，第359期（2013/09）。
游明鑫（2012）。〈推動我國職能標準制度，促進人力資本投資效能〉。《就業安全》，第11卷，第1期（2012/06）。
湯瑪斯・史都華（Thomas Stewart）著，宋偉航譯（1999）。《智慧資本：資訊時代的企業利基》。智庫文化。
華倫・貝尼（Warren Bennis）和麥克・米薛（Michael Mische）合著，樵瑟譯（1998）。《大趨勢：21世紀的組織與重建》。海鴿文化。
隋杜卿（2003）。〈教師應該擁有完整並受憲法保障的「勞動三權」〉。《國家政策論壇》（2003/01，春季號），http://old.npf.org.tw/monthly/0301/theme-236.htm
黃同圳、Lloyd Byars、Leslie W. Rue著（2012）。《人力資源管理：全球思維　本土觀點》。美商麥格羅・希爾。
黃鈺雲（2012）。〈中華機械：人才地圖步步為營　邁向成功企業〉。《能力雜誌》，總第671期（2012/01）。
黃麗秋（2010）。〈喚起員工高峰體驗 員工關係4大黃金守則〉。《能力雜誌》，總號第657期（2010/11）。
楊百川（1999）。〈組織再造核心工具〉。二十一世紀人力資源管理新思潮研討會（1999/11）。精策管理顧問公司主辦。
楊明磊（2010）。〈員工協助方案在公務部門的推動與應用〉。《人事月刊》，第293期（2010/01）。
楊雅筑（2013）。〈賽仕電腦軟體：小處著眼 幸福不請自來〉。《能力雜誌》，總號第686期（2013/04）。
楊劍、白雲、朱曉紅合編（2002）。《人力資源的量化管理》。中國紡織出版社。
溫金豐（2012）。〈評鑑中心 開發隱藏版潛力人才〉。《能力雜誌》，總號第675期（2012/05）。
葛晶瑩（2010）。〈聯邦快遞：提供員工美好經驗 服務使命必達〉。《能力雜誌》，總第657期（2010/10）。
詹姆斯・沃克（James W. Walker）著，吳雯芳譯（2001）。《人力資源戰略》。中國人民大學出版社。

詹雅雯（2007）。《探討影響工作輪調效益之因素研究——以銀行從業人員為例》。國立中央大學人力資源管理研究所碩士論文。http://thesis.lib.ncu.edu.tw/ETD-db/ETD-search/getfile?URN=944207024&filename=944207024.pdf

路蓮婷（2002）。〈公務人員對組織變革應有的認識〉。《研習論壇》，第14期（2002/02）。

廖勇凱、楊湘怡編著（2004）。《人力資源管理：理論與應用》。智高文化事業。

廖誠麟（1991）。〈人力資源的組織設計與整合〉。《精策人力資源月刊》，第8期（1991/09/10，第二版）。

管理雜誌編輯部（1999）。〈不得不裁員，誰應該走？〉。《管理雜誌》，第298期（1999/04）。

趙其文（2001）。〈現代人事行政的策略性作為——人力規劃〉。《人事月刊》，第33卷，第2期（第192期，2001/08）。

齊立文（2006）。〈降低潛藏偏見 容納多元人才〉。《經理人月刊》（2006/03）。

劉昕（2010）。〈人才管理的新思維〉。《人力資源》，總第315期（2010/01）。

蔡怡芳（2000）。〈非典型僱用勞工塑造競爭優勢〉。《就業安全》，第9卷，第1期（2000/07）。

蔡祈賢（2010）。〈變革管理及其在行政機關的運用〉。《人事月刊》，第295期（2010/03）。

鄭晉昌（2012）。〈7大評鑑工具超級比一比〉。《能力雜誌》，總號第675期（2012/05）。

鄭絢彰（2010）。〈從財務報表看企業管理——你看到數字就頭痛嗎？〉。《管理雜誌》，第429期（2010/03）。

鄭瀛川（2012）。〈4種情境模擬 慧眼識人才〉。《能力雜誌》，總號第675期（2012/05）。

銳智（2006）。《聯邦快遞：非常攻略》。如意文化。

蕭成名（2002）。《員工滿意度調查之診斷與分析——以T銀行為例》。國立中央大學人力資源管理研究所碩士論文。

諶新民、唐東方編著（2002）。《人力資源規劃》。廣東經濟出版社。

諶新民主編（2005）。《員工招聘成本收益分析》。廣東經濟出版社。

諾斯古德・帕金森（Cyril Northcote Parkinson）著，潘煥昆、崔寶瑛合譯

（1991）。《帕金森定律：組織病態之研究》（*Parkinson's Law*）。中華企業管理發展中心。

遲守國（2010）。〈好聚好散 把傷害降到最低：資遣作業的總體檢〉。《管理雜誌》，第429期（2010/03）。

鮑伯・費佛（Bob Fifer）著，江麗美譯（1998）。《倍增利潤》（*Double Your Profit*）。長河出版社。

聯工刊論（2014），〈推動幸福企業 工作打拚更有勁〉。《聯工月刊》（2014/09/30），2版。

謝佳宇（2012）。〈留才，要從員工進公司的第一天就開始〉。《管理雜誌》，第455期（2012/05）。

邁可・韓默（Michael Hammer）、詹姆斯・錢辟（James Champy）著，李田樹譯（2005）。〈重組流程，再造企業〉。《大師輕鬆讀》，第135期（2005/07/07-07/13）。

韓志翔（2012）。〈人才評鑑連接職能 讓對的人在對的位置〉。《能力雜誌》，總號第675期（2012/05）。

韓志翔（2013）。〈人才培育 績效實現的前期工程〉。《能力雜誌》，總號第688期（2013/06）。

職能分析方法，iCAP職能發展應用平台，http://icap.evta.gov.tw/download/2-06德菲法.pdf

變革計畫論壇（Transformation Forum），《阿爾卡特台灣區簡訊》，第2卷，第1期（January, 2000）。

國家圖書館出版品預行編目資料

人力資源規劃 / 丁志達著. -- 初版. -- 新北市：揚智文化, 2015.08
面；　公分. -- (管理叢書 ; 16)

ISBN 978-986-298-184-9（平裝）

1.人力資源管理

494.3　　　　104007120

管理叢書 16

人力資源規劃

作　　者 / 丁志達
出 版 者 / 揚智文化事業股份有限公司
發 行 人 / 葉忠賢
總 編 輯 / 閻富萍
特約執編 / 鄭美珠
地　　址 / 新北市深坑區北深路三段 260 號 8 樓
電　　話 / (02)8662-6826
傳　　真 / (02)2664-7633
網　　址 / http://www.ycrc.com.tw
E-mail / service@ycrc.com.tw
印　　刷 / 鼎易印刷事業股份有限公司
ISBN / 978-986-298-184-9
初版一刷 / 2015 年 8 月
定　　價 / 新台幣 450 元